新城疫

Newcastle Disease

王志亮　刘华雷　主编

U0313238

中国农业出版社

编写人员

主编　王志亮　刘华雷

编者（以姓名笔画为序）

王志亮　王海燕　戈胜强　兰邹然　吕　艳

刘文博　刘华雷　孙向东　李玉峰　李金明

郑东霞　赵云玲　徐天刚　黄　兵　秦卓明

戴亚斌

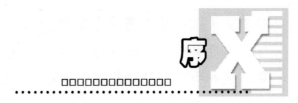

序

新城疫（ND）是世界动物卫生组织（OIE）法定报告的动物疫病，在我国属一类动物疫病，也是《国家中长期动物疫病防治规划（2012—2020年）》确定的优先防治病种，它是由新城疫病毒（NDV）强毒引起的禽类烈性传染病。该病于1926年首次发生在亚洲的印度尼西亚，后来迅速蔓延到其他地区并造成全球首次新城疫大流行（20世纪20年代至50年代），随后由于鹦鹉、鸽等观赏鸟类的国际贸易分别造成了全球新城疫第二次和第三次大流行（20世纪60年代至80年代），20世纪90年代以来，基因Ⅶ型新城疫病毒的出现导致了新城疫全球第四次大流行。近20年来，在很多已消灭新城疫的国家也屡屡暴发疫情，而在大多数国家新城疫则呈地方流行态势。我国于1946年首次确诊该病，目前部分地区仍有散发和流行，并表现出宿主范围扩大、病原基因型多样化、免疫带毒现象普遍等流行病学特征。我国是一个养禽大国，新城疫给我国养禽业带来的危害巨大。鉴于目前国内还没有一本介绍新城疫的专著，中国动物卫生与流行病学中心组织国内长期活跃在科研和教学第一线的学术骨干，共同编写了《新城疫》一书。在编写过程中，参考了大量国内外最新的文献资料，结合在临床实践中积累的丰富经验和所取得的科研成果，内容丰富新颖，涉及病原基因组的结构和功能、致病和免疫机理、流行病学、诊断技术、疫苗研发和防控策略等领域。相信，该书的出版将对我国新城疫的防控起促进作用。

是为序。

中国工程院院士

2012 年 9 月 8 日

前言

新城疫是严重危害我国养禽业的烈性传染病之一。新城疫的流行由来已久，目前在全球很多国家已经成为一种常在的地方流行性疫病，直接制约着养禽业发展、禽产品安全和国际贸易。因此，新城疫依然是国内外禽病工作者研究的重点和热点。为描绘当今世界有关新城疫研究的全貌，我们悉心编著了本书。

本书的突出特点是：系统性，涉及新城疫的流行概况、病原学、流行病学、分子流行病学、临床症状和病理变化、诊断和监测、预防和控制等各个方面；实用性，坚持理论与实践相结合，强调理论对实际工作的指导作用，重视技术的可操作性；创新性，在参考国内外大量最新文献的基础上，结合作者特长，立足前沿，突出反映该病最新的研究进展。

本书编写过程中得到农业部兽医局和中国动物卫生与流行病学中心有关领导的大力支持。国际著名禽病专家、我们敬爱的导师刘秀梵院士百忙之中欣然为本书作序。我们对他们的关心和厚爱表示衷心感谢。

本书是国内第一部新城疫专著，囿于编者理论与文字水平，书中疏漏和不足之处在所难免，恳望同行专家和广大读者批评指正。

主　编

2012 年 9 月于青岛

目 录

序
前言

1 第一章

概　　述

新城疫（Newcastle Disease，ND），俗称亚洲鸡瘟、伪鸡瘟等，是由新城疫病毒（Newcastle Disease Virus，NDV）强毒引起的主要侵害鸡、火鸡、各种野生禽及观赏鸟类等 250 多种不同禽类的一种急性、高度接触性的烈性传染病，以病禽出现呼吸困难、下痢、神经机能紊乱、黏膜和浆膜出血等为典型特征。世界动物卫生组织（OIE）将其列为法定报告的疫病（在 2005 年之前列为 A 类疫病），我国农业部将其列为一类动物疫病，是《国家中长期动物疫病防治规划（2012—2020 年)》确定的优先防治病种。新城疫不仅会给禽类带来灾难性损害（鸡群死亡率可高达 100％），而且由于国际上对新城疫发生地区或国家的贸易限制和封锁所造成的经济损失更为严重。近年来，全球大多数国家普遍采用免疫和扑杀相结合的策略防控新城疫，特别是 20 世纪 80 年代以来疫苗的广泛使用，新城疫的流行得到一定的控制，但由于种种原因，免疫失败的现象时有发生，该病在全球很多国家已经成为一种地方流行性疫病，直接制约着养禽业的发展及禽产品的出口，对食品安全及人类健康构成严重的威胁。

第一节　新城疫的定义和流行历史

一、新城疫的定义

1. 同义名

新城疫在历史上曾称为 pseudo‐fowl pest（伪霍乱）、atypische geflugel pest（非典型性肺炎禽瘟疫）、avian pest（禽瘟疫）、avian distemper（禽瘟疫）、Tetelo disease（泰特拉病）和 avian pneumoencephalitis（禽肺脑炎）等。本病最早于 1926 年由 Kraneneld 首次发现于印度尼西亚的爪哇。1927年，英国科学家 Doyle 首次证实新城疫的病原是一种可滤过的病毒，并排除了当时欧洲流行的鸡瘟（禽流感）的可能性。为避免本病与禽流感、禽霍乱等烈性禽病相混淆，1935 年由 Doyle 根据地名将本病定名为 Newcastle disease（中国译为"新城疫"），这种称谓一直延续至今。

进入 20 世纪 80 年代，伴随着对新城疫病原的进一步深入研究，考虑到新城疫病毒属于副黏病毒科病毒，国内外有学者建议将新城疫病毒命名为"禽副黏病毒Ⅰ型"（Avian parainfluneza virus 1，APMV-1），根据感染宿主的不同，对相应的病原依据特定的宿主种类分别进行命名。如 20 世纪 80 年代早期，新城疫在鸽群中广泛流行，很多学者把在鸽群中特定流行的新城疫毒株命名为"鸽副黏病毒Ⅰ型（PPMV-1）"。无独有偶，1997 年，中国南方水禽——鹅陆续发生了新城疫，并有大规模发病的报道，许多学者将此命名为"鹅副黏病毒病"，相应的病原也称为"鹅副黏病毒"。但经过系统的研究表明，这些病毒与传统的新城疫病毒并没有明显差别，仅是新城疫病毒感染不同的宿主而已。

2. 定义

尽管不同家禽感染新城疫病毒的临床症状具有多样性，并且受到许多因素的影响，如毒株、宿主的品种、日龄、其他病原微生物的感染、环境刺激和免疫状况等，不同致病性的新城疫病毒均能感染绝大多数禽类，即使对易感宿主如鸡，新城疫病毒毒力呈现一个较大的范围。当强毒株感染时，感染禽几乎没有临床症状而突然发生大量的死亡。由于毒力和临床症状的不同，为实施贸易控制措施和政策，有必要详细界定新城疫。目前 OIE 对报告暴发新城疫的定义是：新城疫是由禽副黏病毒Ⅰ型（APMV-1）引起的禽类感染，其毒株毒力应符合以下标准之一：

　　a）毒株的 1 日龄脑内接种致病指数（ICPI）大于或等于 0.7。或

　　b）毒株 F2 蛋白的 C 端有"多个碱性氨基酸残基"，F1 蛋白的 N 端即 117 位为苯丙氨酸（直接或推导得出的结果）；"多个碱性氨基酸"指在 113 到 116 位残基之间至少有 3 个精氨酸或赖氨酸。如果没有出现上述特征性氨基酸序列，需要作毒株的 ICPI 试验。

本定义中，氨基酸残基数是从 F0 基因推导出的氨基酸的 N 端开始记数，113～116 位是裂解位点的-4 到-1 位。

二、新城疫的流行历史

1. 全球流行历史

新城疫的流行由来已久，在 1926 年首次确认本病以来，在全球范围内至

少已造成 4 次大流行。但据有关资料记载，可能在 1926 年之前在部分地区可能已经存在本病的流行。新城疫发生的历史详见表 1-1。

表 1-1 世界不同国家和地区新城疫疫情发生的历史和毒株类型

时间	国家或地区	宿主	可能毒株/基因型	文献来源或依据
1896	英国威尔斯			Macpherson 等，1956
1912	欧洲中部			Halasz 等，1912
1924	韩国		尚未证实	
1926	印度尼西亚爪哇	不明		Kraneveld，1926
1927	英国新城	不明		Doyle 等，1927
1930—1967	日本	鸡、野鸟	Ⅰ、Ⅲ	Mase 等，2002
1930	美国	鸡	嗜神经毒株/Ⅱ	Beach，1944
1930	澳大利亚墨尔本	鸡	Ⅰ	Gould 等，2001
1931	印度	鸡		Swain 等，1998
1932	澳大利亚维多利亚	鸡	Ⅲ	Gould 等，2001
1933	北爱尔兰	鸡	Hert33/Ⅲ	
1935	中国台湾		?	Lee 等，2004
1935	中国	鸡	Ⅲ	马闻天等，1946
1939—1970	德国	鸡	Ⅳ	Wehmann 等，2003
1941	南斯拉夫	鸡	Ⅳ	Wehmann 等，2003
1942—1960	南斯拉夫、波黑等		Ⅱ/Ⅳ	Wehmann 等，2003
1943	保加利亚	鸡	Ⅳ	Czegledi 等，2002
1945—1970	意大利	鸡	Ⅳ	Giovanni 等，2001
1946	中国	鸡	Ⅳ	Liang 等，2002
1949	韩国	鸡	Ⅲ	Lee 等，2004
1951	日本	鸡	Ⅲ	Toyda 等，1989
1959—1970	保加利亚	鸡	Ⅱ/Ⅳ	Czegledi 等，2002
1960s	澳大利亚	鸡	D26/V4	Gould 等，2001

（续）

时间	国家或地区	宿主	可能毒株/基因型	文献来源或依据
1960s 以前	美国	鸡	Ⅱ	Seal 等，2000
1967—1985	日本		Ⅱ / Ⅲ / Ⅳ	Mase 等，2002
1969	中国台湾	鸡	Ⅲ	Yang 等，1997
1970—1974	德国	鸡、观赏鸟	Ⅴ	Wehmann 等，2003
1973	保加利亚	鸡、观赏鸟	Ⅴ	Czegledi 等，2002
1975—1985	保加利亚	鸽	Ⅵb，c，d	Czegledi 等，2002
1970s	意大利	鹦鹉	Ⅴ	Giovanni 等，2001
1970s	美国	鸬鹚	Ⅴ	Seal 等，2000
1979—1985	中国西部	鸡	Ⅷ	Liang 等，2002
1979—2002	南斯拉夫、波黑等	鸡	Ⅴ	Wehmann 等，2003
1981	德国		Ⅵc	Wehmann 等，2003
1982—1984	韩国	鸡	Ⅴa	Lee 等，2004
1984	中国台湾	鸡	Ⅶa，Ⅲ	Yang 等，1997
1984	保加利亚	鸡	Ⅶb	Alexander 等，1999
1985—迄今	日本		Ⅶ	Mase 等，2002
1985—2001	中国东部	鸡、鹅	Ⅵf，g/Ⅶc，d，e	Liu 等，2003
1988—1997	韩国	鸡	Ⅵ，Ⅶ	Lee 等，2004
1990—1992	美国	鸬鹚	Ⅴ	Seal 等，2000
1990—1991	南非		Ⅷ	Abolnik 等，2004
1991	日本		Ⅷ	Mase 等，2002
1993—1995	德国	鸡	Ⅶa	Wehmann 等，2003
1992—1996	德国	鸡	Ⅶa	Werner 等，1999
1993—1999	南非	鸡	Ⅶb	Herczeg 等，1999
1994—1996	瑞士	蛋鸡	?	Schelling 等，1998
1995	中国台湾	鸡	Ⅶa	Chen 等，2002
1995—2000	加拿大	鸬鹚	Ⅴ	Weingartl 等，2002
1995—2002	韩国	鸡	Ⅶ	Lee 等，2004
1996—2000	中国	鸡	Ⅶc，d	Yu 等，2001
1997	日本		Ⅷ	Mase 等，2002
1998	澳大利亚	鸡	Ⅰ	Gould 等，2004

（续）

时间	国家或地区	宿主	可能毒株/基因型	文献来源或依据
1998	哈萨克斯坦	鸡	Ⅶb	Bogoyavlenskiy 等，2005
1998—1999	比利时	赛鸽	Ⅵ	Meulemans 等，2002
1998—1999	中国西部	鸡	Ⅶa	Liang 等，2002
1999	中国台湾	鸡	Ⅶa，Ⅵ	Chen 等，2002
1999—2000	南非	鸡	Ⅶd	Abolnik 等，2004
2000	意大利	鸡	Ⅶb	Giovanni 等，2001
2002	美国	鸡	Ⅴ	Pedersen 等，2004
2003	中国台湾	鸡	Ⅶd	Lin 等，2007
1996—2005	中国	鸡、鸽、鹅	Ⅵb，fⅦc，d	Wang 等，2006
1996—2005	中国	鸡、鸽、鹅、鸭	Ⅱ、Ⅵ、Ⅶc、d、e、Ⅸ	Qin 等，2008
2004—2006	中国台湾	鸡	Ⅶd	Lin 等，2007
2005	中国	鸡、鸽、鹅、鸭	Ⅰ/Ⅱ/Ⅵ/Ⅶc、d/Ⅸ	Liu 等，2007
2006—2007	韩国	鸡	Ⅶd	Lee 等，2008

（1）新城疫首次全球大流行　对于首次新城疫发生和流行的时间，目前尚有争论。有专家认为亚洲是新城疫的源头。Levine 引证 Ochi 和 Hashimoto 的报告认为：朝鲜早在 1924 年就可能存在本病。但大量数据和推导表明，欧洲可能是新城疫的发源地。1912 年，在中欧即有类似于新城疫强毒感染的记载。Macpherson 的研究则认为：1896 年苏格兰 Western Isles 鸡群的死亡原因可能归咎于新城疫病毒。尽管存在争议，但目前普遍认为：新城疫最早发生于 1926 年印尼的爪哇（Java）（Kraneveld，1926），1927 年在英格兰的新城（Newcastle - upon - Tyne）发生（Doyle，1927）。这也是目前公认的新城疫第 1 次大流行的开始。

1930 年前后，美国（1930）、澳大利亚（1930—1932）、日本（1930）、印度（1931）、中国大陆（1935?）、中国台湾（1935）等国家和地区陆续发生新城疫，开始的时候大部分是弱毒，随后的几年里均有新城疫发病的报道。美国分离的新城疫病毒毒株对鸡出现了神经症状，在致病性上与英国的原始毒株出现了差异，但可产生一定的交叉反应。第二次世界大战为新城疫的传播推波助澜，新城疫在 1940—1945 年，传遍了整个欧洲中部和南部（后来分子流行病学分析证实流行的病原主要为基因Ⅳ型），并在随后的几年里传播到东亚（中国 1946，韩国 1949，日本 1951）。在 1960 年以前，美国仅发生基因Ⅱ型，与欧洲、亚洲、大洋洲等的基因型不同，在基因Ⅱ型新城疫病毒毒株中，既包括强毒株 Texas GB/48、中等毒力株 Beaudette C/45，又包括弱毒株 La Sota/46 和 B1/48，即目前大多数国家普遍使用的弱毒疫苗株。

澳大利亚是一个相对独立和隔离的大陆。第一次新城疫流行发生在墨尔本（1930）和维多利亚（1932）。澳大利亚的新城疫病毒进化缓慢，甚至一度消失。直到 20 世纪 60 年代，澳大利亚才意识到新城疫病毒的流行，包括分离到弱毒株 D26 和 V4 等。1998 年分离的强毒株是自 1930 年以来首次分离到的强毒株。1960 年前后分离的新城疫病毒基本上都是弱毒，直到 80 年代末期才引起呼吸道症状，最后于 1998—2000 年出现强毒，并出现零星暴发。澳大利亚的新城疫病毒弱毒株和强毒株与世界其他地域的流行毒和野鸟流行毒并不相同，这说明其新城疫病毒是从澳大利亚地方毒株进化而来的，而不是外来传入的（Gould 等，2001）。大量的分子流行病学监测显示，在澳大利亚一些祖先毒株中，强毒株所占比例仅为 1/5 000～1/1000。通过自然突变，强毒株可能存在于弱毒株准种（quasispecies）中（注：准种就是由一系列相关的基因型组成的群体，这些基因型在某些环境中有较高突变率，它们的后代与亲本相比大多含有一个或多个突变，对于易发生变异的病毒，在感染宿主可形成一个优势株为主的相关突变株病毒群，可称为准种，有利于病毒在不良环境下生存），除非有免疫选择压力，否则这些强毒株不会出现。因此，直到现在，澳大利亚的新城疫病毒毒株基因型主要是基因Ⅰ型和Ⅲ型，进化速率比较缓慢，相对比较保守。

自 1926 年首次明确新城疫病毒发生以来，该病毒在 20 世纪 60 年代中叶以前陆续传播到欧洲、北美洲、亚洲和大洋洲，有人通常把上述称为新城疫的第 1 次世界性大流行。这次大流行前后持续三十多年，各大洲各有自己的特点，显示出一定的地域性，危害的对象主要是鸡，水禽、鸟类等几乎不发病。限于当时养鸡规模和家禽商品贸易的落后，特别是发病的各国大都采取了扑杀政策，新城疫的传播速度相对缓慢。直到 1960 年以前新城疫的发生，一直属于局部零星暴发。再加上未采取疫苗免疫接种，病毒面临的免疫压力有限，因此新城疫病毒的变异速率相对较慢，变异不明显，抗原性和基因型相对稳定。传统的灭活苗具有较好的预防效果。后续的分子诊断和流行病学研究表明，期间流行的新城疫病毒基因型主要是Ⅰ、Ⅱ、Ⅲ和Ⅳ型，其中基因Ⅲ和Ⅳ型均为强毒株，Ⅰ型均为弱毒株，Ⅱ型既有弱毒株、又有强毒株。

（2）由珍禽引起的第二次新城疫流行　研究资料显示，德国、意大利、保加利亚等欧洲中部国家先后在 20 世纪 70 年代初和中期存在新城疫的流行，危害的对象主要是观赏鸟、笼养鸟和禽类，并伴随笼养鸟的国际贸易把该类型的新城疫传向全球，并造成了全球第二次新城疫大流行，如亚洲的韩国曾在1982年分离到该类型病毒。很多专家把这次大流行归咎于鹦鹉。本次流行最早起源于20世纪60年代后期，源头可能起始于中东，到1973年遍及世界各地。这次传播速度之快主要与养禽急剧产业化以及鹦鹉的国际贸易有关，主要流行的基因型为基因Ⅴ型。

20世纪70年代，美国在加州分离到基因Ⅴ型新城疫病毒，这些毒株是导致1990—1992年和1995—2000年美国和加拿大鸬鹚发生大批死亡的直接病因。在美国北达科他州，从表现速发型嗜神经性新城疫症状的火鸡中分离到一株新城疫病毒，与该地区的鸬鹚新城疫病毒分离株抗原性类似。2002年美国佛罗里达州的新城疫强毒可能来源于经过此地的越冬鸬鹚。基因Ⅴ型新城疫病毒一度造成北美新城疫的大流行。在1975年、1998年和2002—2003年，美国斗鸡曾先后暴发过三次新城疫强毒感染，损失最重的是2002—2003年在加利福尼亚南部暴发的新城疫疫情，为了有效控制疫情，2 671个斗鸡场的149 000多只鸡被销毁。在新城疫暴发期间，饲养主为了逃避检疫或被监管机构销毁，纷纷由加州南部逃到与其毗邻的内华达州和亚利桑那州，最终导致疫情进一步扩散。尽管那次新城疫强毒的发生最早是由斗鸡场的斗鸡开始的，后来却导致加州南部的21群多达3百万只的商品蛋鸡被感染，经济损失十分严重。

新城疫第二次大流行的特征是：病原来源于观赏鸟和珍禽，对鸡、火鸡等危害严重，但对鸟和珍禽等不致病，分子流行病学调查表明导致本次大流行的病原为基因Ⅴ型。此次流行传播速度快，从最早发生到该病在欧洲、亚洲和北美洲流行，前后不到5年。

（3）由鸽子引起的第三次新城疫流行　第二次新城疫大流行对世界大多数国家的养禽业造成了严重的经济损失，仅美国2002—2003年曾耗费数亿美元扑灭加州新城疫疫情，因此世界各国充分认识到新城疫的危害程度，促进了对新城疫疫苗的研发，免疫预防策略得到高度重视。鉴于鹦鹉是引起全球第二次大流行的罪魁祸首，因此大多数国家对进口笼养鸟采取了严格的限制措施，但赛鸽、观赏鸽和肉鸽等作为新城疫强毒的潜在来源则被忽视，而上述禽类作为宠物和观赏鸟在很多国家非常普遍。正因为如此，鸽子作为媒介在短短的时间里可以把新城疫病毒传播到其他地区。Alexander通过对新城疫病毒的抗原性和遗传学变异分析认为，在20世纪70年代后期还存在第三次新城疫全球大流行。第三次大流行可能亦起源于中东，然后传至欧洲，进而传遍全球，这次流行主要归咎于赛鸽。

在这次新城疫大流行中，首先被感染的禽类是鸽子，疫病表现与鸡的嗜神经型新城疫相似，但没有呼吸道症状，可导致鸽群严重死亡，随后该病进一步危害到鸡群。本次大流行最早于1975—1985年在保加利亚开始流行，进而传播到意大利、英国等欧洲国家，如英国1984年因饲喂被感染鸽污染的饲料而导致20个未免疫鸡群暴发新城疫。随后迅速传遍世界各地，如中国、韩国、日本等，导致大面积流行的原因很大程度上是因为这些禽类通过国际贸易、竞赛和展览等相互接触传播。

虽然人们对鸽新城疫的认识已超过25年，但在许多国家的赛鸽中似乎仍然有本病存在，并且常传染给野鸽和乳鸽，不断威胁着养禽业。这次的新城疫病原主要是以基因Ⅵ型新城疫病毒为代表。

（4）第四次新城疫大流行　由于20世纪70年代中期新城疫疫苗广泛推广使用，一方面大大提高了免疫保护力，保护禽群不发病，但另一方面，免疫后的禽群在野毒感染后可以携带病毒并在体内增殖。在这种免疫选择压力下，十分容易引起病毒的免疫逃避，当病毒出现变异或者出现新的基因型之后就可能导致新城疫的发生和流行。由基因Ⅶ型新城疫病毒导致的大流行被称为第四次新城疫大流行。本次大流行可能源于亚洲，因为最先发现基因Ⅶa的病毒来源于20世纪80年代的亚洲（台湾1984，日本1985，印度尼西亚1988），到1992年在意大利出现流行。保加利亚和意大利在1984年首次分到Ⅶb的病毒，这种类型的病毒从1990年早期在非洲南部和中东地区开始流行，而中东分支毒株和非洲流行毒株存在一定的差异。通过对病毒的监测表明：引起新城疫大流行的病毒种类十分复杂，因为一些原来的具有一定遗传特征或抗原性的病毒在首次出现后，并不会随着其他变异株的出现而消失，多年后仍可能分离到这些毒株。因此，在本次大流行过程中除了主要的新城疫病毒基因Ⅶ流行株外，其他基因型的病毒依然存在。

与前三次的新城疫大流行相比，这次流行的规模、速度和感染的品种、危害的严重程度均超过了以前的任何一次。具体表现在：①对水禽的危害增大。传统来讲，新城疫病毒对鹅、鸭等水禽感染率低，特别是对鸭子几乎不发病，而本次大流行期间鹅感染后具有较高的发病率和死亡率，对鸭也有不同程度的感染和发病。②实验室感染的禽类已超过250种，且对部分哺乳动物产生危害。③在此次大流行中，基因Ⅶ型的毒株在流行中占绝对优势，成为流行的主导株。④传播速度和变异速度可能超过了以往所有基因型的毒株。基因Ⅶ的毒株已初步演变为a、b、c、d、e、f等若干个亚型。当然，疫苗的广泛使用无疑为病毒的遗传演变起到了加速器作用。⑤危害的国家和地区日趋广泛。目前，发展中国家特别是亚洲地区，是疫病的重灾区，欧洲、美洲、非洲等养禽发达地区均有该病发生的报道。⑥疫苗免疫后的带毒现象十分普遍，在免疫选择压力下，病毒的变异速度进一步加快。这对传统的采用疫苗进行免疫预防的基本策略提出了挑战。

2. 我国新城疫的流行历史

我国新城疫的发生和流行，最早可能在 1928 年 12 月，当时《浙江农业》记载了浙江的金华、浦江、松阳等十余县报告了类似新城疫的疫病。此后，东北三省、江苏、四川、江西、湖北、湖南、广东、青海等十多个省均有类似新城疫疫病（当时称为"鸡瘟"）发生的记载。1946 年，梁英和马闻天等首次通过分离病原证明我国流行的所谓"鸡瘟"就是新城疫，F_{48} 就是当年新城疫病毒的代表毒株，直至今天仍是我国新城疫病毒的经典强毒。随后的调查和研究表明，各地从未发现高致病性禽流感，据此推断 1935 年报告的"鸡瘟"很可能也是新城疫。

新中国成立以来，针对新城疫，我国主要采取了强化免疫的预防措施，包括多次使用弱毒活疫苗和灭活苗，有效地控制了新城疫的发生和流行。但是，由于我国地域广阔，饲养条件千差万别，生物安全水平高低不一，散养的方式普遍存在，再加上人员素质的参差不齐，特别是 20 世纪 70 年代后期，中国养禽业飞速发展，家禽饲养量居世界前列，养禽密度增大，使得新城疫的防控成为中国养殖业面临的重要难题。据初步统计，建国后全国有 30 个省、市、自治区不同程度的发生和流行此病。其中，20 世纪 60 年代末从鹦鹉分离到新城疫病毒，70 年代发生鸽副黏病毒 I 型流行，并分离到病毒，1979 年从鹌鹑病例分离到病毒，80 年代发生鸵鸟新城疫，1997 年发生鹅新城疫。

疫苗在我国新城疫的防控方面起到了关键作用，但自 20 世纪 80 年代后期开始出现"非典型"新城疫，90 年代在高免鸡群流行发生并日益严重。目前在国内多个省区均有不同的流行，并造成严重损失。在不同类型的鸡群，新城疫病毒强毒发生和流行的特点不尽相同。在成年蛋鸡群及肉用型种鸡群，由于已经经历了新城疫病毒的多次免疫，几乎所有个体都有不同程度的免疫力，因此很少发生典型的由新城疫病毒引起的死亡，主要表现为一时性产蛋下降，或诱发不同程度的呼吸道症状。在商品肉鸡群，当免疫程序实施不当时，也可能发生典型的新城疫，表现为高的发病率和死亡率。但是，大多数肉鸡群主要表现为呼吸道症状和不断零星死亡，只有部分死亡鸡可能表现典型新城疫的出血性病变。

三、新城疫的流行现状

1. 全球流行现状

据 OIE 官方统计，2005—2010 年全球共有 102 个国家和地区报告发生 5647 次新城疫疫情，远远高于高致病性禽流感的发病次数。全球报告新城疫疫情的地理分布见图 1-1。向 OIE 报告发生新城疫疫情的国家和疫情次数分布见表 1-2。

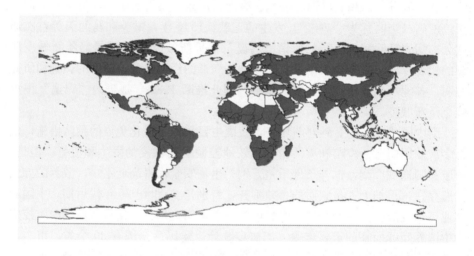

图 1-1　2005—2010 年全球新城疫疫情分布图（数据来源于 OIE 网站）

2. 我国新城疫的流行现状

新城疫是长期以来严重危害我国养禽业的重要疫病。我国对于该病的防控采取了疫苗免疫结合扑杀的防控策略，其中疫苗免疫策略对于我国新城疫的防控起到了决定性的作用，新城疫的发病率逐年降低。但随着养禽业规模的不断扩大，饲养密度的不断提高，鸡、鸭、鹅等多种禽类混养，多种新城疫病毒疫苗的大量使用，使得新城疫病毒在强大的免疫选择压力下，出现了不同程度的免疫逃避、基因突变、病毒重组、免疫麻痹等现象，进而导致该病在临床上不断出现新的流行特征。自 2005 年以来，我国新城疫发病率总体呈下降趋势，但每年仍有多个省区报告发生多起疫情（表 1-3），目前新城疫仍然是危害我国养禽业的头号疫病。

表1-2　2005—2010年全球报告新城疫疫情的国家

地区分布	国家和疫情次数
亚洲（24）	阿富汗（25）阿塞拜疆（3）巴勒斯坦（47）巴林（3）不丹（7）韩国（45）卡塔尔（3）科威特（40）马来西亚（82）缅甸（63）尼泊尔（10）日本（11）沙特阿拉伯（16）斯里兰卡（311）新加坡（2）亚美尼亚（3）也门（1）伊朗（50）以色列（49）印度（333）印度尼西亚（470）越南（55）中国（900）中国台北（8）
欧洲（28）	阿尔巴尼亚（29）比利时（41）爱沙尼亚（3）奥地利（1）保加利亚（28）丹麦（1）德国（9）多米尼加共和国（4）俄罗斯（69）法国（4）芬兰（8）荷兰（8）克罗地亚（4）拉脱维亚（6）罗马尼亚（37）葡萄牙（1）瑞典（12）瑞士（1）塞尔维亚（8）塞浦路斯（6）斯洛伐克（11）土耳其（187）乌克兰（3）西班牙（4）希腊（5）匈牙利（3）意大利（12）英国（4）
非洲（39）	埃塞俄比亚（22）安哥拉（42）贝宁（507）博茨瓦纳（29）布基纳法索（219）布隆迪（6）多哥（154）厄立特里亚（4）冈比亚（1）刚果共和国（6）刚果民主共和国（1）几内亚（54）几内亚比绍共和国（10）加纳（100）加蓬（5）津巴布韦（60）喀麦隆（97）科特迪瓦（4）肯尼亚（26）莱索托（41）卢旺达（19）马达加斯加（7）马拉维（12）马里（30）毛里塔尼亚（6）摩洛哥（1）莫桑比克（28）纳米比亚（37）南非（145）尼日尔（6）尼日利亚（86）塞内加尔（13）斯威士兰（9）苏丹（3）坦桑尼亚（176）乌干达（10）赞比亚（275）乍得（35）中非共和国（4）
美洲（11）	巴西（9）玻利维亚（3）伯利兹（9）厄瓜多尔（2）哥伦比亚（190）洪都拉斯（7）加拿大（8）秘鲁（22）墨西哥（41）委内瑞拉（18）智利（2）

表1-3　2005—2011年新城疫发病统计表（只）

年份	发病次数	发病数量	死亡数量	处理数量
2005	1 377	1 694 921	704 563	408 568
2006	1 051	1 195 629	481 541	183 984
2007	894	645 967	317 655	184 153
2008	755	597 151	267 224	131 166
2009	493	301 470	138 828	35 912
2010	593	156 539	90 130	19 096
2011	437	41 427	25 725	6 004

备注：数据来自农业部《兽医公报》2005至2012.1.

第二节 新城疫的危害

新城疫的发生给全球经济造成了巨大的损失和影响。在高致病性禽流感H5N1发生之前，没有任何一种禽类疫病所造成的经济损失比新城疫大。

在发达国家，防控新城疫主要依靠扑杀政策来控制新城疫，很少使用疫苗预防。疫情一旦发生，不仅可造成发病禽群的死亡和淘汰以及扑杀所造成的巨大的经济损失，而且在考虑免疫接种、限制移动和流通等预防和控制措施时，对于养殖业也是一种持续性的损失。即使是无新城疫国家，为了维持无疫病状态，必须定期进行持续监测，成本较高。

在许多发展中国家，新城疫已经成为一种地方性流行疫病，疫苗预防接种是控制疫病的重要手段。在家禽的饲养周期中需要多次免疫以提高保护效率。以中国肉种鸡为例，在开产前，含新城疫疫苗成分的疫苗至少要免疫12次之多，成本较高。一旦疫病发生，由于不能及时扑杀，很容易导致疫病散播，导致更大范围的流行，且发生新城疫的国家，一般其禽肉产品禁止出口，进而影响国际贸易。疫情发生后带来的国际贸易禁运对养禽业的发展损失巨大。此外，许多国家依靠乡村养鸡所生产的蛋和肉作为膳食中动物蛋白的重要来源，特别是妇女和儿童。因此，新城疫疫病所造成的损失不仅严重影响着人们的生活水平和质量，还直接或间接关系到动物卫生、人类健康以及经济和社会等诸多方面。

一、对禽类的危害

新城疫的主要危害对象是鸡，伴随着病毒的进一步演化，目前可感染多种宿主，如鹅、鸭、火鸡、鸵鸟、野鸡、各种赛鸟和鸽子等。此外，新城疫病毒还可以感染多种野鸟，如鸬鹚、野鸭、八哥、企鹅和野生水禽等。目前，新城疫病毒可感染的鸟类宿主范围已超过250种，近年来还有猪等哺乳动物以及人发生感染的报道。

新城疫病毒感染禽之后所表现的临床症状具有多样性，并且受到许多因素的影响，如毒株的致病性、宿主的品种、日龄、其他病原微生物的感染、环境刺激和免疫状况等。

1. 家禽

（1）产蛋高峰期和产蛋上升期的鸡群高发 产蛋高峰鸡主要表现为轻微呼

吸道症状、食欲降低，产蛋率急剧下降，可以从 90% 下降到 10% 不等，一般产蛋率下降的幅度在 20%～30%，严重者可导致绝产，蛋壳颜色变浅，软皮蛋、沙壳蛋和畸形蛋比例增加。病程一般在 1～2 月，鸡群死亡率不高，一般不超过 5%。如为种鸡后代雏鸡质量下降，10 天之内的雏鸡特别容易出现呼吸道症状，甚至出现神经症状。处于上升期的鸡群，产蛋上升缓慢，甚至负增长，很难达到产蛋高峰，一般恢复到 60%～70%。

(2) 雏鸡和育成鸡前期高发 发病日龄集中在 15～30 天，主要表现为高死亡，具有新城疫的典型病变，后期具有典型的神经症状。特别是商品肉鸡发病率较高，很容易发生混合感染和继发感染。

(3) 对水禽的致病力增强 最引人关注的是鹅的新城疫病毒感染，在 1997 年以前，水禽尤其是鹅感染新城疫病毒发病的报道较少。即使人工攻毒，水禽的发病率仍较低。但自 1997 年以后，我国水禽发生新城疫的数量明显增多，特别是鹅，发病率较高。鹅群在我国发生新城疫到目前已有十年，最早主要发生于江苏、广东等地，不同日龄的鹅均具有易感性，发病率在 40%～100%，病死率在 30%～100%，主要特征是消化道和免疫器官损害。目前国内已有多个省份暴发本病，并呈扩大流行趋势，而鸭群发生新城疫仅有零星报道。中国动物卫生与流行病学中心选取 1997—2005 年从国内水禽分离到的 10 株新城疫病毒进行分子流行病学研究，结果显示我国水禽发生新城疫的主要是由Ⅶd 新城疫病毒引起的，但也存在其他基因型的散发，这种流行特点与同期我国鸡群中新城疫的分子流行病学特点一致。研究结果表明我国水禽发生新城疫与家养水禽的传统饲养模式有关，家养水禽和鸡混养，可能是导致水禽感染的主要原因。

(4) 盘踞性 在全国主要养禽地区包括江苏、河南、河北、山东等地区大面积散发，局部地区具有流行性，发生普遍，呈现不同流行形式。特别是养鸡历史较长的发病鸡场，时常反复感染，如果不采取强有力的措施，很容易批批发生，具有盘踞性。

2. 自由生活的鸟类

传统新城疫病毒仅对鸡、火鸡等表现较高的死亡率，其他禽类很少感染，而目前宿主范围明显扩大，能自然或人工感染的鸟类超过 250 余种。Alexander 认为所有的鸟类可能对新城疫病毒均易感。加拿大在 1990 年野鸟群（主要是鸬鹚）暴发新城疫，死亡和扑杀野鸟约 1 万只。我国在 1986 年从贵州发病的灰鹤、黑颈鹤中也曾分离到 3 株新城疫病毒强毒株，流行病学调查发现鹤群感染新城疫传播过程是家禽→灰鹤→黑颈鹤。

3. 特种经济禽类

1989 年以色列首先报道了鸵鸟新城疫疫情，1998—2000 年，鸵鸟的贸易达到巅峰，新城疫随着国际贸易传到了南非等国的鸵鸟群。1997 年，我国首次报道鸵鸟新城疫疫情。目前鸸鹋、孔雀、七彩山鸡、鹌鹑、鹧鸪等均有感染的报道。鹦鹉等宠物鸟类的新城疫，在流行病学上意义重大，1989—1996 年美国的鸼鹉暴发新城疫，经流行病学调查发现疫情最初是通过感染新城疫病毒的鹦鹉所引起的；日本在 1997 年从巴基斯坦进口的小长尾鹦鹉中分离出高致病性新城疫病毒。因此，新城疫病毒的传播与进口笼养鸟有关，新城疫病毒能在这些鸟类中呈隐性带毒状态。Erickson G 等（1977）报告悍蚁鹦鹉（amazon parrots）携带新城疫病毒并排毒超过 1 年，虎皮鹦鹉（budgerigars）、八哥（mynahs）、黑头家鸽（nuns）传播新城疫病毒可达 83 天。

二、对哺乳动物的危害

尽管禽类是新城疫病毒的自然宿主，其他多种非禽类的物种也证实可自然感染或实验感染新城疫病毒。Bukreyev 报道了灵长类动物可通过实验感染新城疫病毒，但不表现临床症状。绵羊和猪通过脑内接种可引起发病，但即使大剂量静脉接种也不表现临床症状。Yates 等曾从牛分离到新城疫病毒。Madhuri Subbiah 等通过实验证实牛可通过鼻腔或器官接种感染新城疫病毒，大多不表现明显的临床症状，但可产生特异性的体液免疫和黏膜免疫。Samuel 等将禽副黏病毒 1～9 型（APMV-1～9）鼻腔接种灵长类动物，结果 9 种禽副黏病毒血清型均可在灵长类动物体内复制，可产生特异性的 HI 抗体或中和抗体，大多不产生明显的临床症状或仅产生轻微的症状，但 APMV-9 可产生中度疾病。APMV-2 和 APMV-3 感染可导致灵长类肺表面出现病变，分别出现出血点和出血斑，除了 APMV-5 之外其余的血清型均证实可在鼻甲和肺中进行复制，证明其对呼吸道的组织嗜性。Khattar 等采用 APMV-1～9 等 9 种不同血清型的禽副黏病毒通过鼻腔接种 BALB/c 小鼠，结果除了血清型 5（APMV-5）之外其余的 8 种血清型均可在小鼠体内复制，5 种血清型病毒感染后可产生临床症状和显著的体重下降，严重程度为 1,2＞6,9＞7，但表现临床症状的时间很短，其他 4 种血清型病毒感染后不产生临床症状。除了 APMV-5 之外其余血清型均证实可在鼻甲和肺中进行复制。APMV-4 和 APMV-9 感染后在部分动物的脑中还能检测到。

1999 年以来,在我国吉林、上海和福建等省市相继报道具有较高发病率和死亡率的猪副黏病毒病。主要症状是仔猪被毛粗乱、食欲减少、呼吸困难、逐渐消瘦和行走困难等,最终可衰竭而死,病程长短不一,发病率 40%～50%,死亡率约 15%。若是母猪感染,容易发生流产,常在 60～100 天流产。经过病例剖检、病原分离和分子生物学鉴定,证实为新城疫病毒。国内程龙飞等在 2003 年从福建某发病猪场分离到一株病毒 SP13,经鉴定具有典型副黏病毒特征,病毒对番鸭胚致死率 80%,2 周龄试验鸡死亡率为 25%,攻毒 1 周龄鸭表现 1～4 天精神略差但无死亡。Ding 等在 1999—2006 年从中国的猪群中分离到 8 株新城疫病毒,对其中的 4 株进行了遗传特性分析,表明所有的毒株均为弱毒株,其中有 2 株属于基因 II 型,与疫苗株 La Sota 类似,另外 2 株属于基因 I 型,与疫苗株 V4 类似。

三、对人的危害

研究表明,人也能感染新城疫病毒。人感染新城疫病毒一般是直接接触病毒,如在实验室不小心将感染性的尿囊液溅洒到眼内;处理被感染的禽类或尸体时,用被污染的手擦眼睛等;免疫接种,特别是进行气雾免疫时等,很容易接触病毒。采取基本的卫生防护措施,穿戴隔离服和进行适当的眼保护,一般可以避免此类感染。人偶尔接触感染家禽,发生感染的风险较低。目前还没有人传染人的报道。Goebel 在 2007 年报道了从一例肺炎死亡病例中分离出一株新城疫病毒 NY03,剖检后免疫组化确认了在脱落的肺泡细胞中存在这种新城疫病毒,分离株 F 蛋白裂解位点的氨基酸组成为 [112]RRKKRF[117],具有典型的新城疫病毒强毒特征,遗传进化分析显示该分离株与欧洲和北美鸽源新城疫病毒强毒株遗传关系最近。这是新城疫病毒导致人致死性病例的首次报道。

在英国,危险病原体顾问委员会(Advisory Committee on Dangerous Pathogens)将新城疫病毒列为第二级风险微生物(hazard group 2),意味着新城疫病毒属于可引起人类疫病、可能对工作人员具有危害的病原体,但其不会在人群中传播。Burnet 等于 1942 年首次报道了实验室技术人员因不慎将新城疫病毒感染的鸡胚尿囊液溅入眼内而发生了急性结膜炎。在新城疫流行时,新城疫病毒偶可感染接触病禽的饲养人员、兽医或从事新城疫疫苗研究和生产的工作人员。人感染新城疫主要是在接触大剂量新城疫病毒或处理病禽时发生的,主要感染禽类加工厂的工人、兽医和实验室工作人员。该病在人类为自限性疾病,潜伏期一般为48 h,主要引起急性结膜炎,偶尔也可侵害角膜,多数病例病程为7~10天,不需治疗可在1~2周内康复,并且不具有传染性,亦可呈隐性感染。

四、对经济和社会的影响

新城疫的危害不仅涉及养禽业,还对哺乳动物和人类健康具有潜在的威胁。新城疫是一种常见的地方流行性疫病,在目前的防控条件下很难根除。在非免疫区或者免疫低下的鸡群,一旦有新城疫病毒强毒株入侵,可迅速传播,呈毁灭性流行,发病率和死亡率可达90%以上;新城疫病毒还可以侵害蛋鸡的生殖系统,导致产蛋率大幅下降。发生疫情时期国家之间实施的家禽产品禁运,严重影响国际贸易的发展。因此疫情发生后带来的经济损失和社会影响极其严重。马来西亚2001年暴发新城疫,导致其养鸡业遭到毁灭性打击。美国2002—2003年在加利福尼亚等地区发生的新城疫疫情,损失家禽3400万羽,仅加利福尼亚州控制疫情的费用就超过1.6亿美元。中国新城疫的防控任重而道远。

参 考 文 献

[1] 殷震,刘景华主编.动物病毒学 [M].2版.北京:科学出版社,1997.

[2] 甘孟侯 主编.中国禽病学 [M].北京:中国农业出版社,1999.

[3] 王永坤,田慧芳,周继宏,等.鹅副黏病毒病的研究 [J].江苏农学院学报,1998,19(1):59-62

[4] 程龙飞,柯美峰,郑腾,等.猪源新城疫病毒的分离鉴定 [J].中国兽医科技,2004,34(12):66-68

[5] Alexander, D. J. Newcastle disease and other avian paramyxoviruses [J]. Rev Sci Tech, 2000,19(2):443-462.

[6] Erickson G. A., C. J. Mare, G. A. Gustafson, et al. Interactions between viscero-tropicvelogenic Newcastle diseases virus and pet birds of six species. I. Clinical and sero-logic responses, and viral excretion [J]. Avian Dis 1977,21:642-654.

[7] Bukreyev A., Z. Huang, L. Yang, et al. Recombinant newcastle disease virus express-ing a foreign viral antigen is attenuated and highly immunogenic in primates [J]. J Virol 2005,79:13275-13284.

［8］ Hofstad M. S. Experimental inoculation of swine and sheep with Newcastle disease virus ［J］. Cornell Vet 1950,40: 190 - 197.

［9］ Yates V. J. , D. E. Fry, B. W. Henderson. Isolation of Newcastle disease virus from a calf ［J］. J Am Vet Med Assoc 1952,120: 149 - 150.

［10］ Subbiah M. , Y. Yan, D. Rockemann, et al. Experimental infection of calves with Newcastle disease virus induces systemic and mucosal antibody responses ［J］. Arch Virol 2008,153: 1197 - 1200.

［11］ Samuel A. S. , M. Subbiah, H. Shive, et al. Experimental infection of hamsters with avian paramyxovirus serotypes 1 to 9 ［J］. Vet Res 2011,42: 38.

［12］ Khattar S. K. , S. Kumar, S. Xiao, et al. Experimental infection of mice with avian paramyxovirus serotypes 1 to 9 ［J］. PLoS One 2011,6: e16776.

［13］ Ding Z. , Y. L. Cong, S. Chang, et al. Genetic analysis of avian paramyxovirus - 1 (Newcastle disease virus) isolates obtained from swine populations in China related to commonly utilized commercial vaccine strains ［J］. Virus Genes 2010,41: 369 - 376.

［14］ Burnet M. Haemolysis by Newcastle disease virus ［J］. Nature 1949,164: 1008.

［15］ Lippmann O. Human conjunctivitis due to the Newcastle - disease virus of fowls ［J］. Am J Ophthalmol 1952,35: 1021 - 1028.

［16］ Goebel S. J. , J. Taylor, B. C. Barr, et al. Isolation of avian paramyxovirus 1 from a patient with a lethal case of pneumonia ［J］. J Virol 2007,81: 12709 - 12714.

第二章

病 原 学

新城疫是目前禽类疫病中危害最为严重的烈性传染性疫病之一。引起该病的病原为新城疫病毒（Newcastle disease virus，NDV）。新城疫病毒历史上也称为禽副黏病毒Ⅰ型（Avian paramyxovirus 1，APMV‐1）。这种名称是根据禽腮腺炎病毒属（Avulavirus）的不同血清型来命名的，因为在该属中还存在其他的血清型，如 APMV‐2，APMV‐3 等。新城疫病毒是 APMV‐1 的唯一成员。

第一节 分类和命名

一、分类地位

2002 年国际病毒分类委员会（International Committee on Taxonomy of Viruses，ICTV）首次将新城疫病毒归类于副黏病毒科（*Paramyxoviridae*）、副黏病毒亚科（*Paramyxovirinae*）中新设的禽腮腺炎病毒属（*Avulavirus*）。目前对于 *Avulavirus* 的中文翻译尚有争议，但大多专家建议采用"禽腮腺炎病毒属"，主要原因是认为 *Avulavirus* 一词是由两个词缩写而成，即 Av（Avian）＋ulavirus（Rubulavirus），故翻译成"禽腮腺炎病毒属"。也有部分专家建议译为"禽副黏病毒属"或"新城疫样病毒属"。

（一）副黏病毒科

1. 副黏病毒科及其分类

副黏病毒科隶属于单分子负链 RNA 目。副黏病毒科由副黏病毒亚科（*Paramyxovirinae*）和肺病毒亚科（*Pneumovirinae*）组成。副黏病毒亚科包括呼吸道病毒属（*Respirovirus*）、麻疹病毒属（*Morbillivirus*）、腮腺炎病毒属（*Rubulavirus*）、禽腮腺炎病毒属（*Avulavirus*）和亨尼病毒属（*Henipavirus*）等 5 个属。禽腮腺炎病毒属则由新城疫病毒和其他禽类副黏病毒组成，新城疫病毒是该属的代表株。

2. 主要特征

副黏病毒科的主要特征包括：基因组为负链 RNA，核衣壳呈螺旋状对称，基础转录由病毒的 RNA 依赖性 RNA 聚合酶起始，有相同的基因排列顺序（3′-非翻译区-核心蛋白基因-囊膜基因-聚合酶基因-非翻译区- 5′），只有一个 3′端的启动子。病毒粒子主要从细胞质膜出芽成熟，极少数从内膜或细胞核膜出芽成熟。除了植物弹状病毒外，其他病毒均在细胞质位置成熟。副黏病毒有囊膜，囊膜上有明显的钉状突起，突起长 5~10 nm，宽 7~10 nm，病毒一般比较大，具有多形性，通常为球形，直径为 150~350 nm，但有的病毒粒子呈线状。

病毒基因组为单分子线性 RNA，单链、负义、无感染性。基因组大小为11~16 kb，相对分子量为（3.5~5）×10^6，基因组核酸占病毒粒子总重量的0.2%~2%。病毒 5′端缺少帽子结构或共价连接蛋白，3′端缺少 poly(A) 尾。基因组包含一个无重叠基因的线性序列，基因具有短的末端非转录序列和基因间隔区，间隔区长度在两个到几百个核苷酸之间。基因组包含 6~10 个基因不等。副黏病毒蛋白主要有 NP 蛋白、P 蛋白、C 蛋白、V 蛋白、L 蛋白、M 蛋白、F 蛋白和 HN 糖蛋白等。

3. 与正黏病毒的比较

副黏病毒与正黏病毒均为 RNA 病毒，这两个科的病毒有许多相同的特征，如：①都是负链 RNA；②都具有转录酶；③核衣壳均成螺旋形；④成熟的病毒粒子从细胞膜表面出芽释放；⑤囊膜含有类脂；⑥都具有神经氨酸酶（NA）和血凝素（HA），可凝集某些动物的红细胞；⑦均对呼吸道具有致病性，特别是这两种病毒对黏膜多糖和糖蛋白具有特殊的亲和力，尤其是对细胞表面的含有唾液酸的受体具有较强的亲和力；⑧病毒囊膜与细胞膜的融合需要病毒糖蛋白的水解。因此，在历史上，曾将这两个科的病毒分类在一起，称为"黏液病毒"，其中包括 A、B 和 C 型流感病毒、麻疹病毒以及新城疫病毒。但是，经血清学研究发现，上述病毒之间存在较大的差异。

表 2-1 正黏病毒科与副黏病毒科的区别

特　　性	正黏病毒	副黏病毒
病毒粒子大小	80～120 nm	125～250 nm
在细胞内 RNA 合成的部位	胞核	胞浆
基因组组成	分节段	不分节段
转录需要引物	是	否
附属核衣壳蛋白种类	3	2
囊膜与细胞膜融合的部位	细胞内	细胞表面
基因重组的频率	高	低
进化率	高	低

（二）禽副黏病毒（APMV）的血清型

目前的研究表明，禽副黏病毒至少包括 10 个血清型，即 APMV-1～APMV-10。其中新城疫病毒（APMV-1）无疑是家禽业最重要的病原体，尽管 APMV-2、APMV-3、APMV-5、APMV-6 和 APMV-7 等病毒对禽类有不同程度的致病性，但其所导致的危害远远比 APMV-1（NDV）要轻。不同血清型的代表毒株和已确定的自然宿主见表 2-2。

（三）新城疫病毒与腮腺炎病毒

禽腮腺炎病毒属的所有病毒均具有血凝素（HA）和神经氨酸酶（NA）双重活性，该属不同病毒间的核苷酸序列同源性大于与其他属成员间的同源性，但与腮腺炎病毒属的亲缘关系最近。过去常常把新城疫病毒划分在腮腺炎病毒属（*Rubulavirus*），但伴随着科学家对新城疫病毒研究的进一步深入，特别是在完成了新城疫经典毒株 La Sota 株和副黏病毒科其他 10 个不同病毒属代表株的全基因序列测定之后，人们将副黏病毒科不同病毒属的代表株进行全基因序列同源性比较，结果发现新城疫病毒与腮腺炎病毒属、呼吸道病毒属和麻疹病毒属等的代表毒株有明显不同，尽管在进化关系上与腮腺炎病毒最接近，有一定的联系，但二者早已分开进化。主要的区别在于：

表 2-2 禽副黏病毒 APMV1~APMV10 代表株宿主、分布、危害和分子特征比较

代表株	自然宿主	引起家禽相关疾病	分布	F蛋白裂解位点
APMV-1/新城疫病毒	多种禽类、大于250种	从严重发病致死到亚临床感染	世界各地	GRRQKRF/GGRQGRL
APMV-2/Chicken/CA/Yucaipa/1956	火鸡、鸡、雀形目	产蛋下降和呼吸道疾病	世界各地	DKPASRF
APMV-3/Turkey/WI/1968	火鸡	轻度呼吸道疾病和出现严重的产蛋下降	世界各地	PRPSGRL
APMV-3/Paraket/Netherland/449/1975	鹦鹉、雀形目	神经、肠道和呼吸道疾病	世界各地	ARPRGRL
APMV-4/Duck/Hong Kong/D3/1975	鸭、鹅、鸡	未知	世界各地	VDIQPRF
APMV-5/Budgerigar/Japan/Kumtachi/1974	澳洲长尾小鹦鹉	发病率高，肠道疾病	日本、英国、澳大利亚	GKRKKRF
APMV-6/Duck/Hong Kong/199/1977	鸭、鹅、火鸡	轻度呼吸道病和火鸡死淘增加	世界各地	PAPEPRL
APMV-7Dove/TN/4/75	鸽、斑鸠、火鸡	火鸡轻度呼吸道疾病	美国、英国、日本	TLPSSRF
APMV-8/Goose/DE/1053	鸭、鹅、火鸡	未知	美国、日本	TYPQTRL
APMV-9/Duck/NY/22/1978	鸭	未知	世界各地	RIREGRI
APMV-10/Penguin/Falkland Islands/324/2007	Rockhopper企鹅	未知	马尔维纳斯群岛	DKPSQRI

（引自 Patti J Miller，2010）

（1）新城疫病毒从 P→V 编辑 P 基因的 mRNA，而腮腺炎病毒从 V→P 编辑 P 基因的 mRNA，新城疫病毒 P 基因的 mRNA 的编辑位点附近的序列为 AAAAA↓GGG，而腮腺炎病毒为 TTAAGA↓GGGG；

（2）新城疫病毒基因组长度为 6 的倍数，而腮腺炎病毒不同；

（3）新城疫病毒各基因的 mRNA 起始位点的 N 亚基位为 4 个（6,2,3,4），而腮腺炎病毒为 3 个（6,1,2）；新城疫病毒 P 基因的 mRNA 编辑位点的相位为 1，而腮腺炎病毒为 3；

（4）新城疫病毒没有 SH 基因，缺少 C 蛋白 ORF，而且与腮腺炎病毒在免疫学上没有交叉反应；

（5）新城疫病毒的 NP 蛋白在胞内不需要 P 蛋白的参与就可以形成核衣壳样的结构，而腮腺炎病毒核衣壳样结构的形成却需要 P 蛋白的参与。

二、毒株命名

对于新城疫病毒的命名方法很多，目前没有统一的规则，有的时候还会引起歧义。根据目前国内外发表的文献，建议按照禽副黏病毒的分离方法对新城疫病毒按照宿主、分离地点、毒株编号和分离年代等参数进行命名。

1. 禽腮腺炎病毒属的命名

目前的研究表明禽腮腺炎病毒属包括 10 个不同的血清型，分别为 APMV-1，APMV-2～APMV-10。目前通常按照对禽流感病毒的命名方法对禽腮腺炎病毒属的不同禽副黏病毒血清型进行系统命名。对于禽副黏病毒属可采取：①禽副黏病毒的血清型；②宿主来源；③分离地点；④毒株名字或代号；⑤分离年代。如 APMV10/penguin/Falkland Islands/324/2007，这是一株血清型 10 型的禽副黏病毒，宿主为企鹅，来源于福克兰岛，编号为 324，分离年代为 2007。

2. 新城疫病毒的命名

由于新城疫病毒仅有一个血清型，根据国际惯例，对于新城疫病毒建议采取以下命名方法：①宿主来源；②分离地点；③毒株名称或代号；④分离年代。如 Chicken/Guangxi/9/2003，这是一株宿主为鸡的病毒，来源于广西，编号为 9，分离年代为 2003。

第二节 形态结构和化学组成

一、形态学

在电镜下，负染新城疫病毒颗粒呈多边性，正常有囊膜的病毒粒子一般呈球形，直径介于 100～500 nm，有时因囊膜破损而形态不规则，呈现多形性。大多数病毒粒子直径为 100～250 nm，特殊情况下甚至可以见到丝状病毒粒子。病毒粒子的中心有一个与蛋白质相连接的单股 RNA 所形成的呈螺旋形对称的核衣壳，直径 17～18 nm，构成病毒粒子的核心。核衣壳的外面有双层脂质膜，病毒囊膜表面覆盖有纤突，纤突长 8～12 nm，宽为 2～4 nm，间距 8～10 nm，由两种表面糖蛋白，即具有血凝素和神经氨酸苷酶活性的 HN 蛋白及具有融合功能的 F 蛋白组成。

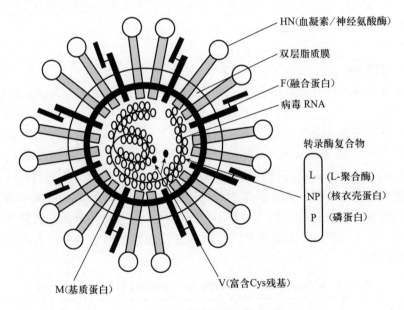

图 2-1 新城疫病毒粒子的结构

二、化学组成

新城疫病毒通常含有一条单链 RNA 分子，相对分子量约 $5×10^6$，约占病毒粒子重量的 0.5%。大量不同宿主的新城疫病毒基因组全长序列分析表明，目前至少有 3 种类型：①新城疫病毒经典毒株基因组通常由 15 186 个核苷酸组成；②大多数的鸡源或鹅源新城疫流行株包括中国、韩国、印度尼西亚、荷兰等欧亚大陆国家，其核苷酸多数为 15 192；③从鸭分离的新城疫病毒弱毒通常有 15 198 个核苷酸。

新城疫病毒粒子含有 20%～25%（W/W）的脂质，主要来源于宿主细胞，约 6%（W/W）的碳水化合物。病毒粒子总相对分子量平均为 500×10^6，蔗糖浮密度 1.18～1.20 g/mL。

第三节　生物学特性和理化特性

新城疫病毒有许多特有的生物学特性，根据这些特性可与其他黏液病毒相区别。

一、生物学特性

1. 血凝性

新城疫病毒具有凝集红细胞（RBC）的特性，原因是病毒表面血凝素-神经氨酸酶（HN）蛋白，具有与红细胞表面相结合的受体。血凝特性及抗血清的特异性在临床上具有诊断意义。新城疫病毒可凝集所有两栖动物、爬行动物和禽类的红细胞。Winslow 等证明，所有新城疫病毒毒株可凝集人和小鼠、豚鼠、鸽子、麻雀等的红细胞，但对牛、山羊、绵羊、猪和马红细胞的凝集能力随毒株而异。对牛、羊的红细胞凝集不稳定，有些新城疫病毒弱毒株可以凝集马的红细胞，但大多数不凝集。这一点与禽流感病毒有较大的差别（表 2-3），禽流感病毒有更广泛的凝集红细胞的动物品种，而新城疫病毒较为局限。

表 2-3　新城疫病毒和禽流感病毒对不同动物红细胞的凝集性比较

细胞来源	人	马	驴	骡	绵羊	山羊	猪	兔	豚鼠	小鼠	鸽	麻雀
新城疫病毒	+	−	−	−	−	−	−	+/−	+	+	+	+
禽流感病毒	+	+	+	+	+	+	−	+	+	+	+	+

新城疫病毒在 0.1%甲醛的作用下，血凝性明显减弱，但 La Sota 弱毒株比较稳定，而有些新城疫病毒强毒株一经灭活，其血凝活性消失。这是因为：

病毒和红细胞的结合不是永久性的，经过一段时间，病毒和红细胞脱离又会悬于液体中，称之为解脱现象，原因是病毒表面有一种神经氨酸酶，而红细胞表面受体含有神经氨酸，当它被破坏时，病毒与红细胞脱离。因此，对新城疫病毒进行血凝试验时，应及时观察其血凝反应，否则，可能得不到正确的结果。不同的新城疫病毒毒株，其红细胞解脱的时间不一，一般弱毒株解脱时间快，强毒株解脱慢。

新城疫病毒对红细胞的凝集能力，可以被特异性的血清所抑制，这一特性已成为本病的有效诊断、甚至分型的方法。

其他禽副黏病毒也可以凝集多种动物红细胞，但因毒株和血清型而异。一个红细胞凝集单位大约含 100 000 个病毒感染单位。

2. 神经氨酸酶活性

神经氨酸酶（NA）活性是 HN 分子酶活性的一部分，存在于副黏病毒属的所有成员，此酶的作用是可将病毒逐渐从红细胞上洗脱下来，从而使凝集的红细胞缓慢释放。NA 还可作用于受体位点，使 F 蛋白充分接近受体而发生病毒与细胞质膜的融合。

3. 细胞融合与溶血活性

新城疫病毒和其他副黏病毒引起红细胞溶血或其他细胞融合的机制是相同的。在病毒复制过程中，病毒粒子吸附到受体位点，然后，病毒囊膜与宿主细胞膜融合（与病毒从细胞中出芽时合胞体的形成相似），也可导致两个或多个细胞融合，而红细胞膜常因与病毒之间囊膜融合而导致红细胞溶解，产生溶血。冻融溶解、透析、超声波振动和渗透压骤变，均能增强病毒的溶血活性；悬浮红细胞溶液的盐类浓度、PH 值和反应时的温度对其也有很重要的影响。同血凝活性一样，细胞融合与溶血活性可被特异性抗血清所抑制。

4. 抗肿瘤和抗衰老

研究表明，新城疫病毒具有诱导干扰素、细胞因子等生成和抗肿瘤等功效。Anan Phuangsab 的研究发现，新城疫病毒在抗肿瘤免疫，引起细胞凋亡方面有重要作用，使得新城疫病毒在抗肿瘤发生、衰老机理等的研究方面备受重视，且这一功能主要与 HN 基因有关。Schirrmacher V 等证实：病毒基因组中 F 和 HN 基因能够通过引导淋巴细胞相互作用的黏附分子对肿瘤细胞表面进行修饰，从而刺激宿主细胞产生抗肿瘤的细胞因子等。新城疫病毒具有诱导 IFN，TNF，IL-2 等多种细胞因子生成的作用，将新城疫病毒或其包膜表面糖蛋白 HN 转入或修饰肿瘤细胞（NDV-modified autologous tumor-cell vaccine，ATV-NDV），经动物实验及临床应用均证明可以增强肿瘤特异性 CD8$^+$T 淋巴细胞（CTL）、CD4$^+$T 辅助淋巴细胞的活性，抑制肿瘤发生。

连海等报道，经 HN 基因和 VP3 基因联合治疗组的小鼠与荷瘤对照组小鼠相比，肿瘤体积明显缩小，抑瘤率可达 70%。孙迎春等（2005）报道，体外转染 pVHN 能显著地降低细胞表面唾液酸含量（$P<0.05$），有效地杀伤肿瘤细胞 SMMC7721。荧光显微镜观察可见典型的细胞死亡形态学改变。实验组细胞与对照组比较 HN 表达差异显著，HLA-A、B、C 表达上调。表明 HN 基因在体外能够显著降低肿瘤细胞表面唾液酸含量，同时，使其高表达 HN 抗原，上调 HLA-A、B、C 表达，从而增强了肿瘤细胞的抗原性和免疫识别，诱导了细胞 SMMC7721 死亡。邱吉庆等（2004）研究报道了 pVHN 组肿瘤生长速度明显受到抑制，其抑瘤率达 78.35%。病理组织学及超微结构观察到肿瘤细胞典型的凋亡特征。大鼠血清唾液酸含量测定结果显示，pVHN 组动物血清唾液酸含量明显低于肿瘤对照组，与肿瘤对照组比较差异极显著（$P<0.01$），证明 HN 基因对于去除血清唾液酸具有明显的作用，表明新城疫病毒 HN 基因核酸疫苗对 Wistar 大鼠 C6 胶质瘤生长有抑制作用，可显著降低大鼠血清内唾液酸的含量。

新城疫病毒对肿瘤的抑制揭开了人类抗击病毒性肿瘤的新篇章，意义重大，备受关注。目前研究的重点是通过病毒针对性地感染目的肿瘤细胞，而不感染健康细胞，进而导致肿瘤细胞的溶解，最终达到消除肿瘤的目的。

二、对环境和理化因子的抵抗力

1. 物理和化学因素以及紫外线

物理和化学处理均可以破坏新城疫病毒的感染性。新城疫病毒对热、光等物理因素的抵抗力较弱，100 ℃ 1 min、60 ℃ 30 min、55 ℃ 45 min 失去活力，可破坏病毒的全部活性；56 ℃ 在 5 min 至 6 h 可破坏病毒的感染性、红细胞凝集活性和免疫原性。37 ℃ 可存活 7～9 天，20 ℃ 可存活数月，15 ℃ 可存活 230 天。8 ℃ 可存活数年后才使该病毒失去全部活性。在无蛋白质的溶液中，

4 ℃或室温放置 2～4 h，其感染力可降至 10％或无感染力。

新城疫病毒在酸性 pH 低于 2 或碱性溶液 pH 大于 10 中易被破坏，但仍能保持一定的感染性，在中性溶液中则更稳定。新城疫病毒具有囊膜，对乙醚和脂类溶剂敏感。

紫外线对病毒有破坏作用，阳光直射下，病毒 30 min 死亡。

2. 化学药品的作用

新城疫病毒对化学消毒药物抵抗力不强，常用的消毒药物，如氢氧化钠、苯酚、福尔马林、二氯异氰尿酸钠、漂白粉等在推荐的使用浓度下 5～15 min 可将病毒灭活；福尔马林、β-丙内酯和酚可破坏病毒的感染性而不能严重损害其免疫原性。在低温条件下，稀释的福尔马林能破坏病毒感染性而不影响红细胞凝集素，对免疫原性有轻微的影响。

3. 环境和温度

新城疫病毒在自然界中的稳定性取决于病毒所处的介质，蛋白质对新城疫病毒不仅具有保护作用，而且常常使消毒药无效。高温和太阳辐射有助于消毒药的破坏作用。病毒在低温下可长时间存活，且能使消毒药品无效，故消毒前应先进行物理性清洁，而冬季消毒则需在加温条件下进行。

4. 病毒的灭活

利用热灭活新城疫病毒强毒十分重要，因为新城疫病毒强毒有可能存在于感染鸡的肌肉或其产品中。陆生动物卫生法典（2007）明确规定：在确保动物健康的前提下，允许禽类产品在国际间进行贸易，甚至允许新城疫流行地区进行家禽产品贸易，但强调必须对新城疫病毒实施灭活处理。

国外不同研究者对于不同组织内的新城疫病毒、不同的消毒方式进行了研究。Alexander 和 Manvell 等对于人工感染新城疫强毒 Herts 33 株的禽肉制品，进行了不同温度的热处理，测出了新城疫病毒对热的灭活时间值 Dt 值（例如在一定的温度下，90％的病毒被杀灭或降低 1 log10 滴度）：65 ℃ 120 s，70 ℃ 82 s，74 ℃ 40 s 和 80 ℃ 29 s。Alexander 和 Chettle 等对蛋清中新城疫病毒 Beaudette C 株（耐热株）进行了测定，推断出其 Dt 值为：64.4 ℃ 38 s。King 等对尿囊腔和卵黄囊中的新城疫病毒 Ulster 株和 California/1083/72 株在 57 ℃的环境下的存活时间进行了测定，尽管没有得出 Dt 值，但发现其存活时间较长。Swayne 和 Beck（2004）做了一项更为全面的研究，利用新城疫弱毒株 Ulster、B1 和强毒株 California 株做了一系列蛋产品中新城疫病毒的耐热实验，研究表明，商业的巴氏杀菌法可以将新城疫病毒减少到能够接受的水平，但是他们强调，仍有少量的病毒存在于蛋中。

第四节　毒株分类

当我们谈到"新城疫毒株"这一名词时，通常是指背景和特性已经完全清楚的新城疫病毒分离物。病毒鉴定的重要目的就是把同一类型或相似类型的病毒根据某一特性方法进行分类，从而判定毒株的抗原性变化或分子遗传变异趋势，进而为新城疫的科学防控提供理论依据。

新城疫病毒的生物学特性因毒株的不同而有差异，利用这些差异可以将新城疫病毒毒株区分开来。新城疫病毒毒株分类的方法很多，方法不一，分类结果也不一样。致病性检测是确定新城疫病毒分离株生物学特性的重要标志，但并不是说，两个毒力相同的毒株之间就一定具有流行病学的相关性。病毒的生物学特性因毒株的不同而有差异。

对于新城疫病毒的毒株分类通常从抗原性、致病性和分子遗传学特性 3 个方面进行区分：①从抗原性的角度区分，通常采用如血清中和试验（Virus Neutralization，VN）、HI（Hemagglutinin inhibation test）交叉抑制试验、单克隆抗体等血清学技术和鸡红细胞洗脱率、蚀斑形成的能力和大小等病毒抗原性的角度进行分类，目的是评价新城疫病毒的免疫原性和生物学特性是否发生变异或相互之间的关联性等；②致病性分类，该指标是测定新城疫病毒毒力的重要特性标志，如分离株是强毒株还是弱毒株等；③从新城疫病毒的分子遗传学角度区分，即从病毒的分子水平上进行划分，如根据病毒核心基因的核酸序列、酶切图谱、糖基化位点、RNA 指纹图谱和分子遗传学特性等可将新城疫病毒划成不同的种类，目的是评价新城疫病毒毒株的分子进化特征和分子特性，探讨病毒的遗传变异趋势。

一、抗原性分类

尽管新城疫病毒只有一种血清型，彼此之间具有一定的交叉保护，但不同的毒株之间抗原性相差很大。评价新城疫病毒抗原性差异的指标很多，比较常见的手段包括中和试验（VN）、交叉血凝抑制试验（HI）、单克隆抗体和免疫交叉保护试验等。其中，血清学检测如病毒中和试验和血凝交叉抑制试验是评价新城疫病毒流行株抗原性差异最基本的方式，其中，交叉 HI 以其便捷、快速、敏感等成为首选。研究还证实，病毒中和试验和血凝交叉抑制试验之间具有较好的平行性。

1. 血清型

通过病毒中和试验（VN）、血凝交叉抑制试验（HI）、酶联免疫吸附试验（Enzyme‐linked Immunosorbent Assays，ELISA）和琼脂扩散试验（Agar Gel Precipitin，AGP）等大量的研究数据表明，新城疫病毒不同毒株和分离株之间存在一定的抗原性差异，尽管这些差异有大有小，甚至相互之间不能产生较好的交叉保护，免疫失败的现象时有发生，但大部分的分离株之间均存在一定的交叉反应，其抗原相关系数（antigen correlation coefficient）均未突破成为不同血清型的阈值，因此，目前广泛的意见仍是：新城疫病毒只有一种血清型，不同毒株间能够产生一定的交叉保护。抗原相关系数是比较相似抗原间相关程度的常数，以 R 表示，通常用交叉反应确定，是不同毒株间分型和亚型的依据，其计算公式如下：

$$R = \sqrt{r_1 \cdot r_2}$$

其中，$r_1 = \dfrac{\text{异源血清效价1}}{\text{同源血清效价1}}$　　　$r_2 = \dfrac{\text{异源血清效价2}}{\text{同源血清效价2}}$

以出现反应的最大稀释度的倒数为该血清效价，一般同源效价高于异源效价，故 $R \leqslant 1$，R 愈接近 1 表示相关性愈大，$R \geqslant 0.8$ 时为同一血清型，$R \leqslant 0.1$ 时为不同型，R 在 $0.1 \sim 0.8$ 为不同亚型。

2. 单抗抗原谱

单克隆抗体（Monoclonal Antibodies，MABs）技术可作为新城疫病毒标准株和分离株等不同毒株抗原性差异的重要鉴别手段。单克隆抗体可以检测出抗原性的微小差异，如抗体所针对的抗原表位的个别氨基酸差异。单抗不仅可以检测毒株之间的差异，也可以检测出病毒亚群间的差异。有些研究人员已应用单克隆抗体鉴别特定的病毒，例如，已报道有两个研究小组使用单克隆抗体来鉴别常用的疫苗株 Hitchner B1 和 La Sota 之间的区别，在某些地区可利用单克隆抗体区分疫苗毒和流行毒。Alexander 等（1987）利用单克隆抗体对来自 15 个国家的 106 株病毒进行分类，除 4 株外，可分为 6 个组，根据与不同单抗的反应谱，他们将新城疫病毒标准株和分离株分为不同的群。同一单抗群具有相同的生物学和流行病学特性。徐秀龙（1988）以 3 种不同毒力的新城疫病毒作为免疫原，获得 21 株单克隆抗体，其中，有 15 株与所有被测试 35 个国内外分离的参考株有反应，另外，6 株单克隆抗体仅与部分毒株有反应。Lana 等（1988）证明某些单抗只能与缓发型病毒起反应，有些则可与中发型和速发型毒株起反应。Russell 等（1983）研究表明，在利用病毒的基因分群和利用单抗分群之间，二者的结果具有相似性。单抗分型已经检测出引起鸽大流行的新城疫病毒变异株的差异，并已确诊在许多国家有该病毒流行。尽管如此，利用单克隆抗体对新城疫病毒毒株的分类还有很多工作要做，尚需更多的探索。

二、致病性分类

新城疫不同毒株之间在毒力方面差异较大，通常把新城疫病毒分为 3 种不同类型的毒株，即速发型（强毒株，Velogenic）、中发型（中毒力株，Mesogenic）和缓发型（弱毒株，Lentongenic）。目前 OIE 一般根据其 3 个致病指数，即 MDT（致死鸡胚平均死亡时间）、ICPI（1 日龄 SPF 雏鸡脑内接种致病指数）和 IVPI（6 周龄 SPF 鸡静脉接种致病指数）对其进行分类。

MDT：MDT 小于 60h 为速发型，60～90 h 为中发型，大于 90 h 为缓发型。

ICPI：ICPI 一般大于 1.60 为速发型，1.20～1.60 为中发型，小于 1.20 为缓发型。

IVPI：一般 1.8 以上为速发型，1.8 以下为中发型或缓发型。

需要指出的是：3 个指标有时不一定一致，一种指数往往难以确定毒力的强弱，此时应结合 3 种指数综合判定，特别应注重 ICPI 值的大小。欧洲药典则明确规定：当 ICPI≥0.7 时，判定新城疫病毒为强毒。其中，ICPI 是世界动物卫生组织（OIE）用来衡量病毒体外毒力的推荐首选标准。

表 2-4 列出了一些常见的新城疫病毒株的毒力主要指标。

除了上述常用的 3 种方法外，对蚀斑形成的能力、8 周龄鸡的致病性试验、病毒凝集红细胞后解脱速度和病毒血凝性对热稳定性也可用于对新城疫病毒毒力的评价，通常作为一种参考指标。对 8 周龄鸡的致病性试验常用于新城疫速发型嗜内脏或嗜神经强毒的鉴别。病毒凝集红细胞后解脱速度和病毒血凝性对热稳定性常常用于缓发型毒株的鉴定。判定新城疫病毒毒力的主要指标见表 2-5。

表 2-4 新城疫病毒部分毒株的致病力指数

毒株	致病性	ICPI	IVPI	MDT
Ulster 2C	无症状肠型	0.0	0.0	>150
Queensland V4	无症状肠型	0.0	0.0	>150
Hitchner B₁	缓发型	0.2	0.0	120
F	缓发型	0.25	0.0	119
La Sota	缓发型	0.4	0.0	103
H	中发型	1.2	0.0	48
Mukteswar	中发型	1.4	0.0	46
Roakin	中发型	1.45	0.0	68
Beaudette C	中发型	1.6	1.45	62
Texas GB	速发型	1.75	2.7	55
NY Parrot 70181	速发型	1.8	2.6	51
Italian	速发型	1.85	2.8	50
Milano	速发型	1.9	2.8	50
Herts，33/56	速发型	2.0	2.7	48

表 2-5 鸡新城疫病毒的毒力主要指标

	强毒力	中等毒力	低毒力
最小致死量病毒致死鸡胚的平均时间（MDT）	40～60 h	60～90 h	>90 h
1 日龄雏鸡脑内接种致病指数（ICPI）	1.6～2.5	0，6～1.5	0.0～0.5
6 周龄鸡静脉接种致病指数（IVPI）	>1	0.0～0.8	0.0
病毒凝集红细胞后解脱速度	慢	快	快
病毒血凝性对热稳定性（56℃，min）	15～120	5	5

三、遗传学分群

利用分子生物学手段对病毒进行分类是一种新的分类方法，即利用新城疫病毒的核酸序列、酶切图谱、RNA指纹图谱和分子遗传学特性等可将新城疫病毒划成不同的种类,可快速了解病毒的分子遗传变异趋势。伴随着核酸序列分析技术的发展,越来越多的新城疫病毒序列被GenBank收录,遗传信息学的发展使得人们对病毒的认识愈来愈深入。尽管不同新城疫病毒株之间的遗传变异具有多样性,但仍可以根据时间、地域、抗原性或流行病学参数等将一定数量的病毒株分为特定的谱系或分支,这对评估全球新城疫病毒的流行病学和局部传播意义重大。

目前在毒株遗传分型方面,研究最多的是基于F蛋白基因进行分类,大多是采用F基因的主要功能区片段进行分类。目前的研究认为,新城疫病毒可分为两类,即Ⅰ类(Class Ⅰ)和Ⅱ类(Class Ⅱ),每类新城疫病毒又可进一步分为9个不同的基因型(Genotype)。国内外也有专家采用完整的F基因或HN基因进行分类。研究发现利用F、HN等基因中的不同片段所绘制的系统发育树十分相似,甚至利用较短的核苷酸序列所绘制的进化树与其全长基因所构建的进化树是一致的。但不同新城疫病毒毒株在F或HN基因的不同片段,其核苷酸和氨基酸之间尚有一定差别,不同片段绘出的系统进化树可能会有一定的差异。由于HN基因和F基因的变异可能独立发生,特别是对于那些有可能发生重组的病毒,其分型结果可能是不同的。因此,在进行遗传变异比较时,最好选择核苷酸和氨基酸与全长均密切相关的片段,例如F基因的1~374nt或HN基因的1~270nt。

对于遗传学分群方法,将在本书第四章《分子流行病学》部分进行详细介绍。

尽管目前对于新城疫病毒的分子分类有所争论,但尚缺乏基因型和抗原性之间的必然联系。毋庸置疑的是,基因分型对于快速了解病毒的演化趋势,预测病毒的免疫原性变化等具有重要的现实意义。

第五节　实验室宿主系统

新城疫病毒可在不同宿主体内增殖,但以鸡为高度敏感,鹅次之,而鸭则具有一定的抵抗性。此外,所有新城疫病毒均可在鸡胚中繁殖。由于鸡和鸡胚容易获得,且价格低廉,鸡和鸡胚常常被实验室用作新城疫病毒增殖的实验动物。

一、鸡

1. 敏感宿主

新城疫病毒可以试验感染多种禽类、非禽类宿主，鸡是最常用和最易感的自然宿主。新城疫病毒对鸡的致病性虽然与感染剂量、感染途径、鸡的日龄及环境条件有关，但主要取决于毒株本身。一般情况下，鸡的日龄越小，感染越严重，发病越急。在自然条件下，强毒株感染小鸡通常不表现任何明显的临床症状而突然死亡，而日龄较大的鸡病程可能较长，且表现特征性的临床症状。鸡的品种对其易感性影响不大。通过自然途径（鼻、口和眼）感染时，呼吸道症状似乎更明显，而肌肉、静脉和脑内途径感染的神经症状似乎更突出。当新城疫病毒被储存一定时间进行毒力复壮时，最好采用本动物感染增殖，同时选用合适的接种途径。

2. 对鸡的危害

根据新城疫病毒不同毒株对易感鸡致病力的差异，可将新城疫病毒毒株分成 3 类：即速发型、中发型和缓发型。速发型毒株感染鸡后可引起严重的疫病，出现一种或多种类型的病灶，通常归为死亡。中发型毒株感染鸡后时常症状较轻，病鸡很少死亡；但如将病毒直接引入鸡的中枢神经系统，则可能发生严重的疫病和死亡。而缓发型毒株仅引起轻的或不明显的症状；当用小颗粒对雏鸡进行气雾时，缓发型毒株可引起严重的鸡呼吸道反应。

二、鸡胚

1. 病毒敏感性

所有新城疫病毒均可在普通鸡胚或 SPF（Specific Pathogen Free）鸡胚中繁殖并感染，除少数毒株外，大都可引起鸡胚死亡。由于缺乏母源抗体的干扰，新城疫病毒在 SPF 鸡胚中易达到高效价，且保持纯净，故 SPF 鸡胚常用于病毒的分离和鉴定。

2. 病毒增殖和危害

新城疫病毒易在 10～12 日龄鸡胚的绒毛尿囊膜、尿囊腔中生长和繁殖，感染的尿囊液能凝集红细胞。鸡胚接种病毒后的死亡时间，依据病毒的毒力和接种剂量不同而有差别。当卵黄内有抗体时，缓发型病毒可能不能致死鸡胚但可产生感染；而在没有抗体时，往往可致死鸡胚或产生感染，鸡胚死亡前24～48 h，在尿囊液中出现高滴度的病毒。毒株不同，出现此种病毒高滴度的时间有差异。对于缓发型病毒致死鸡胚，通常需要 100 h 以上，而对于速发型、中发型毒株则需要 60 h 或更短，鸡胚中的高病毒滴度通常在死亡前 2～6 h 才出现。强毒株一般在 28～72 h 死亡，多数在 36～48 h 死亡；弱毒株死亡相对较晚，一般可延长 4～6 天。死亡的胚全身出血和充血，头部和脚部出血更为明显。

三、细胞培养物

1. 细胞培养

新城疫病毒可以在多种传代或继代细胞中增殖，包括兔、猪、牛和猴的肾细胞，鸡组织细胞和 Hela 细胞。最常用的是鸡胚成纤维细胞（CEF）、鸡胚肾和乳仓鼠肾细胞。新城疫病毒在大多数细胞系上生长比鸡胚差，细胞培养物的病毒浓度通常比鸡胚低 1 个 HA 滴度，故一般不用于病毒的增殖。

2. 蚀斑

新城疫病毒在细胞单层上可形成蚀斑，蚀斑的大小与病毒的毒力相关。蚀斑是新城疫病毒在细胞上的典型病变。如大多数或全部细胞受到破坏则为透明型，如仅有部分细胞破坏则为混浊型，如无病变，则仅为细胞对染料的渗透，表现为红色型。蚀斑在接种病毒后 2～6 天内形成。一般在接种后 96 h 进行观察。

速发型和中发型新城疫病毒毒株在鸡胚成纤维细胞（CEF）中，96 h 内能对细胞致病（CPE）和产生蚀斑。缓发型病毒在 CEF 中，如果覆盖层不加 Mg^{2+} 和 DEAE 或胰酶，仅能在 96 h 对细胞产生 CPE，但是通常不显现蚀斑。

3. 病毒纯化

将一蚀斑内的病毒悬液接种至另一单层细胞 CEF 上，这种接种物产生的蚀斑与其亲本相似，类似于克隆技术。单独的蚀斑连续传 3 代可建立一克隆系，成为一株纯系的病毒株，也称克隆纯化。

事实上，在进行病原分离时，每一个新城疫病毒分离株并非是均一的质体，它是由异质的群体组成。李德山等（1984）等证明，新城疫病毒强毒株或疫苗株特别是分离株，都是一混合的群体，其中含有不同形态的蚀斑。不当的传代或生长方式均可导致病毒群体的结构比例发生改变，进而引起新城疫病毒的毒力或免疫力的增长或下降。Takehara 等（1987）也证明新城疫病毒在 CEF 上生长可形成不同的克隆，不同克隆的生物学特性是不一致的。因此，在进行病毒的分离鉴定和测序时，最好利用蚀斑纯化技术，连续传三代建立新城疫病毒的克隆，进而纯化病毒，以期获得准确的结果。

第六节　基因组结构和功能

一、基因组组成

新城疫病毒为单股、负链 RNA，基因组主要有 15186nt、15192nt 和 15198nt 等 3 种全长类型，相对分子量约为 5×10^6。新城疫病毒的 RNA 不具传染性，其本身不能作为 mRNA，必须以自己为模板转录一股互补链作为 mRNA。它包括六个结构基因，编码 7 种结构蛋白，基因编码区长度分别为核衣壳蛋白（Nucleocapsid protein，NP）1467bp、磷酸化蛋白（Phosphate protein，P）1185bp、基质蛋白（Matrix Protein，M）1092bp、融合蛋白（Fusion protein，F）1659bp、血凝素-神经氨酸酶蛋白（Haemagglutinin Neuraminidase protein，HN）1713bp（或 1731bp，HN_0 1848bp）和 RNA 依赖性 RNA 聚合酶（Large protein，L）6700bp。基因的排列顺序为 $3' - NP - P - M - F - HN - L - 5'$。

新城疫病毒含有一个位于 $3'$ 端的启动子，基因组沉降系数为 50S，其指导沉降系数分别为 35S、22S 和 18S。病毒感染细胞后，基因组产生 3 组 RNA，沉降系数分别为 18S、22S 和 35S。其中，35s mRNA 是单一种类的特异 mR-NA，编码 L 蛋白，18S RNA 含有编码 NP、P、M、F、HN 蛋白的 5 种 mR-NA。Northern 杂交证明，18S 和 35S mRNA 包含了新城疫病毒所有的编码区域，而 22S 包含了 18S mRNA 的编码区域，表明它可能是 18S 的共价连接产物。22S mRNA 不含特异片断，但转录产物与 18S 相似。

除 L 蛋白 mRNA 起始信号为 $3' - UGGCCAUCCU - 5'$ 外，其他 5 种 mRNA 之间均有一个保守的起始信号 $3' - UGGCCAUCUU - 5'$，且每一个基因末端含有转录的 polyA 终止信号序列，即 $3' - UGGCCAUCUU - 5'$ 序列。各基

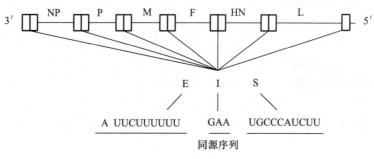

NP	核蛋白	P	磷蛋白	M	基质蛋白
F	融合蛋白	HN	血凝素－神经氨酸酶	L	大聚合酶蛋白
E	转录终止信号	I	基因组间隔区的保守序列	S	转录起始信号

图 2-2　新城疫病毒基因组的结构模式

因组间有一个 3′-GAA 保守序列。mRNA 的起始信号和 polyA 之间的距离不等，通常在 1~47 个核苷酸。此外，在 HN 基因和 L 基因的起始端还分别有一个 41 和 50 个核苷酸的小开放阅读框。

二、病毒结构蛋白分布及功能

根据结构蛋白所处的位置，初步将其分为 2 类：一类为内部蛋白，包括 NP、P 及 L 蛋白，这 3 种蛋白共同参与病毒 RNA 的转录与复制，形成有活性的 mRNA；另一类为外部蛋白，包括 HN、F 和 M。其中 HN、F 是 2 种糖基化蛋白，位于囊膜外表面，分别形成大、小纤突，是重要的宿主保护性抗原。M 蛋白是非糖基化蛋白，构成囊膜内表面的支撑物。另外，还有 2 种由 P 基因编码的 33KD 和 56KD 的非结构蛋白，Daskalakis 等（1992）证实与病毒的毒力密切相关。

（一）融合蛋白（F 蛋白）

1. F 蛋白组成和前体蛋白

（1）组成　F 蛋白由 553 个氨基酸组成，相对分子量为 59 600，与多种生物学活性有关，主要负责病毒囊膜和宿主细胞质膜之间的融合，确保病毒核衣壳通过细胞膜进入细胞内，是新城疫病毒感染细胞所必需的。F 蛋白的结构包含有信号肽、剪切位点、融合肽、7次重复区 A 和 B、跨膜区及胞质尾区等多个结构域。F 蛋白的结构见图 2-3。第 2～32 位氨基酸高度可变，该区域含有一个疏水的非极性核心（9～25 位），作为蛋白质跨膜的信号肽起作用。这一序列能够引导新生的多肽链穿过内质网膜，并通过 C 端疏水性的终止转移域或跨膜域将新生肽链锚定在质膜中。

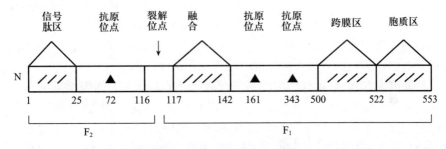

图 2-3 F 蛋白结构示意图

F 蛋白有 3 个高度疏水区，第 1 个疏水区位于 1～25 氨基酸残基处，为 F 蛋白 N 端信号肽区。第 2 个疏水区位于 117～142 氨基酸残基处，为融合诱导区，该区域正好是 F_1 多肽的 N 端，当 F_0 裂解产生 F_1 和 F_2 后，F_1N 端直接参与膜融合。第 3 个疏水区位于 500～522 氨基酸残基处，与蛋白的胞质区（523～553 aa）相邻，为蛋白跨膜区，具有终止蛋白转移和膜锚定功能。

Chambers(1990)、Sergel(2000,2001)等研究表明，F_1 蛋白含有 3 个七肽重复序列区（HR-A，HR-B，HR-C），HR-A 位于 143～185 aa 处，即融合肽的 C 端，HR-B 靠近跨膜区的 N 端，位于 467～502 aa 处。HR-A，HR-B 在 F 蛋白介导的融合中有非常重要的作用，而 HR-C 位于 268～289 aa处，可能是使 HN 和 F 蛋白相互作用的纽带。

(2) 前体蛋白 F 蛋白首先以惰性前体 F_0 的形式存在，经宿主细胞蛋白酶水解后产生由二硫键连接的 F_1 和 F_2 两个片段，表现出融合活性，进而导致病毒穿入宿主细胞膜的作用。F 蛋白的裂解是决定病毒毒力的关键因子。在宿主蛋白水解酶的作用下，前体 F_0 蛋白将在剪切位点发生剪切生成有活性的 F_1 和 F_2 两个片段。F_1 亚基的 N 端有 20 个残基的疏水区，这一区域的序列在不同属的病毒中是高度保守的，其同源性达到 70%～90%。由于该疏水区能插入到膜中，引起病毒包膜与质膜以及质膜之间的融合，故称为融合肽。融合肽区是直接负责 F 蛋白的膜融合功能的结构区域，也是由 α 螺旋结构组成，该肽段在 F_0 状态中不具有活性，F_0 被剪切激活后，该肽段才具有膜融合功能。

HR-A 和 HR-B 是两个由 α 螺旋组成的卷曲螺旋结构，其序列特征为（abc-defg）$_n$。其中 a、d 位由保守的疏水性氨基酸残基组成，其他部位氨基酸残基的亲、疏水性可变。

2. F 蛋白的分子特性

Toyoda(1989)、Taylor(1990) 和 Liu Hualei(2007) 通过对新城疫病毒 F 蛋白的氨基酸序列的分析证实，大多数新城疫病毒流行毒株 F 蛋白氨基酸序列具有高度的同源性，其同源性高达 $89.3\%\sim99.6\%$。其中，同一基因型的毒株同源性较高，而分属不同基因型的毒株同源性较低。

F 蛋白的 13 个半胱氨酸位点和潜在的 6 个糖基化位点大都是保守的，其中部分形成二硫键，对 F 蛋白的高级结构有重要影响。大多数毒株 F 蛋白氨基酸的变异集中在信号肽区（$1\sim32$ aa）内，该序列在 F 蛋白新生多肽与膜囊泡结合后不久被切下来。因此，它不是功能性 F 蛋白的构成成分。

对大量 F 基因的序列比较研究证实，几乎所有的新城疫病毒毒株均有如下特征：①所有的 F_0 蛋白长度均相同（553 个氨基酸）；②F 蛋白含有三个大约由 25 个疏水氨基酸组成的疏水区域。其中，第一个位于 F_2 N 末端信号序列内（$1\sim32$）；第二个位于 F_0 裂解产生的 F_1 多肽的 N 末端（117-142），该序列启动病毒与宿主细胞质膜的融合；第三个靠近 F_1 的 C 末端（500-525）的膜锚定区。第一个疏水区变异较大，而后两个疏水区则高度保守，同源性高达 $91.2\%\sim99.8\%$，它使该蛋白能嵌入病毒囊膜中。③有 6 个高度保守的糖基化位点（85、191、366、447、471 和 541 位氨基酸），除第一个外其他位点均在 F_1 多肽上。④半胱氨酸残基位置相当保守（在 25、76、199、338、347、370、394、399、401、424 和 523 位），它们在构成 F 蛋白的二级、三级结构中起着重要的作用。其中，第 76 位的 Cys 残基参与 F_1 和 F_2 多肽的桥联；第 523 位的 Cys 位于疏水固定区，该区可能是 F 蛋白与脂肪酸结合位点；C 末端的 Cys 保守性对维持新城疫病毒特有的结构十分重要。

3. F 蛋白的抗原性

F 蛋白有 3 个抗原决定簇，大都与融合作用有关，分别位于 343 位、72 位和 161 位，它们都高度依赖于蛋白质的折叠和空间构型。位点 I（Leu343）位于 F_1 亚基 C 末端，高度保守的半胱氨酸富集区，在病毒的抗原性、结构和功能上起着重要作用，若亮氨酸变为脯氨酸会使该位点丧失，引起蛋白质空间结构发生变化。在 F_1 和 F_2 裂解位点之间有一个半胱氨酸残基，这个残基有利

于位于 F_2 亲水区的位点 Ⅱ（Asp 72）同 F_1 N 末端接近，形成与抑制融合相关的抗原表位。位点 Ⅲ（Thr 161）位于 F_1 N 末端，与前两个位点相比，该区的亲水性较低，被认为是 F 蛋白的融合功能部位，促使病毒与细胞之间通过疏水作用而融合。

此外，Toyoda（1988）和 Yosoff（1989）等用单克隆抗体对 F 蛋白的抗原结构进行分析表明，F 蛋白有 5 个中性的抗原表位，A1：72 aa，A2：78 aa，A3：79 aa，A4：157、161、170、171 aa，A5：343 aa，此外，还发现一个易变位点 378 aa。其中 72 位点位于 F_2 亲水区，F_1 和 F_2 裂解位点之间的半胱氨酸残基有利于这一位点向 F_1 N 末端接近，形成与抑制融合相关的抗原表位。161 位点位于 F_1 亚单位 C 末端高度保守的半胱氨酸富集区，在病毒的抗原性及结构与功能上起着重要作用，是 F 蛋白主要抗原决定簇。

4. F 蛋白的晶体结构

Chen 等（2001）用电镜和 X 晶体衍射的方法观察到了 F 蛋白的基本结构，晶体结构分析表明新城疫病毒 F 蛋白三聚体分子是由头、颈和躯干 3 部分组成。头部由一个高度卷曲的 β 结构域和一个附加的免疫球蛋白样的 β 结构域组成，颈部由被 4 个超螺旋束帽化的七肽重复序列 HR - A 的 C 端延伸部分组成，HR - A 的 C 端被 HR - C 螺旋和 4 束 β 折叠所包裹，躯干部是由 HR - A 的剩余可见部分和 HR - B 组成。一个轴对称的孔道穿过头部和颈部，与头颈交界处的三个巨大的辐射状孔道构成窗口形状。多个位点的点突变试验表明，F 蛋白的各个区域通过不同的方式影响 F 蛋白的功能。电镜观察结果表明，真核细胞中表达的重组 F_0 蛋白前体呈现为单个的狼牙棒状颗粒（club - shaped particles），用胰蛋白酶裂解 F_0 成二硫键连接的 $F_2 - F_1$ 后，多个狼牙棒状颗粒进一步聚集成圆花式图样。这表明，F_0 蛋白的成熟导致 F 蛋白的构象发生了变化。

结合新城疫病毒 F 蛋白的晶体结构和其他膜融合蛋白的结构与功能模型，Chen 等（2001）提出了一个新城疫病毒 F 蛋白由亚稳态转变为稳态的模型。该模型认为，融合肽段的主链骨架结构在 175 位急剧转弯上行进入头部的径向孔道，HR - A 由下向上延伸，HR - B 及其后区则形成稳定的 α 螺旋和其他结构。经 HN 蛋白激活后，F_0 蛋白剪切成 $F_2 - F_1$，HR - A 与融合肽段从而得以下垂，与 HR - B 一起形成有融合功能的结构。与其他膜融合蛋白不同的是，新城疫病毒 F 蛋白的 HR - A 是从下向上延伸的，而其他融合蛋白的 HR - A 是从上至下延伸。

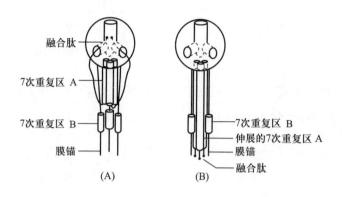

图 2 - 4　新城疫病毒 F 蛋白的作用模型

（A）F_0 剪切前；（B）F_0 剪切后（Chen L，2001）

　　自然界中存在有新城疫病毒的条件致死突变株及其回复突变株。AV 温度敏感突变株由于在致死温度（42 ℃）下 F_0 蛋白不能正常剪切加工而不能在寄主体内繁殖。对该株的遗传分析表明，HR - A 中 152 位和 157 位残基的突变是其致死的原因，但 60 位或 61 位的微小突变（Ser - Thr，Ile - Leu，即侧链基团更大一些），或 159、272 位的突变能使这类毒株生物活性恢复。由 F 蛋白的晶体结构可知，除紧邻原始突变位点的 159 位外，60、61 和 272 位残基虽然在序列上相隔遥远，但在空间结构上却是邻近的，都位于颈区的 βⅢ 结构域中。虽然 152、157 和 159 位残基在晶体图谱中缺失，但根据相邻区段的位置和主链骨架的走向分析也很有可能分布于颈区。糖基化位点在所有新城疫病毒毒株中是高度保守的，对这些位点的突变分析表明，位于 N85 位残基的突变是所有糖基化位点变中影响最广泛的，可导致 F 蛋白在细胞质膜上的表达量、蛋白的稳性、剪切率以及融合活性等都大大下降。对位于颈区的 268～289 区段（组成 N4. βⅢ a、βⅢ b）的 Leu 残基的突变分析表明，该区段对 F 蛋白的结构（Leu 275，Leu 282）和功能都有重大的影响，特别是 L268 的突变，虽然不影响 F 蛋白的表达和剪切，但将使 F 蛋白的融活性完全丧失（图 2 - 5）。有意思的是，L289A 的突变将使 F 蛋白的剪切和融活性不再依赖于 HN 的激活作用，单独的 L289A 型突变株的 F 蛋白有 80% 以上的融合活性，与 HN 一起作用时表现出的融合活性是野生型 F 蛋白的 1.5 倍。这些结果表明，F 蛋白的颈区与 F 蛋白的结构和功能关系非常密切，且可能直接参与与 HN 蛋白的相互作用。

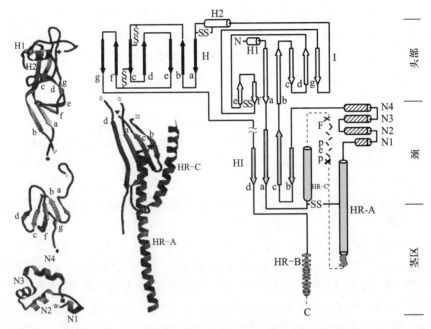

图 2-5 新城疫病毒 F 蛋白的拓扑结构和局部高级结构示意图（Sergel T A，2000）

（二）血凝素-神经氨酸酶蛋白（HN 蛋白）

1. HN 蛋白的组成

新城疫病毒 HN 基因序列长 2031nt，大约占到病毒基因组全长的 13.5%，其编码构成病毒囊膜的血凝素-神经氨酸酶（HN）。HN 蛋白有 570～620 个氨基酸，相对分子量大约 63 000。HN 蛋白的长度稍有差异，主要是因为有的是以前体 HN_0 形式翻译，然后再进行裂解，而有的则不形成 HN_0 前体。副黏病毒的 HN 糖蛋白除了新城疫病毒 Ulster 株、Queensland 株、D26/76 株存在 HN_0 前体外，还未见到其他副黏病毒存在 HN_0 的报道。存在 HN_0 前体的毒株需要在 C 端的糖多肽裂解去除一个相对分子量 9 000 的糖肽后才产生活性，而其他毒株 HN 蛋白翻译后都不需要进行裂解性修饰即具有活性，这主要是由于这些毒株在上游获得了终止密码子而缩短了开放阅读框所致。

2. HN 蛋白结构和受体功能

根据 HN 多肽的长度可分为 HN616、HN577、HN571 和 HN570 等几种。

在 HN 多肽链上约有 15 个半胱氨酸残基，这些残基对维持 HN 的空间结构有重要作用，部分强毒株在 123 位的 Cys 残基与形成 HN 蛋白的二聚体有关。HN 蛋白带有与天冬氨酸连接的多糖侧链，该多糖侧链含有大量复杂的甘露糖，对神经氨酸酶的活性至关重要。另外，HN 蛋白在第 119、341、433 和 481 位有 4 个保守性较好的潜在糖基化位点。

HN 蛋白的 N 端附近含有单一的疏水域，该区域具有信号肽/膜锚定两个方面的活性，当 HN 蛋白在核糖体上合成后，首先凭借 N 端信号肽/膜锚定插入在内质网膜上，再经过糖基化酶的修饰作用，使 HN 蛋白的 4～6 个位点上形成 N—寡糖基化，然后通过高尔基体转运到质膜，并且锚定在质膜的脂质双分子层中。副流感病毒的 HN 糖蛋白还有保守性的 Cys、Pro 和 Gly 残基，并通过二硫键形成同源二聚体，其二聚体进一步以非共价连接而成为四聚体。除此而外，副流感病毒 HN 蛋白还包含 N-R-K-S-K-S 保守性序列，该序列与流感病毒 NA 的唾液酸结合位点相似。血凝素-神经氨酸酶蛋白（HN）是新城疫病毒较大的一种糖蛋白，兼有 HA 和 NA 两种活性，即具有识别细胞膜上的唾液酸受体并与之结合以及破坏这种结合的活性。这两种活性对于新城疫病毒侵染细胞均具有重要的作用。Iorio 等（2001）的研究表明，受体的识别依赖于 NA 活性，调节 NA 活性的 HN 残基对于吸附作用并不是最重要的，NA 活性需要有另外的 HN 蛋白介导从而结合到受体。此外，HN 蛋白还具有促进 F 蛋白融合作用的融合启动功能，并且通过去除新合成的病毒核衣壳蛋白上的唾液酸，对子代病毒粒子进行加工。Connaris（2002）已经确定了 HN 蛋白中对细胞受体结合和促进融合作用起重要作用的位点为 E401、R416 和 Y526 位残基。

HN 蛋白的主要疏水区在 N 端，表明 HN 是以 N 端与病毒外膜相连接的。N 末端的 75 个氨基酸残基中，1～26 残基为胞质内区（尾部），27～48 残基是跨膜区（杆状部），其余为胞质外氨基酸（球形的头部），其结构见图 2-6。新城疫病毒 HN 蛋白氨基酸差异主要集中在 N 末端 1～75 位，76 位到 C 末端

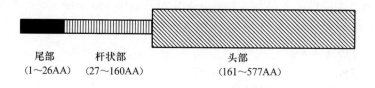

尾部　　　　　杆状部　　　　　　头部
(1～26AA)　(27～160AA)　　　　(161～577AA)

图 2-6　新城疫病毒 HN 蛋白结构示意图

的整个细胞外区差异较小。Ronald 等（2001）证实，HN 蛋白的杆状部是由二聚体通过二硫键连接而成的四聚体，它上面有受体识别位点、NA 活性位点和抗原位点。

HN 蛋白有 6 个潜在的糖基化位点，其中 4 个位点（118～120、341～343、433～435、481～483 位氨基酸）是较保守的，其余 2 个位点保守性较差。通过点突变分析和 X-射线结构分析法证明 341～343 和 481～483 位是真正的糖基化位点。糖基化作用对于 HN 转运到细胞表面无作用，但对于神经氨酸酶活性则是必需的。

3. HN 基因分子特征

Sakaguchi 等（1989）对 13 株新城疫 HN 蛋白的氨基酸序列的分析表明，HN 蛋白有 12 个完全保守的半胱氨酸残基，分别位于 172、186、196、238、247、251、344、455、461、465、531 和 542 位，这些半胱氨酸残基对于 HN 蛋白的成熟具有重要作用。McGinnes 等（1993）研究证明，不同半胱氨酸残基突变，可阻断 HN 蛋白成熟过程中抗原位点的出现。172 位或 196 位半胱氨酸突变可阻断 23 抗原位点的出现；Cys344、455、461 或 465 突变处抗原位点 4 外，阻断其他所有位点；而 Cys186、238、247、251、531 或 542 突变，阻断所有的位点的出现。12 个保守 Cys 残基任何一个突变为丝氨酸（S）时，均会对 HN 蛋白的 HA、NA 和促融合活性有明显的影响。当 HN 分子的第 123 位残基为 Cys 时，则可使 HN 分子以二聚体形式存在，但如突变为 Try 或 Tyr，则不能形成二聚体。

Connaris(1989) 和 Iorio 等（1992）用针对新城疫病毒 AV 株 HN 蛋白的中和性单抗确定 HN 蛋白分子表面有 6 个相互重叠的抗原位点，这些位点在线性结构上是截然分开的 3 个区域，但在三维结构上则是聚集在一起的。其结构如图 2-7 所示。

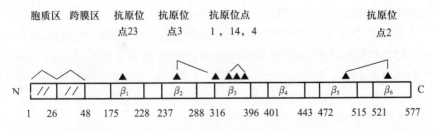

图 2-7　新城疫病毒 HN 蛋白抗原位点结构示意图（Connaris H 等，1989）

王志玉等（2002）采用基因定点突变技术分别去掉 HN 分子上的 4 个糖基化位点，系统研究了糖基化作用对新城疫病毒 HN 糖蛋白生物学活性的影响，特别是对 HN 促细胞融合作用的影响。结果表明，糖链能影响 HN 的表达或从细胞质运输到细胞表面，从而导致神经氨酸酶活性、促细胞融合作用的改变。

HN 具有血凝素和神经氨酸酶的活性，既能通过血凝素与敏感细胞表面的唾液酸受体结合，而使病毒吸附在细胞表面，也能通过神经氨酸酶活性介导病毒粒子表面及细胞表面的唾液酸切除，防止因病毒粒子在细胞表面出芽时产生自我集聚。有趣的是，HN 这两个方面的功能受 pH 和卤离子浓度调节，其血凝素和神经氨酸酶活性具有对酸性 pH(pH 4.5～5.5) 的依赖。例如在高尔基体外侧网络（TGN）的酸性环境中，神经氨酸酶可从 HN 糖链和 F 蛋白糖链上去除唾液酸。抗 HN 特异性血清单抗能抑制新城疫病毒融合细胞质膜，表明病毒的吸附是融合的前提，然后病毒才能进入细胞。应用单抗证明血凝素（HA）和神经氨酸酶（NA）的抗原性是各自独立的。目前有许多证据支持新城疫病毒 HA 和 NA 两个活性位点是分开的假说，而 HN 分子一级结构中第193 和 201 位氨基酸残基显然同时参与了这两种功能，所以这两个活性位点可能有某种程度的重叠。

（三）基质蛋白（M 蛋白）

1. M 蛋白结构

M 蛋白是新城疫病毒囊膜上除 F、HN 蛋白之外的第 3 种蛋白，其相对分子量为 41 000，由 364 个氨基酸残基构成，虽具有疏水性但不是跨膜蛋白，位于病毒囊膜的内侧面，一部分镶嵌在囊膜内，另一部分与核衣壳相互作用，构成囊膜的支架。在病毒的装配中发挥重要作用。

2. M 蛋白功能

M 蛋白至少有 2 个功能区，一个是蛋白在脂质双层膜上的嵌着部位，另一个区域与病毒核心核衣壳结构相互作用。M 蛋白有多种功能，其一是构成病毒脂质囊膜内面支撑物，在病毒的装配过程中发挥重要作用；其二是调节病毒 RNA 合成。M 蛋白具有较强的疏水性和强碱性，这种特征可能对该蛋白与病毒核衣壳结合比较重要。

M 蛋白与病毒囊膜和核衣壳的相互作用对形成具有感染性的病毒粒子至

关重要。Gomez-Puertas 等（2000）研究表明，M蛋白不仅参与病毒粒子的形成，而且还具有诱导病毒粒子形成的活性。在感染过程中，大量新城疫病毒的M蛋白集中于被感染或M基因转染的细胞核分泌区内，而新城疫病毒的其他结构蛋白则存在于细胞质中。在感染早期可在核内检测到M蛋白，尤其是集中在核仁部分，并在感染过程中始终在细胞核和核仁中浓集，细胞核内的M蛋白可能在抑制宿主细胞生物合成方面起作用。Yoshida 等（1981，1985）等通过试验认为，在M蛋白和膜内糖蛋白之间存在着特异的识别位点。Peeple 和 Bratt（1982）提出M蛋白与融合糖蛋白（F）之间的重要相互作用对于有感染性的病毒粒子的形成是必需的。M蛋白突变株不能将F蛋白组装进入病毒粒子，也就不能形成有感染性的病毒子。

M蛋白含有双亲性α螺旋，因此它一方面可插入到双层脂质膜的内层，另一方面也可同核衣壳发生联系，在病毒形态发生过程中担当中心组织者的角色。此外，病毒的出芽也与M蛋白有关，当M蛋白失活时，病毒不能产生出芽，而表现为持续感染。

（四）磷酸化蛋白（P蛋白）

1. P蛋白的结构

P基因长约 1.44 kb，编码 395 个氨基酸，相对分子量约为 53 000。副黏病毒的P蛋白是由于被高度磷酸化而得名的。P蛋白与L蛋白一起共同构成病毒 RNA 聚合酶（P-L），对病毒 RNA 的合成起中心调节作用。P蛋白还能与未组装的 NP 结合，形成 P-NP 复合物，这种复合物即可激活病毒基因组复制，也可阻止 NP 与病毒 RNA 组装生成核衣壳。

2. P蛋白的功能

Bowman MC 等（1999）证实，新城疫病毒的P蛋白与大多数副黏病毒不同，其 mRNA 仅编码P蛋白，不可编码C蛋白。P蛋白的丝氨酸和苏氨酸含量较高，可以作为磷酸化的位点，但只含有 286 位一个半胱氨酸，在形成二硫键相连的三聚体寡聚结构方面起重要作用。P蛋白的C端有 32 个氨基酸(316～347 位氨基酸)和N端 59 个氨基酸形成超螺旋结构，是 L-P、P-P 和 P-NP 之间相互作用的主要区域。Bruce 等（2002）通过序列分析表明，P蛋白相对保守，从而推断P蛋白可能与病毒的年代有关。

P基因的转录具有 RNA 编辑现象，它能在其保守的编辑位点（UUUUUCCC）模板非依赖性地插入 1 个或 2 个 G，从而使 P 基因的翻译产物共有 3 种：无编辑的翻译产物 P 蛋白，1 个 G 的插入产物 V 蛋白，2 个 G 的插入产物 W 蛋白，3 种蛋白分别占 69%，29% 和 2%。其中 P 蛋白主要与 L 蛋白作用，共同形成活性的病毒转录复合物，完成病毒的复制。而对 V 蛋白和 W 蛋白的功能了解不多，认为 V 蛋白是病毒粒子的结构蛋白之一，并可能与阻止宿主激活干扰素相关，成为决定病毒毒力强弱的一个因素。

（五）核衣壳蛋白（NP 蛋白）

1. NP 蛋白的结构

NP 蛋白基因长约 1.7 kb，编码 489 个氨基酸，相对分子量为 56 000，它包裹基因组 RNA 形成一个螺旋的核衣壳。NP 有 2 个主要区域：一是氨基端区域，约占整个分子的 2/3，与 RNA 直接结合；另一个是羧基端区域，裸露于装配后的核衣壳表面，胰蛋白酶处理后可以由核衣壳上解离下来，表明两区域的结合部存在对蛋白酶敏感的序列。不同新城疫病毒毒株的 NP 保守性较高。

2. NP 蛋白的功能

核衣壳蛋白又称为 N 蛋白，NP 含有 2 个功能域，其 N 端为 RNA 结合域，约占整个 NP 蛋白长度的 80%，且是高度保守的；缺失突变分析表明，NP 蛋白的 N 端是核衣壳组装必需的；NP 蛋白 C 端 20% 的区域保守性较差，含有磷酸化位点和抗原决定簇位点。尽管 C 端不影响 NP 蛋白与模板 RNA 的结合和组装，但缺少 C 端尾的 NP 蛋白结合模板 RNA 之后，并不能启动病毒基因组的正常复制。现在已了解到 NP 蛋白 C 端介导了 P 蛋白与核衣壳或 RNP 的结合。

（六）大分子量聚合酶蛋白（L 蛋白）

1. L 蛋白的结构

L 基因长约 6.7 kb，编码 2 204 个氨基酸，相对分子量为 220 000，其编码基因的长度几乎占整个病毒基因组的一半。L 蛋白是与 RNA 复制和转录反应过程密切相关的主要蛋白。P蛋白、NP蛋白和L蛋白与病毒基因组RNA相结合构成病毒核衣壳。

2. L蛋白的功能

Hamaguchi M 等（1983）证实，L蛋白和P蛋白在病毒粒子中含量很低，位于核衣壳内，是RNA依赖的RNA聚合酶的2个亚单位，两者形成的复合物具有完整的酶活性。将L蛋白与P蛋白加入已完全除去这两者的病毒衣壳中，它们能一起构成有活性的病毒转录复合物，实际上是一种病毒RNA依赖性的RNA聚合酶。病毒RNA聚合酶识别被核衣壳蛋白（NP）紧紧包裹的RNA模板，P和NP相结合，使NP发生结构上的改变，在RNA聚合酶阅读其模板时有利于核衣壳螺旋的伸展，为酶的作用留下足够的空间。但P-L蛋白聚合物的聚合酶活性还需要NP/RNA模板的存在，一些具有转录活性的核衣壳包含5～10个P-L蛋白，并且这种复合物在体外能使mRNA 5′端戴帽，3′端加poly(A)尾，其3′端多聚腺苷酸化是在病毒聚合酶催化作用下，通过与模板RNA 5′端之前的一段多聚U互补形成的，而5′端的戴帽则需要鸟甘酸转移酶或甲基转移酶活性，后者的酶活性是通过L蛋白提供的。还发现L蛋白能使NP和P蛋白磷酸化，因此认为L蛋白可能还是一种蛋白激酶。参与RNA转录和复制的大部分酶［如病毒RNA多聚酶、mRNA加帽酶、甲基转移酶、Poly(A)多聚酶和磷酸激酶等］活性都存在于L蛋白上。Mark G. Wise 等（2004）通过序列分析表明，大部分RNA的合成和修复活性在L蛋白N端第2和第3个氨基酸上定位，这一区段具有高度保守性；而C端的保守性相对较小，可能与病毒的特异性有关。L蛋白相对保守，且对于禽类的副黏病毒是特异的。

第七节　基因组的转录与复制

一、新城疫病毒的吸附、融膜和脱壳

在病毒学研究的早期阶段，人们已经注意到病毒作为一种生命体的特点是细胞内的寄生性，而这种寄生性实质上就是病毒在细胞内完成其生物学复制和增殖的过程。病毒感染细胞的前提是与细胞表面的受体相结合，这种结合不仅体现在病毒特定结构蛋白和细胞受体空间构象的改变，还表现出病毒与组织细胞特异性结合的特殊关系。事实上，病毒与受体之间的结合启动了一系列动力学事件，其后果不仅是病毒进入细胞，还有细胞产生的特异和非特异反应，特别是病毒的复制和增殖。

1. 吸附

和其他病毒一样，新城疫病毒感染细胞的第一步是通过病毒与细胞膜上的特异性受体相互作用，吸附于细胞表面。新城疫病毒的受体结合部位位于HN 蛋白的球状区，细胞受体是位于细胞膜糖蛋白膜或糖脂链的唾液酸，通常认为有两个唾液酸位点。吸附分为两个阶段：①病毒与细胞接触，进行静电结合。该过程与温度关系不大，0～37 ℃都可以进行，但与钠、镁和钙等阳离子浓度有关。这种结合是非特异性的、可逆的；②病毒表面的位点和宿主表面的相应受体结合，这一步是真正的吸附，是病毒感染的开始，是特异的、不可逆。

2. 融膜和脱壳

在新城疫病毒感染的过程中，病毒首先由其 HN 蛋白与敏感细胞表面的唾液酸受体结合，而这种结合可引起融合蛋白 F 的构象发生改变，从而导致 F 蛋白的融合肽被释放出来，在此融合肽的作用下，病毒包膜与宿主细胞的细胞质膜发生融合。

融合蛋白前体 F_0 切割生成 F_1 和 F_2 亚基，是决定新城疫病毒感染成功与否的关键。只有当融合蛋白前体 F_0 被切割时，F_1 亚基 N 端的融合肽才能释放出来。在此融合肽的作用下，病毒包膜与质膜发生融合，随之病毒核衣壳进入宿主细胞的胞质内，并在胞质中进行转录和复制。F_0 蛋白合成后将自我组装成多聚体，并以该多聚体的形式被运送到高尔基体进行剪切加工而变成成熟的 $F_2 - F_1$ 的形式。虽然此时 F_0 已形成多聚体的形式，但其剪切作用仍是各单体单独进行的。F 蛋白的融合动力学、HR - A 和 B 肽段的自组装活性分析和 F 蛋白的晶体结构分析表明，该多聚体为三聚体，且 F 蛋白在发挥其膜融合功能时，仍将以该三聚体的形式完成。

补充说明的是：F 蛋白是一种被称为 F_0 的前体合成的 I 型整合糖蛋白。F_0 暴露于宿主细胞表面时，被宿主细胞的某种蛋白酶水解，产生由双硫键连接在一起的 F_1 和 F_2。F_1 亚单位中 N 末端的 20 个氨基酸具有高度的疏水性，由这 20 个氨基酸形成的区域被认为能插入靶细胞膜来起始融合，因此，被称作融合肽。在缺乏水解 F_0 的蛋白酶的细胞中，可以产生未水解的 F_0 的病毒。这些病毒颗粒能够与靶细胞结合，但其基因组却不能进入靶细胞，因而不具有感染性。因此，对 F_0 的水解是病毒与宿主细胞的融合所必需的。F蛋白的活性需要 HN 蛋白的协同作用。

病毒与细胞膜融合的结果是核衣壳被释放到细胞质中，进而释放螺旋化的核衣壳进入细胞质，然后，再进一步产生脱壳和进行转录和复制，其病毒转录和复制的全部过程都是在胞质中完成的（见图 2-8）。

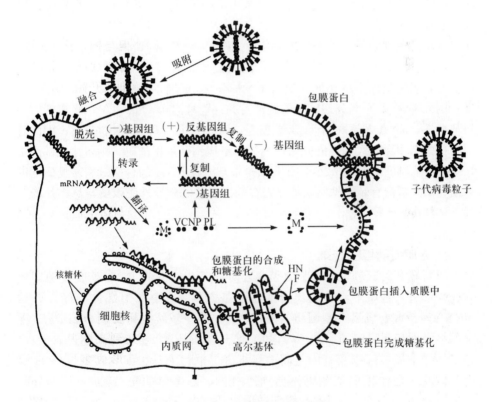

图 2-8 新城疫病毒的复制循环

二、转录与翻译

1. 负链 RNA 病毒转录的特点

RNA 病毒的基因组一般为线状，极少数为环状。RNA 病毒的基因复制包括其 mRNA 合成和基因组 RNA 合成两个过程，mRNA 有时可作为 RNA 合成的中间体，其合成机制与 DNA 的 RNA 转录方式不完全相同。大部分 RNA 病毒的基因复制通过两种方式完成，一是 RNA 依赖的 RNA 合成（RDRP），即 RNA 复制；二是反转录病毒采用的方式。

负链 RNA 病毒基因组及其互补 RNA 分子，在病毒粒子中以及整个复制过程中，均与病毒的核蛋白结合。这是因为，负链 RNA 病毒的基因组只发生复制，而不参与翻译。负链 RNA 病毒在病毒粒子中带有 RDRP 及其他蛋白，负链 RNA 与 mRNA 互补，可作为模板由 RDRP 合成 mRNA，然后发挥翻译模板功能。

病毒进入细胞后，首先合成 mRNA 和基因组负链 RNA。在合成过程中，有不同形式的 mRNA，可翻译成不同的蛋白质。这些蛋白的产生受多种机制的控制，表达量也不尽相同。负链 RNA 由 5′-末端单一的启动子启动转录，转录的 mRNA 水平与离启动子的距离有关：距离愈远，mRNA 水平愈低。一般情况下，RNA 多聚酶离 5′-末端较远，而外壳蛋白离 5′-末端较近，因此外壳蛋白的产生量较大。当外壳蛋白的拷贝量达到一定程度时，则聚集在基因组 RNA 周围，防止 RNA 减少，并开始全长基因组 RNA 的合成。新城疫病毒的基质（M）蛋白有转录抑制功能，可在病毒组装时介导外壳蛋白与修饰过的被膜前体结合。

2. 新城疫病毒的转录

当新城疫病毒包膜与细胞质膜融合时，多个拷贝的 P-L 聚合酶随同核衣壳一起进入胞质中，这些聚合酶是从基因组- ssRNA 3′端先导序列开始 mRNA 转录或合成反义基因组（+ssRNA）的。新城疫病毒聚合酶 P-L 催化的转录不需要特定的启动子，但其 P-L 在- ssRNA 链上有不同进入位点，包括 3′端的先导区以及基因之间的接头区，也称为基因间隔序列。P-L 聚合酶以此作为启动子，以核壳化的基因组- ssRNA 为模板，合成不同的 mR-NA。所合成的 mRNA 5′端有帽子结构，3′端有 poly（A）尾，poly（A）尾的长度约为 200 个碱基。在新城疫病毒初级转录过程中，P-L 聚合酶能利用不同基因之间的接头区，即"终止-起始"序列，既可完成上一个基因的转录终止，也可重新起始下一个基因的转录，即从 NP、P 基因直到使最后一个 L 基因得到转录。因此在一般情况下，新城疫病毒基因组- ssRNA 除了基因间隔序列和两端的先导序列没有转录外，几乎所有的基因均被转录生成 mRNA。

　　尽管新城疫病毒 P-L 聚合酶在基因接头区或基因间隔区重新起始 mRNA 合成的频率很高，但病毒基因组-ssRNA 从 3′端至 5′端的转录并非是均等的，而是呈逐级下降，这就是说下游基因接头区重新起始转录的效率要比上游基因接头区低。究其原因，可能是因为宿主细胞因子或蛋白干扰了 P-L 聚合酶在接头区重新起始转录的缘故。

　　新城疫病毒的基因转录有两种衰减机制：一是病毒的转录未能有效地产生终止和多聚腺苷酸化，特别是病毒基因接头区的高效率通读产生了异常的双顺反子 mRNA，这种双顺反子 mRNA 在大多数情况下仅有上游的 ORF mRNA 被正常翻译，而下游的 ORF mRNA 往往不被表达，因此基因接头区的通读显然对下游 ORF 的表达起到了一种负调节作用。二是病毒的单个基因高效率突变，也能引起基因表达衰减。

3. 新城疫病毒的转录和复制调控

　　新城疫病毒通过初级转录，翻译形成各种病毒蛋白包括 NP 蛋白后，开始合成反义基因组 RNA。尽管此时 P-L 聚合酶是以相同的病毒基因组-ssRNA 为模板，但因 P-L 在进入先导序列与 NP 基因接头区之前，新生的 NP 就与刚合成的反义基因组 RNA 5′端（＋）先导序列结合，于是 P-L 不再识别基因接头区的终止信号，结果不合成 mRNA，而复制生成全长互补 RNA，即反义基因组 RNA（＋ssRNA），再由反义基因组 RNA 复制形成子代病毒基因组-ssRNA。在反义基因组合成和子代病毒基因组复制过程中，除了需要 P-L 聚合酶外，还需要未组装的 NP 蛋白的参与，而 NP 蛋白是核衣壳化的主要组分，因此，病毒基因组复制往往伴随有核衣壳化。

　　病毒的转录和复制往往受到 NP 蛋白合成的调节，当 NP 合成有限时，P-L 聚合酶通过以别接头区的"终止-起始"序列，优先转录合成 mRNA，随着细胞内所有的病毒蛋白翻译水平升高，并且 NP 合成充足时，NP 就会与新生的 RNA 5′端（＋）先导序列结合，合成反义基因组 RNA，再以反义基因组为模板合成子代病毒基因组-ssRNA。由于反义基因组中不存在"终止-起始"信号，即缺少重新起始转录位点，因此病毒基因组-ssRNA 的合成并不依赖 NP 在 5′端（-）先导序列区的预先结合，但聚合酶 P-L 在达到 L 基因之前，NP 蛋白结合于新生 RNA 5′端（-）先导序列，可以防止复制终止，促进子代核衣壳化的-ssRNA 基因组生成（图 2-9）。

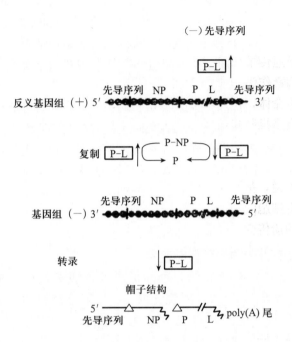

图 2-9　新城疫病毒基因组的转录和复制（龚祖埙，2006）

三、病毒粒子的装配与释放

病毒核衣壳的装配发生在细胞质内。首先是核衣壳蛋白与病毒基因组相结合。表面蛋白在向细胞表面运输过程中，经过内质网和高尔基体时被糖基化，到达细胞质膜表面时，形成病毒囊膜，进而从质膜表面出芽，形成完整的病毒粒子。一旦新城疫病毒颗粒装配完毕，起就逐渐聚集在宿主细胞内，至足够量后彻底破坏细胞而同时大量释放。

有些情况下，在病毒出芽的同时，当质膜表面有蛋白酶存在时，病毒糖蛋白被激活，表现融合作用，致使细胞与细胞之间接触融合，形成由病毒介导的内融合（inner fusion），这个过程可使病毒基因直接从一个细胞进入另一个细胞，从而可最大限度地逃避宿主体液循环中抗体的监视和中和作用。这种内融合往往导致几个或多个细胞聚合，形成多核体（polykaryon），在单层细胞培养及感染病毒的组织中均可见到。

第八节　病毒的遗传演变

现代的分子遗传学技术清楚地表明，病毒像其他物种一样大都经历了漫长的进化过程。病毒作为一个只具备核酸（RNA 和 DNA）和蛋白质为其主要结构成分的简单生命体，在成长的过程中逐步完善了各式各样抵御病毒入侵、克服感染宿主的诸多机制和功能。进一步的研究表明，任何具有感染能力的病毒在其生存及增殖能力上的成功进化都取决于它的表型选择，而这种选择主要源于病毒的遗传变异。

对于病毒来说，基因突变的产生，实际上是由于在病毒感染宿主的过程中，病毒与宿主细胞的相互作用所形成的选择诱导效应。基因突变和基因重组是病毒最基本的遗传变异方式。鸡作为一种卵生脊椎动物，在其进化过程中形成了一套具有抵御外来病毒的免疫系统，这一系统通过机体的体液信号网络系统和神经系统进行调节，可以从整体上对外来的病原入侵作出全面的反应，机体免疫系统可以通过体液免疫和细胞免疫的形式局限、消灭或清除病毒，由此构成的免疫选择压力通常称为免疫选择。进化理论和试验分析表明，病毒在这样的形势下，其本能的反应就是免疫逃避，逃避的主要方式就是利用病毒基因中序列突变的多样性。流感病毒是这方面的典型，特别是甲型流感病毒，它的生物学特点是其抗原性始终处于持续不断的变化中，禽流感 HA 基因的自然突变率为 0.3%～0.5%/年，因此，导致禽流感病毒血清型多，变异快，预防困难。相比较而言，新城疫病毒基因每年的核苷酸自然突变率一般不高于0.1%，但对于其 15.6 万个碱基来讲，已是一个不小的数据。

病毒抗原性的变化主要源于其基因组的遗传变异。变异的机制主要在于病毒基因的突变和重组，对新城疫的分子生物学研究表明，新城疫病毒的变异主要是基因突变，基因重组的概率比较低。对于新城疫病毒不同的基因，其变异最频繁的是融合蛋白 F 和具有血凝性的 HA 糖蛋白。导致新城疫病毒产生基因突变的原因较多，其中，集约化的高密度饲养、不同禽种群间的互感、频繁的疫苗接种所造成的免疫选择压力和气候以及宿主等因素均可产生新的变异。

一、新城疫病毒的基因突变

新城疫病毒属于单股负链 RNA 病毒，具有 RNA 病毒共有的特征，即缺乏高效的 RNA 校正酶，加上病毒本身具有较高的复制效率（20 多分钟 1 代），代次间隔时间短，病毒自我纠错能力有限，使得病毒自身的变异频率相对于DNA病毒来讲相对较高。

1. 自然状态下的新城疫病毒变异

新城疫病毒抗原性的变化也是一个逐步积累的过程，点突变是新城疫病毒变异的主要方式，其根本原因是 RNA 聚合酶缺乏矫正能力。Yee Ling Chong 等（2010）对世界上不同历史时期、不同国家、不同禽种的 54 个新城疫病毒代表株全长的不同基因，分别进行了生物信息学统计分析。结果表明：新城疫病毒存在不同程度的核苷酸突变，且不同基因之间的分子变异频率有一定差异，其中，以 P 基因变异的频率最高，其次是 F 和 HN 基因，详见表 2-6。

表 2-6　新城疫病毒不同基因进化速率（10^{-3}/年的位点替代率）

基因类型	进化速率
NP	0.98(0.45~1.50)
P	1.56(0.78~2.32)
M	1.17(0.54~1.76)
F	1.35(0.71~1.98)
HN	1.10(0.51~1.68)
L	1.02(0.59~1.44)

研究同时表明，即便是对于同一基因的不同基因型，其变异的程度亦存在差异。表 2-7 显示的是不同亚型新城疫病毒 F 基因的基因变异频率，以基因Ⅶ的变异频率较高，而在所有的基因型中，以基因Ⅱ型相对比较稳定。当然，基因Ⅱ型的毒株是目前新城疫病毒的主要疫苗候选毒株，这也许是大自然的一种恩惠（表 2-7）。

表 2-7　新城疫病毒 F 基因不同基因型之间进化速率（10^{-3}/年的位点替代率）

基因类型	进化速率
Ⅰ	1.73(0.59~2.82)
Ⅱ	0.06(0.03~0.11)
Ⅵ	1.80(0.85~2.69)
Ⅶ	2.89(1.27~4.43)

Miller 等（2009）利用生物信息学方法，结合大量的新城疫病毒基因组序列，对于影响新城疫病毒基因组变异的各种进化因素进行了分析和评估。在编码的 6 个基因中，以 F 融合蛋白的变异频率最高。所有的氨基酸均处于较强的纯化状态，在免疫压力下，F 融合蛋白显示出较多的蛋白突变位点。有趣的是，F 蛋白裂解位点却相对保守。在来源于野鸟的毒株中，毒力较强的毒株比弱毒株在 F 蛋白上显示出较多的突变位点，由此推测：病毒毒力的增强可以加速新城疫病毒毒株的进化。

值得关注的是：病毒本身的变异积累导致了病毒在不同时期主要的基因型不同。第一次新城疫大流行，发生在 20 世纪 60 年代以前，新城疫病毒流行株主要是基因Ⅱ、Ⅲ和Ⅳ型的毒株，危害的对象主要是鸡，历时近 30 年，经亚洲和欧洲传至世界各地；最近，在非洲的马达加斯加仍然有Ⅳ型的现代版毒株，不过其抗原性和基因型已经有了较大的变化，甚至成为一种新的基因型。第二次新城疫大流行，源头在北美洲，时间在 1970—1980 年，基因型为Ⅴ，病原来源于珍禽，然后危害到鸡；第三次新城疫大流行，源头在中东的鸽子，时间为 1980—1990 年，基因型为Ⅵ，对鸡有一定的致病性。第四次新城疫大流行，源头比较复杂，与水禽有一定的相关性，基因型主要是Ⅶ，不同的地域、不同的时间，各地流行的Ⅶ型也有差异。南非、中东、欧洲主要流行Ⅶb型，而亚洲东部包括中国内地以及中国台湾和香港、韩国、日本等地主要流行Ⅶ型中的 a、c、d、e 等亚型，且以Ⅶd 型为主。澳大利亚相对隔离，该地仍以基因Ⅰ型的弱毒株为主。

2. 免疫选择压造成的影响

在发展中国家，新城疫疫苗是预防新城疫的重要途径和方法。新城疫病毒导致抗体产生，而抗体反过来又会抑制病毒的繁殖。病毒为了生存，必然要逃避体内已有的抗体，即产生免疫逃避，否则，就会被抗体所消灭。现已证实：新城疫病毒虽然只有一种血清型，但在长期的疫苗免疫压力下，特别是 F 和 HN 基因位于病毒粒子的表面，时刻面临着巨大的免疫选择压力。国内外学者从不同方面对新城疫病毒的不同基因进行了研究，取得了一系列进展。

Yee Ling Chong 等（2010）通过特异性位点选择法证实，新城疫病毒编码区的所有基因，其非同义突变和同义突变（dN/dS）之比均小于 1，意味着新城疫病毒的进化主要以自我纯化为主。研究同时表明：在自然状态下，P 基因和 HN 基因变异的几率较大，而疫苗的免疫常常导致 M 基因和 F 基因变异较大。尽管如此，几乎所有的编码基因均以自我纯化为主，突变率通常被局限在一定的范围内，病毒仍具有较高的保守性（表 2-8）。

表 2-8　利用特异性位点选择理论分析疫苗免疫与否对新城疫病毒不同编码区的影响

基因	编码基因数量	dN/dS（编码位点位置）	
		疫苗免疫	非疫苗免疫
NP	489	0.119（无）	0.1（467）
P	395	0.266（无）	0.336（87，90，380）
M	364	0.176（无）	0.123（无）
F	553	0.166（115）	0.139（28）
HN	616	0.166（266，495，522）	0.171（508）
L	2204	0.088（无）	0.094（无）

备注：表中数据引自 Yee Ling Chong 等（2010）

巩艳艳、崔治中等（2009）在细胞培养上研究了新城疫抗体对新城疫病毒 HN 基因和 F 基因变异的影响。结果发现，有抗体组 HN 基因发生突变的氨基酸位点数明显多于无抗体组，且非同义突变（NS）与同义突变（S）比值 NS/S 为 6，明显高于无抗体组的 NS/S 比值 3.4。在有抗体组，有 5 个碱基位点发生稳定的非同义突变，而且其中 3 个与已知的抗原表位密切相关。F 基因在有抗体组也出现了 2 个稳定的突变，无抗体组未发生变化。但不论在有抗体还是无抗体组，F 基因变异的 NS/S 比值均小于 2.5。该结果证实：抗体免疫选择压可显著影响 HN 基因变异，但对 F 基因变异的影响小于 HN 基因（表 2-9）。

Min Gu 等（2011）利用重组的鸡痘构建了疫苗株 La Sota HN 基因的 rFPV-La SHN（携带 V266、E347 和 T540 位点）病毒和基因Ⅶ流行株 Go/JS6/05 HN 基因 rFPV-JS6HN（携带 A266、K347 和 A540 位点）病毒，分别免疫 SPF 鸡，3 周后利用 Go/JS6/05 流行毒进行攻毒试验，结果证实 rFPV-JS6HN 表现出比 rFPV-La SHN 更好的免疫效果。该结果提示，因使用La Sota疫苗所造成的免疫选择压力可以导致 HN 基因抗原性的变异。秦卓明等（2007，2008）利用鸡胚中和试验和 HI 交叉抑制试验所得出的抗原性和 HN 基因的遗传变异相关性也得出了类似的结论。

表 2-9 新城疫抗体对其自身 F 和 HN 基因的影响

基因	HN 基因								F 基因							
	有抗体组				无抗体组				有抗体组				无抗体组			
传代系列	A1	A2	A3	合计	B1	B2	B3	合计	A1	A2	A3	合计	B1	B2	B3	合计
非同义突变	11	12	13	36	6	4	7	17	6	3	8	17	2	4	3	9
同义突变	2	3	1	6	1	3	1	5	4	2	5	11	1	5	2	8
NS/S	5.5	4	13	6	6	1.33	7	3.4	1.5	1.5	1.6	1.55	2	0.8	1.5	1.1

备注：表中数据引自巩艳艳、崔治中等（2009）

二、新城疫病毒的重组

新城疫病毒为单股负链 RNA，传统认为，很少可能发生病毒重组。但近几年有关新城疫病毒重组的例子不断增多，引起科学家们众多的探索。

1. 新城疫病毒重组的证据

有关新城疫重组的报道最早始于 Elizabeth R. Chare(2003) 的研究。他在进行负链 RNA 遗传进化的研究中发现，在负链 RNA 病毒的系统进化分析中，从 35 个负链 RNA 病毒不同基因片段的 2154 个序列中，至少发现有 5 种病毒的 79 个基因片段可能发生了重组，其中就包括新城疫病毒、Hant aan 病毒和麻疹病毒（Mumps Virus）。尽管频率较低，但仍存在着一定比例的同源重组。耐人寻味的是，首次被证实可能发生重组病毒的两株新城疫病毒，一株就来自中国的鹅源新城疫强毒 GPMV/QY97-1（简写 QY97-1），是最早在国内发生的Ⅶ型新城疫病毒的"鼻祖"。另一株则是来自墨西哥的 chicken/Mexico/37821/96（简写 Mexico）。QY97-1 是我国最早在南方分离的对鹅有致病性的新城疫病毒强毒。通过对其 HN 基因序列分析，其 5 端 1～273 个氨基酸与我国目前广泛流行的Ⅶ型新城疫病毒（代表株 ZJ/1/00/Go）同源性在 97.7%，而 274～570 氨基酸则与我国的经典强毒 $F_{48}E_9$ 同源性在 99.7%，很明显 QY97-1 是我国经典强毒 $F_{48}E_9$ 和Ⅶ型新城疫病毒流行毒在 HN 基因水平上的病毒重组。而 Mexico 毒株的重组则发生在 N 基因，是 chicken/Mexico/

37822/96 和 chicken/Italy/Milano/45 的重组。更为惊奇的是，这两个亲代毒株竟然来自相差 50 年并且来源于欧洲和美洲这两个不同的大陆。人们推测可能是 chicken/Italy/Milano/45 远渡重洋，产生后代的结果。NA - 1/China 是由鹅分离的Ⅶ型新城疫病毒毒株，其基因全长序列号 DQ659677，比较发现，其 L 基因中有 640bp 的碱基片段属于基因Ⅳ型新城疫病毒，而其他基因均为基因Ⅶ型。Cockatoo/14698/Indonesia/1990（基因全长序列号 AY562968）是在印尼 Cockatoo 野鸟中分离的新城疫病毒，其 NP 基因属于基因Ⅱ型，但其他基因均属于基因Ⅶ型。Dove/2376/Italy/2000 毒株（基因全长序列号 AY562989）是意大利分离的鸽的新城疫，其 M 基因属于基因Ⅱ型，除 P 基因外，其他基因均属于基因Ⅵ型。HB92 是从我国河北省分离的自然弱毒株，通常称为我国的"Ⅴ4"，其基因全长序列号为 AY225110，但与经典的从澳大利亚毒株相比，其 M、L 基因与之相同，但其他的基因却与基因Ⅱ群 La Sota 相同，推测是澳大利亚Ⅴ4 株和 La Sota 的重组株。

Miller 等（2009）利用生物信息学方法，结合大量的新城疫病毒基因组序列分析，对影响新城疫病毒基因组变异的各种进化因素进行评估和分析，证实新城疫病毒大多数基因可以发生重组，并且有一例基因病毒的毒株，其 F 基因发生了重组。

秦卓明等（2008）分离鉴定的名为 SRZ03 株一株新城疫野毒，重组发生在 F 基因，尽管其 HN、L、P、M、N 基因均属基因Ⅱ群Ⅶ型新城疫病毒，但其 F3773 - 4156 片断很明显与疫苗相关的基因Ⅱ毒株相关，而其他部分基因均与流行的Ⅶ型新城疫病毒有关。

2. 对新城疫病毒重组的质疑

值得关注的是，一些多年从事新城疫的研究者对于新城疫病毒是否发生重组表示怀疑。Qingqing Song 等（2011）通过对以前报道的重组株 China/Guangxi09/2003 和新城疫病毒/03/018 进行了跟踪研究，结果发现上述毒株并非是重组株，而是由于新城疫病毒分离株不纯，导致测序结果不准确造成的。他们还实验证实了上述结论。因此，他们建议对分离株进行克隆测序前必须进行蚀斑纯化。

目前有关新城疫的重组尚存在争论，还缺乏强有力的实验室证据。尽管重组的潜在能力存在，但其严格的实验室条件尚需要摸索。以上事实表明，尽管重组不是新城疫病毒的重要组成方式，但上述现象值得关注！

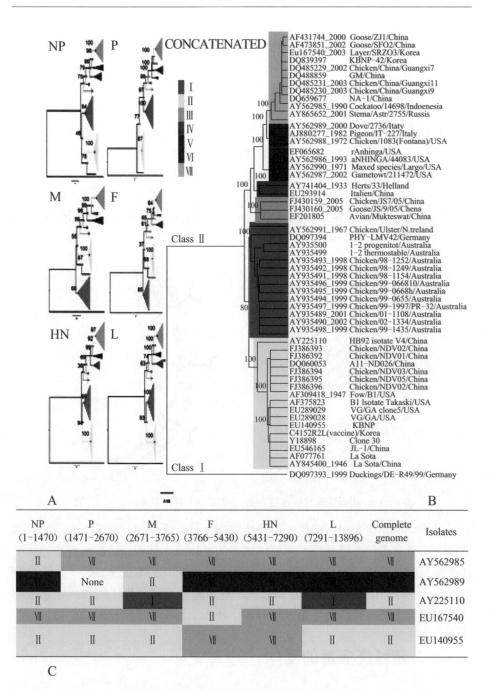

图 2-10　新城疫病毒不同基因之间的重组示意图（Yee Ling Chong 等，2010）

第九节　病毒的受体

一、受体及其作用

　　任何病毒在增殖过程中，必须先找到一个或多个能让病毒识别并结合的细胞表面分子，借助其"桥梁"作用，才能与细胞结合并进行后续感染，这些表面分子被称为"受体"（Receptor），也称为"病毒识别位点"（Viral recognition site，VRS）。与受体结合的病毒蛋白称为"病毒结合蛋白"（Viral attachment protein，VAP）或"配体"（Ligand）。病毒与受体的结合如同钥匙与锁一样具有高度特异性（图 2 - 11）。

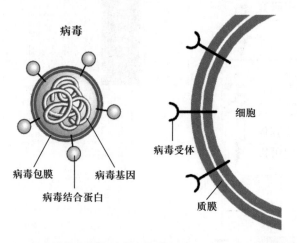

病毒

病毒包膜　　病毒基因

病毒结合蛋白

细胞

病毒受体

质膜

图 2 - 11　病毒受体与病毒结合蛋白模拟图（引自 Nathanson，2007）

　　从生物学角度来说，受体并不是为病毒入侵而设计的，而是细胞膜的正常成分，有其正常的生理功能。新城疫病毒的受体也不例外，如新城疫病毒的受体是唾液酸（Sialic acid），该物质在许多生物系统中发挥着重要的生物学功能（biophysical），在细胞黏附、迁移，肾小球过滤，生殖发育、脑和神经系统的产生和发育及神经系统的重塑过程等各个环节中发挥着非常重要的作用。

二、新城疫病毒的受体

　　新城疫病毒的受体是唾液酸，主要为线性低寡乳糖（Linear lacto - series

oligosaccharides），各型神经节苷脂（gangliosides）如单唾液酸神经节苷脂（monosialogangliosides）GM2、GM1、GM3，双唾液酸神经节苷酯（disialo-gangliosides）GD1a、GD1b，三唾液酸神经苷酯（trisialogangliosides）GT1b和 N-型糖蛋白等，这些唾液酸糖链包括各种糖链模型。

Ferreira 等（2004）研究表明：神经节苷脂在与新城疫病毒结合的过程中仅起到第一受体的作用。当新城疫病毒 HN 蛋白与神经节苷脂结合后会引起其构象发生变化，致使 HN 蛋白更适应与第二受体的结合。这种结合会导致HN 蛋白的二次构象变化，并最终引导 F 蛋白发生构象改变，引起病毒与细胞之间的融合。

在 2004 年以前，人们倾向于新城疫病毒受体结合位点只有一个，而目前普遍认为新城疫病毒 HN 蛋白上有两个唾液酸结合位点（图 2-12），该结论已经获得了诸多研究的证实。新城疫病毒的两个唾液酸受体结合位点均位于HN 蛋白的球状区，第一个位点区（site Ⅰ）位于球状区头部 β-螺旋桨结构中，可表现神经氨酸酶活性和受体结合活性。对该位点突变，可以改变新城疫病毒的受体结合特性，特别是位点 R174、R416、E401、E547 和 Y526 被证明既有受体结合活性，又有神经氨酸酶活性。第二个位点区（site Ⅱ）位于两个二聚体的交接处，仅表现受体结合活性，无神经氨酸酶活性，并且与受体的相互作用大都需要其他分子的协助。位点区Ⅱ突变证明，位点区Ⅱ不是病毒感染的必须位点，但可以增强病毒的侵袭性。虽然受体分子与 HN 位点区Ⅰ结合

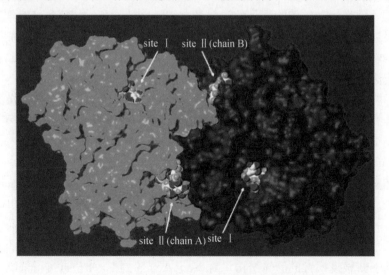

图 2-12 新城疫病毒 HN 蛋白受体结合位点（引自 Porotto，2006）

后并不一定会和 HN 位点区 Ⅱ 结合，但与 HN 位点区 Ⅰ 结合后可能会活化位点区 Ⅱ，进而促进位点区 Ⅱ 与受体结合，位点区 Ⅱ 与受体结合之后，HN 蛋白会"控制"宿主细胞膜并向自身拉近，以此促进 F 蛋白的融合效率。

研究还发现，新城疫病毒 HN 蛋白的受体结合位点结构可塑性较强，可以适应不同的唾液酸类似物。受体结合位点和 HN 蛋白的 β-螺旋桨结构中的第一和第六桨叶处所形成的整个环形结构都可以在必要时发生构象变化。HN 蛋白的这种柔韧性有利于 HN 蛋白发挥受体结合和受体破坏以及激活 F 蛋白的多重功能。

比较有趣的是：仙台病毒（Sendai virus）与新城疫病毒同属于副黏病毒科（Paramixoviridae），但推测其 F 蛋白也存在受体结合位点。对于新城疫病毒，有实验证实重组缺失 HN 蛋白的新城疫病毒仍具有部分融合活性，但 F 蛋白上是否有受体结合位点还需要进一步证实。

三、受体结合对抗病毒药物机制研究

受体是病毒进行感染遇到的第一个细胞分子，病毒要感染细胞，必须首先与宿主细胞表面的特异性受体结合，病毒必须在细胞受体的参与下才可能入侵宿主细胞，进入扩增的循环当中。因此研究新城疫受体有助于揭示新城疫病毒的感染途径、复制过程、致病机理和疫病预防及治疗等一系列问题。

阻断病毒与细胞受体的吸附是一个非常有吸引力的设计新型抗病毒药物的切入点，因为病毒与细胞受体的结合是在细胞之外，相比较那些针对细胞内作用而设计的抗病毒药物，在细胞之外阻断病毒与受体的结合显得更加简单。因此，科学家通过设计特异性的唾液酸类似物来阻断神经氨酸酶或受体结合活性已经成为一种重要的抗病毒策略。

早在 20 世纪 70 年代，各国科学家就开始以禽流感 HA 蛋白为对象来研究唾液酸类似物-神经氨酸酶抑制剂。随着科研的不断投入，陆续合成了 2-去氧-2,3-双去氢-D-N-乙酰基神经氨酸（2,3-dehydro-2-deoxy-N-acetyl neuraminic acid，Neu5Ac2en 或 DANA）、2-脱氧-2,3-脱氢-N-三氟乙酰神经氨酸（2-deoxy-2,3-dehydro-N-trifluoroacetylneuraminic acid，FANA）、扎那米韦（4-guanidino-Neu5Ac2en 或 4-GU-DANA）等一系列具有一定疗效的化学合成抗禽流感药物。而对于新城疫病毒，已经有实验报道扎那米韦可以阻断其神经氨酸酶的活性，但不能影响其血凝素活性。

基于新城疫病毒的晶体结构，对 Neu5Ac2en 的 C-4 位点进行修饰可能有利于设计出新的抗新城疫药物，为新城疫防治提供新的切入点。

第十节 致病性分子基础

新城疫病毒的分子致病机制比较复杂，其调控机制与流感病毒十分相似。强毒株含有额外的碱性氨基酸，意味着病毒可以被多种宿主细胞内蛋白酶或不同的宿主组织和器官中的蛋白酶裂解。而缓发型毒株（弱毒株或中等毒力）只有在能识别单个精氨酸的蛋白酶存在时，如类胰蛋白酶，才能发生裂解，因此缓发型病毒仅仅在有类胰蛋白酶存在的部位增殖，如呼吸道和肠道，而强毒株则可以在多种组织和器官中增殖，并引起全身性感染。

由于新城疫病毒大部分的基因参与了病毒的复制过程，对病毒的致病性均有不同程度的影响或具有协同作用。大量的研究表明：F、HN 两种糖蛋白是新城疫病毒致病的分子基础，即 HN 蛋白通过识别，吸附于细胞表面的受体来参与病毒粒子感染，而 F 蛋白则通过释放融合多肽，穿入细胞膜而发挥致病作用。已证明 F 基因的序列是这种毒力差异的主要决定因素，但不是全部因素。HN 基因或 P 基因以及大脑屏障均可能影响新城疫病毒的毒力强弱。此外，Coleman 等曾报道，M 蛋白可通过抑制宿主细胞蛋白的合成，协同 F 蛋白、HN 蛋白的致病作用。

一、F 蛋白的致病作用

新城疫病毒诱导的细胞融合由 F 蛋白的 N 端介导，因为该区域具有高度的疏水性，F 蛋白 N 端序列类似的寡聚多肽也能够抑制细胞融合、病毒感染和溶血过程。曹殿军等（1996）证实，在所有的抗 F 蛋白的单克隆抗体中，凡有溶血抑制活性的，均具有一定的中和活性。这说明 F 蛋白所介导的细胞融合与新城疫病毒的致病能力呈正相关。抗 F 蛋白单克隆抗体可能是通过直接封闭 F_1 蛋白 N 端活性位点或改变 F 蛋白构象的途径，阻碍 F_1 N 端与细胞膜的作用而起抑制融合作用。王志玉（2000；2006）采用基因定点突变的方法对 F 蛋白基因进行人工突变，来研究 F 蛋白分子上活性位点中保守的亮氨酸在细胞融合中的作用。证明在 F 分子与 HN 相互作用的特定区域中，154 位的亮氨酸在细胞融合中发挥重要作用。

此外，人们通过对大量低毒力、速发型或中发型毒株的 F_0 前体的氨基酸序列（主要是根据多株新城疫病毒毒株 F 基因的核苷酸序列推导而来）比较发现：对于新城疫强毒或中等毒力病毒来讲，几乎所有的 F 蛋白氨基酸病毒裂解位点的 116 位氨基酸，即 F_2 蛋白的羧基端（C 端）为精氨酸；而所有的弱毒株 117 位，即 F_1 蛋白氨基端（N 端）为亮氨酸，另一个亮氨酸在 113 位。与此相对应，几乎所有的新城疫速发型或中发型毒株的 117 位均为苯丙氨酸。仅有一株例外，这株例外的病毒就是 PMV－1 鸽变异株。上述结果表明：F 基因氨基酸蛋白裂解位点的基序与新城疫病毒致病力直接相关，是病毒致病力强弱的主要判定依据。裂解位点位于 112～117 位氨基酸残基处，其氨基酸残基组成或称基序是决定裂解能力的关键，也是影响病毒毒力的关键。

（一）F 蛋白裂解位点氨基酸基序与毒力的相关性

在新城疫病毒复制过程中，具有重要功能的融合蛋白首先形成前体糖蛋白 F_0，然后，在裂解为 F_1 和 F_2 时，才能形成具有感染性的子代病毒粒子，而这种转译后裂解是由宿主细胞蛋白酶介导的。如果裂解未发生，就不会产生感染性病毒粒子。胰蛋白酶可以裂解所有新城疫病毒的 F_0 蛋白，体外处理未裂解的病毒可使其恢复感染性。在细胞培养中，如果病毒不能正常增殖或不能产生蚀斑，则在琼脂覆盖层或培养液中加入胰蛋白酶即可以增殖或产生蚀斑，这就很明显地证明了 F_0 裂解的重要性。

F 蛋白首先以惰性前体 F_0 的形式在细胞内质网上合成，在穿越高尔基体时，被宿主细胞蛋白酶分解成以二硫键相连的 F_1 和 F_2 两个亚单位后，F 蛋白才具有生物活性。在病毒增殖过程中，由 HN 蛋白激发，经宿主蛋白酶水解产生由二硫键连接的 F_1-F_2 两个片段（NH_2-F_2-S-S-F_1 COOH）后，表现出融合活性，从而使病毒具有感染性。

众多研究表明：强弱毒 F 蛋白裂解位点氨基酸序列各不相同，强毒株和大部分中毒株为 ^{112}R/K-R-Q-K/R-R-F^{117}，在 Q 两侧各有一对碱性氨基酸，所以强毒株的裂解位点易于被广泛分布于宿主各种细胞的高尔基体上的碱性成对氨基酸蛋白酶（furin）和 PC6 所识别和裂解。因此，这类毒株能感染宿主包括神经组织在内的各种细胞，引起全身性多器官感染。而弱毒序列为 ^{112}G/E-K/R-Q-G/E-R-L^{117}，以中性氨基酸取代了强毒株中的碱性氨基酸，特别是 112 和 115 位碱性精氨酸被取代，使 F_0 更不易裂解，只能被胰蛋白酶样蛋白酶和鸡胚尿囊液中的特殊因子水解，这类蛋白酶通常只由呼吸道和消化道细胞分泌，因此弱毒株在大多数细胞中不发生裂解，而以非活性前体 F_0 蛋白的形式传递到子代，感染活性降低或丧失，临床上表现为局部感染，如呼吸道和肠道，弱毒株常引起呼吸道和肠道感染。因此，F 基因裂解位点氨基酸残基的组成是新城疫病毒致病力强弱的基础。另外，117 位氨基酸残基与 F 蛋白活性有关，强毒株在该位点为芳香族苯丙氨酸（F），而弱毒株为脂肪族亮氨酸（L）。强毒和弱毒均在该位点前裂开，该位点在 F_1 裂解片断 N 末端，位于融合诱导区（117～142 aa 残基）内，该区域是 F_1N 末端强疏水区，功能是直接与靶细胞接触，参与膜融合。

目前，国际上已有许多新城疫病毒毒株 F 基因的完整序列被测出来，伴随着核苷酸序列不断的增加，F_0 蛋白裂解位点基序的差异逐步显现出来。通过对所有新城疫病毒强毒株和弱毒株的 F 基因裂解位点基序（motifs）的氨基酸序列分析，大部分新城疫病毒毒株均符合强弱毒判定标准（表 2 - 10）。对澳大利亚 1998—2000 年暴发的新城疫进行深入调查和监测发现，所分离的几株新城疫病毒，其 F_0 裂解位点的氨基酸有所差异，详见表 2 - 10。这些自然感染毒株的差异确证了高毒力毒株最基本的氨基酸基序为 $^{-113}$RXR/KR * F^{117}。De Leeuw 等利用反向遗传学技术在 F_0 的裂解位点构建出了氨基酸替代后的一些毒株（表 2 - 10），结果表明，那些有毒力的毒株，其 117 位均是苯丙氨酸，116 位均是精氨酸，115 位是赖氨酸或精氨酸，113 位是精氨酸或赖氨酸。有趣的是，所有构建的突变株在鸡体内传代后都恢复了强毒力的基本基序 ^{112}RRQRR * F^{117} 或 ^{112}RRQKR * F^{117}。

此外，Peeters(2004) 运用反向遗传学技术将弱毒株 La Sota 的 F 蛋白裂解位点的氨基酸序列 RRQRR↓L 变为强毒株的 GRRQRR↓F，构建了一个标准的强毒株，其 ICPI 由突变前的 0 变为突变后的 1.28。这说明新城疫病毒 F 蛋白裂解位点氨基酸序列的演化与新城疫病毒的毒力有直接关系。

但是，Leitao Tan 等（2008）发现，有 3 株新城疫病毒流行株，其 F 基因多肽裂解位点氨基酸序列与弱毒完全相同，但生物学毒力（MDT、ICPI 和 IVPI）测定为强毒。这表明，虽然 F 蛋白裂解位点的 ^{111}GGRQGRL^{117} 与毒株的毒力密切相关，但并不是唯一的因素。Olav S de leeuw 等（2005）报道，带有相同 F 蛋白裂解位点的新城疫病毒毒株比较表明，各毒株毒力存在巨大差异。例如，新城疫病毒 Herts/33 野毒（强毒）有一个氨基酸序列为 ^{112}RRQR-RF^{117} 的裂解位点，其 ICPI 指数为 1.88，而带有相同裂解位点氨基酸序列的新城疫病毒 FLtag 株的 ICPI 指数为 1.28。这表明，新城疫病毒毒力还与其他因素有关。通过建立有感染性的新城疫病毒 Herts/33 克隆（FL - Herts），找到了导致这两种毒株毒力不同的序列位置。结果表明，除了 F 蛋白裂解位点外，HN 蛋白还与病毒毒力有关。因此，F_0 蛋白裂解位点的氨基酸序列并不是决定毒力的唯一因素。

表 2-10　新城疫病毒毒株 F_0 裂解位点的氨基酸序列

毒　株	对鸡的毒力	裂解位点 111~117 位氨基酸
Herts33	高毒力	-G-R-R-Q-R-R*F-
Essex'70	高毒力	-G-R-R-Q-K-R*F-
135/93	高毒力	-V-R-R-K-K-R*F-
617/83	高毒力	-G-G-R-Q-R-R*F-
34/90	高毒力	-G-K-R-Q-K-R*F-
Beaudette C	高毒力	-G-R-R-Q-K-R*F-
La Sota	低毒力	-G-G-R-Q-G-R*L-
D26	低毒力	-G-G-K-Q-G-R*L-
MC110	低毒力	-G-R-E-Q-E-R*L-
1154/98	低毒力	-G-R-R-Q-G-R*L-
澳大利亚分离株		
Peats Ridge	低毒力	-G-R-R-Q-G-R*L-
NSW 12/86	低毒力	-G-K-R-Q-G-R*L-
Dean Park	高毒力	-G-R-R-Q-R-R*F-
Somersby 98	低毒力	-G-R-R-Q-R-R*F-
PR-32	?	-G-R-R-Q-G-R*F-
MP-2000	低毒力	-G-R-R-Q-K-R*L-
构建的病毒		
La Sota	低毒力	-G-G-R-Q-G-R*L-
tag	高毒力	-G-R-R-Q-R-R*F-
FM	低毒力	-G-R-R-Q-R-R*L-
FM1	低毒力	-G-G-R-Q-G-R*F-
FM2	低毒力	-G-R-R-Q-G-R*F-
FM3	高毒力	-G-R-R-Q-R-R*F-
FM4	低毒力	-G-R-K-Q-K-R*F-
FM5	高毒力	-G-R-R-Q-K-R*F-

备注：＊表示裂解位点。黑体代表碱性氨基酸；注意所有强毒株的 117 位为苯丙氨酸（F），即 F_1 蛋白的氨基端。R 为精氨酸，K 为赖氨酸，Q 为谷氨酸胺，G 为甘氨酸，F 为苯丙氨酸，L 为亮氨酸（《禽病学》第 12 版，2011，P81）

（二）渐进性的 F 基因核苷酸突变对毒力的影响

对新城疫病毒核苷酸的突变跟踪分析表明，渐进性的 F 蛋白裂解位点突变对病毒毒力的变化有重要影响。

以澳大利亚的毒株为例：澳大利亚曾于1930年左右分离到无毒的新城疫病毒毒株- AV 株，1933—1966年，澳大利亚被认为无新城疫病毒感染。Simmons G C 于1966年分离到无毒株 V4，随后的血清学检测表明全国鸡群广泛感染新城疫病毒，但未有发病的报道。20 世纪80 年代到1998 年期间，澳大利亚又分离到数株低毒力新城疫病毒毒株。1998 年在悉尼市的 Peat's Ridge 发生了以晚期呼吸道症状为主的新城疫，经鉴定为弱毒（ICPI 值为 0.41，F2/F1 蛋白裂解位点附近序列为：^{112}RRQGRL^{117}）。两个月后在悉尼的 Dean Park 分离到了新城疫病毒强毒株（ICPI 为：1.60～1.70，F2/F1 蛋白裂解位点附近序列为：^{112}RRQRRF^{117}）。随后，在1999—2000 年，在 Dean park 西边 10 km 远的 West Sydney，在 Dean park 北边 50 km 远的 Mangrove MT，以及在悉尼北方 500km 的地方 Tamworth 相继发生了新城疫病毒，并分离到多个新城疫病毒强毒，这些毒株虽然 F 蛋白裂解序列为^{112}RRQRRF^{117}，但在遗传学上与 Peat's Ridge 株密切相关，而且在许多鸡场分离到新城疫病毒强毒株前，都曾检测到 Peat's Ridge 株的感染。汇总多年来澳大利亚分离到的新城疫病毒，包括 Peat's Ridge 株在内，证实澳大利亚1998—2000 年发生的新城疫病毒与早期分离的新城疫病毒有着紧密的遗传关系，证实澳大利亚新城疫病毒经历了由无毒到低毒再到强毒的演化过程。

表 2-11　1998 年澳大利亚分离的高毒力和低毒力新城疫病毒 F_0 裂解位点核苷酸和氨基酸序列

毒株	毒力	F_0 裂解位点的核苷酸和氨基酸序列
1154/98	低	GGA AGG AGA CAG GGG CGT CTT ^{111}GRRQGR * L^{117}
1249/98	高	GGA AGG AGA CAG AGG CGT TTT ^{111}GRRQRR * F^{117}

Yu 等从水禽（鹅）中分离到无致病性的新城疫病毒野毒株，其剪切位点序列为^{112}ERQERL^{117}，具有典型的弱毒株特征。此无毒力野毒株经鸡胚尿囊液连续传代（a），第8 代（8a）以前所得病毒均无明显致病力，第9 代（9a）开始表现出中等毒力。再把第9 代尿囊液毒经鸡颅腔传代（b），第1 代（9a1b）颅腔毒力基本没变，第5 代（9a5b）后病毒表现出标准的强毒株特征（MDT、ICPI、IVPI 分别为 56 h、1.88 h、2.67 h，能感染鸡的各种组织）。与之相对应，各代病毒 F_0 蛋白的剪切率也呈相应的变化，8a 以前不发生剪切，9a 到 9a5b 各代呈递增趋势。对剪切位点的序列分析结果所示，从中可以

清楚地看到该位点序列渐变的过程：先是 112 和 115 位的 E 变成碱性氨基酸 K，然后 117 位的 L 变为 F。但从中也可看出，即使剪切位点完全相同（9a1b 与 9a5b），病毒毒力也可有很大区别，或者即使剪切位点有所不同（9a 与 9a1b），而毒力也可能基本相当。上述结果表明，F 蛋白的剪切位点对毒力影响是很重要的，但不是唯一的影响因素。

表 2 - 12　新城疫病毒 F 基因剪切位点点突变积累对新城疫病毒毒力的影响

病毒株	剪切位点核苷酸序列	氨基酸序列	鸡胚平均死亡时间 MDT(h)	脑内致病力指标 ICPI	静脉致病力指标 IVPI
起始毒株	GAACGGCAGGAGCGTTTG	E R Q E R L	>120	0	0
5a	GAACGGCAGGAGCGTTTG	E R Q E R L	104	0	0.10
8a	GAACGGCAGG **G**GCGTTTG	E R Q **G** R L	88	0.04	0.17
9a	**A**AACGGCAG **A**AGCGTTTG	**K** R Q **K** R L	82	1.20	1.60
9a1b	**A**AACGGCAG **A**AGCGTTT **T**	**K** R Q **K** R **F**	75	1.27	1.70
9a5b	**A**AACGGCAG **A**AGCGTTT **T**	**K** R Q **K** R **F**	66	1.88	2.67
Ulster(lento-)	GGGAAACAGGGACGCCTT	G K Q G R L	>120	0	0
Komarov(meso-)	AGGAGACAGGGGCGCTTT	R R Q K R F	100	1.40	0
Herts(velo-)	AGGAGACAGAGACGCTTT	R R Q R R F	57	1.80	2.70

1990 年爱尔兰 2 次发生蛋鸡的新城疫，分离到的病毒株虽然是高致病性的，但是其抗原性和基因谱却与弱毒株相近，后来发现它的核苷酸与低毒力株相比，在 F₀ 裂解位点存在 4 个核苷酸差异，因此推测高致病性毒株很可能是由疫苗毒株演变而来的（Alexander，2001）。

从以上实验结果可以看出，不管通过人工传代还是自然选择，新城疫病毒的毒力均可能由弱变强，并且这种毒力的演变与 F 基因的核苷酸突变相关。同时提示我们：新城疫病毒的毒力变化往往会经历一个历史过程，澳大利亚的新城疫病毒由弱变强经历了 40 余年，爱尔兰的弱毒变强毒不到 10 年。由此可见，要彻底消除新城疫，必须要彻底消除包括弱毒株在内的所有新城疫病毒毒株。否则，就存在弱毒转化为强毒的危险。

（三）F 基因型和毒力的关系

Miller 等（2009）研究发现，在过去的 50 年中，通过对世界各地的毒株包括美国农业部新近数据，包含了 861 株强毒株和 331 株弱毒株，对 F 蛋白多肽裂解位点、毒力和基因型进行了比较分析。在同一个基因型中，其蛋白裂解位点很少发生变化，或者说是一致的。基因型和毒力具有一定的相关性。在新城疫I群中，大多数为弱毒，主要来源于鸭和水禽等；新城疫II群则比较复杂，目前至少含有9个基因型，其中，基因III-IX毒株主要是强毒，基因I-II型中的毒株大多数为弱毒，仅有少量是强毒。在基因I型毒中，仅有澳大利亚的毒株有强毒株。而基因II型毒中，仅有美国1940年前后的毒株有强毒株（详见表2-13）。

表 2-13　新城疫病毒毒力和 F 基因型的关系

	基因型	强毒	低毒力	合计
Class I（合计）	未知	1	187	188
Class II	I	2	50	52
	II	19	93	112
	III	14	0	14
	IV	38	0	38
	V	158	0	158
	VI	343	0	343
	VII	251	0	251
	VIII	24	0	24
	IX	11	0	11
	未知	1	0	1
Class II（合计）		861	143	1 004
累计		862	330	1 192

二、HN 蛋白致病作用

新城疫病毒中，HN 蛋白与 F 蛋白在分布位置和功能上紧密相关。HN 本身并无膜融合活性，但点突变分析表明，HN 蛋白某些特定位点对 F 蛋白的膜融合功能是至关重要的。HN 蛋白通过其血凝素和神经氨酸酶活性正确识别宿主细胞质膜上的受体，使病毒附着于宿主细胞质膜上，并通过与 F 蛋白的相互作用激活 F_0 蛋白的剪切加工，促进 F 蛋白的膜融合功能，直接影响病毒的毒力。

1. HN 蛋白长度对新城疫病毒毒力的影响

根据 HN 多肽的长度可分为 HN616、HN577、HN571 和 HN570 等几种。研究表明，HN 蛋白表达产物的形式与病毒毒力具有协同性：以前体形式表达HN 蛋白的病毒都是无毒力的病毒，长度通常为 616 个氨基酸；而所有已知强毒株则都是直接合成活性形式的 HN 蛋白，长度通常为 571 个氨基酸。HN 蛋白的其他长度如 577，既有强毒株，又有弱毒株。上述结果提示，HN 蛋白的长度与新城疫病毒的毒力具有某种关系（表 2 - 14）。

表 2 - 14　新城疫病毒不同毒株 HN 蛋白长度与毒力的相关性

HN 基因序列号	毒　株	氨基酸	致病性[a]	ICPI
AF217084	V4/Queensland/66	616	L	0.39
AY562991	Chicken/Ulster/67	616	L	0.16
AY562987	Game/USA(CA) /211472 - 02	571	V	1.75
AY289001	Turkey/USA/43084 - 92	571	V	1.43
AY562986	Anhinga/US(FL) /44083 - 93	571	M	1.54
M24701	Fowl/MIY/51	571	V	ND[b]
AY741404	Chicken/Herts/33	571	V	1.99
AY562985	Cockatoo/Indonesia/14698 - 90	571	V	1.84
AF288997	Chicken/USA/Kenya/90	571	V	1.89
AY288999	Chicken/Mexico/37821 - 96	571	V	1.75
AY288992	Chicken/USA(CA) /1083 - 72	571	V	1.80
AF309418	Chicken/USA/B1/47	577	L	0.13
AY289000	Chicken/USA/Roakin/48	571	M	1.60
M24711	Chicken/USA/Texas/48	571	V	1.74
Y562989	Dove/Italy/04	571	V	1.20
AY288994	Chicken/Italy/3286/00	577	V	1.86
M24712	Fowl/Austrian/Vic/32	571	V	1.66
A03663	Fowl/USA/Bingham/87	577	V	ND
AF07761	Chicken/USA/La Sota/46	577	L	0.40
AY288987	Mixed species/USA/Largo - 71	571	V	1.86
AY508514	Fowl/F48E9/46	571	V	1.91
DQ228927	Goose/Jiangsu/JS01/01	571	V	1.91
DQ228935	Goose/Jiangsu/JS03/02	571	V	1.60
DQ234583	Broiler/Shandong/SKY/03	571	V	1.89
DQ228929	Goose/Jiangsu/JS04/00	577	V	1.95
DQ234582	Layer/Shandong/SF/02	571	V	1.81
DQ234590	Layer/Tianjin/TJ05/05	571	M	1.47
DQ234592	Broiler/Shandong/SGM/01	571	V	1.78
DQ234587	Broiler/Shandong/SPY/03	571	V	1.92
DQ228933	Broiler/Shandong/SQD/04	571	V	1.96
DQ234579	Broiler/Shandong/SL/03	571	V	1.94

备注：a：致病性（L弱毒，M中等毒力，V强毒）；b：ND-未知

2. HN 蛋白构型对 F 融合蛋白的影响

HN 与受体的结合部位在 HN 的 234～329 氨基酸间，其神经氨酸酶的活性存在于 HN 的中间部位。HN 蛋白对于新城疫病毒的感染具有重要作用，新城疫病毒的感染可以被抗 HN 单抗所中和。曹殿军（1996）等，应用 HN 的单克隆抗体进行生物学活性试验证实了这一点，表明 HN 蛋白在病毒与宿主细胞的识别和吸附过程中起重要的作用。HN 蛋白除了具有与宿主细胞受体结合和解离的功能外，还存在其他活性，并在感染过程中起重要作用，即促融合作用，其机理可能是：病毒吸附宿主细胞受体，引起 HN 蛋白的某种构象变化后，刺激 HN 蛋白与 F 蛋白相互作用。任何阻断 HN 和 F 蛋白相互作用的因素（如抗体封闭或抗体结合所引起的构象变化），都可以抑制 HN 蛋白的融合活性。

3. 反向遗传技术证实 HN 基因的毒力

Zhuhui Huang 等（2004）运用反向遗传学技术，将重组的新城疫病毒强毒株 rBeaudette C HN 基因与重组的新城疫病毒弱毒株 rLa SotaHN 基因进行互换。病毒嵌合体的红细胞吸附和神经氨酸酶活性与它们的原始毒株有很大差异，但不同毒株 F 和 HN 基因的配对能有效促进融合。病毒的组织嗜性被证明是依赖于 HN 蛋白的，带有强毒株 HN 基因的病毒嵌合体表现出与该强毒非常类似的组织嗜性；相反，带有弱毒株 HN 基因的病毒嵌合体表现与该弱毒株相似的组织嗜性。携带有相互 HN 蛋白的病毒嵌合体的毒力即能获得，也能丧失。ICPI 和 MDT 试验的结果表明病毒毒力与 HN 蛋白氨基酸序列有密切联系。这些结果与新城疫病毒毒力由多基因决定，而 F 蛋白裂解位点并不能单独决定毒株的独力的假设是一致的。

Aruna Panda 等（2004）利用中等毒力 Beaudette C 株研究证实了 HN 糖蛋白 4 个 N-糖基化位点中（119、341、334 和 481）每一个位点在新城疫病毒致病性上的重要作用。通过删除 119、341 位的两个糖基化位点，制造了 G12 突变株。用反向遗传学技术拯救了 HN 糖蛋白 cDNA 克隆富有感染性的病毒突变体。G4、G12 病毒突变株的复制较原病毒株有较大的延迟。糖基化位点的丢失对新城疫病毒 HN 糖蛋白的受体识别作用没有影响。G4 和 G12 病毒突变株的神经氨酸酶活性和 G4 突变株的融合作用显著低于原毒株，而 G12 株的融合作用却恰好相反。G4 病毒突变株 HN 在病毒表面的表达量显著低于原病毒。突变株对抗 HN 蛋白的抗原反应表明突变株 G1、G3、G12 HN 蛋白糖基化位点的去除增强了抗原位点的形式，G2、G4 株反而减少了。对鸡致病力的研究中，所有糖基化突变株相对于原病毒新城疫病毒 BC 株有较低的致病力，而 G4、G12 突变株致病力更低。

　　Romer 等（2006）将新城疫病毒 Clone30 株的全长基因克隆定点突变后拯救出重组病毒。为评价不同氨基酸对病毒致病性的影响，根据比较不同毒力新城疫病毒毒株的序列，对 F 和 HN 蛋白进行了特殊的改变。HN 蛋白 123 位氨基酸由色氨酸变为半胱氨酸，F 蛋白 27 位半胱氨酸变为精氨酸，将使 ICPI 增加到 1.5。HN 蛋白的突变改变了蛋白构型，导致了 HN 二聚物间二硫键结构的形成。表明 HN 构型决定病毒的致病性。

三、其他基因的致病协同作用

1. P 基因和 V 因子的致病作用

　　P 基因的转录存在 RNA 编辑现象，从而使 P 基因的翻译产物达到 3 种：一是无编辑的翻译产物 P 蛋白，二是 1 个 G 的插入产物 V 蛋白，三是 2 个 G 的插入产物 W 蛋白。Mebatsion 等（2001）利用重组病毒的方法分析了 V 蛋白缺失对病毒复制和毒力的影响。结果表明：当 V 蛋白完全缺乏时，重组病毒的繁殖严重受阻，即使接种 9～11 日龄 SPF 鸡胚也分离不到病毒。当 V 蛋白低水平表达时（从 29％降至 2％），重组病毒可在 9～11 日龄 SPF 鸡胚和鸡中繁殖，并引发鸡的免疫反应，但病毒的滴度远远低于 V 蛋白正常表达的重组病毒。同时，这种 V 蛋白低水平表达的重组病毒对 8 日龄以上 SPF 鸡胚的致死率极低，高达 6 $\log_{10} EID_{50}/mL$ 的感染用量也不能导致鸡胚死亡，其半数感染量与半数致死量相差 $10^{6.7}$，而 V 蛋白正常表达的重组病毒在 3$\log_{10} EID_{50}/mL$ 的感染用量时即可导致鸡胚全部死亡，其半数感染量与半数致死量只相差 $10^{0.3}$。但有趣的是，V 蛋白低水平表达的重组病毒对 8 日以下龄鸡胚是具有致死性的，且致死率与日龄高度相关（7 日龄鸡胚 62％死亡，8 日龄鸡胚 23％死亡），在低龄鸡胚中繁殖的病毒滴度也较 9～11 同龄鸡胚中高 10 倍。因此认为，V 蛋白很可能就是通过与干扰素途径的作用来实现其生物功能的。故推测 P 蛋白在病毒复制和致病性方面具有重要作用。

2. M 基因致病协同作用

　　有人曾认为，M 蛋白可通过抑制宿主细胞蛋白的合成，协同 F 蛋白、

HN 蛋白的致病作用。但 Dortmans 等（2010）通过反向遗传学证实，尽管 M 蛋白在 Vero 细胞上影响新城疫病毒的复制，但对于病毒毒力的影响较小。

3. 其他因素对毒力的影响

Collins 等（1996）从鸽中分离得到 2 株 F 蛋白剪切位点完全一致的毒株，其序列介于标准强、弱毒之间，为^{112}G－R－Q－K－R－F^{117}。与标准新城疫病毒中、强毒株相比，112 位为 G 而非 K/R，与标准新城疫病毒弱毒株相比，115 位为 K 而非 E/G，117 位为 F 而非 L。但两者的毒力相差很大，一株 IVPI 为 0，经鸡胚多次传代也未能提高，另一株 IVPI 为 0.58，经鸡胚 4 次传代后提高到 2.01，即强毒株的毒力特征，但传代不引起 F 蛋白剪切位点序列的改变。作者认为，导致两者毒力不同的因素不是 F 蛋白的序列差异，而是两者通过大脑屏障的能力。鹅和鸽中分离得到的新城疫病毒变异株的毒力变化表明，这种变异株在组织水平和/或种属水平的寄主专一性差异与 F 基因无关，可能与其他基因如 HN 基因或 P 基因相关。

参 考 文 献

［1］ Afonso，C. L. Not so fast on recombination analysis of Newcastle disease virus ［J］. J Virol 2008,82：9303.

［2］ Aldous，E. W. ，C. M. Fuller，J. K. Mynn，et al. A molecular epidemiological investigation of isolates of the variant avian paramyxovirus type 1 virus（PPMV－1）responsible for the 1978 to present panzootic in pigeons ［J］. Avian Pathol 2004,33：258－69.

［3］ Aldous，E. W. ，J. K. Mynn，J. Banks，et al. A molecular epidemiological study of avian paramyxovirus type 1（Newcastle disease virus）isolates by phylogenetic analysis of a partial nucleotide sequence of the fusion protein gene ［J］. Avian Pathol 2003,32：239－56.

［4］ Alexander D . J. Newcastle Disease ［M］. Boston/Dordrecht/London：Kluwer Academic Publishers，1988

［5］ Alexander D J，B. J. ，Collins MS，et al. Antigenic and genetic characterisation of Newcastle disease viruses isolated from outbreaks in domestic fowl and turkeys in Great Britain during 1997 ［J］. Vet Rec. 1999，145(15)：417－21.

［6］ Alexander DJ，B. J. ，Collins MS，et al. Newcastle disease in the European Union 2000 to 2009 ［J］. Avian Pathol. 2011,40(6)：547－558.

［7］ Alexander，D. J. ，J. S. Mackenzie，P. H. Russell. Two types of Newcastle disease viruses isolated from feral birds in western Australia detected by monoclonal antibodies ［J］.

Aust Vet J 1986, 63: 365 - 7.

[8] Alexander, D. J. , R. J. Manvell. Heat inactivation of Newcastle disease virus (strain Herts 33/56) in artificially infected chicken meat homogenate [J]. Avian Pathol 2004,33: 222 - 5.

[9] Alexander, D. J. , R. J. Manvell, G. Parsons. Newcastle disease virus (strain Herts 33/56) in tissues and organs of chickens infected experimentally [J]. Avian Pathol 2006,35: 99 - 101.

[10] Alexander, D. J. , H. T. Morris, W. J. Pollitt, et al. Newcastle disease outbreaks in domestic fowl and turkeys in Great Britain during 1997 [J]. Vet Rec 1998, 143: 209 - 12.

[11] Alexander, D. J. , P. Reeve. The proteins of Newcastle disease virus. 1. Structural proteins [J]. Microbios 1972,5: 199 - 212.

[12] Alexander, D. J. , G. W. Wilson, P. H. Russell, et al. Newcastle disease outbreaks in fowl in Great Britain during 1984 [J]. Vet Rec 1985,117: 429 - 34.

[13] Ballagi - Pordany A. , W. E. , Herczeg J. , et al. Identification and grouping of Newcastle disease virus strains by restriction site analysis of a region from the F gene [J]. Arch Virol 1996,141(2): 243 - 261.

[14] Bousse, T. L. , G. Taylor, S. Krishnamurthy, et al. Biological significance of the second receptor binding site of Newcastle disease virus hemagglutinin - neuraminidase protein [J]. J Virol 2004,78: 13351 - 5.

[15] Chare ER, G. E. , Holmes EC. Phylogenetic analysis reveals a low rate of homologous recombination in negative - sense RNA viruses [J]. J Gen Virol 2003,84: 2691 - 2703.

[16] Nathanson, N. , Cellular Receptors and Viral Tropism, in Viral Pathogenesis and Immunity [M] K. V. H. Neal Nathanson, Editor. 2007,Academic Press. p. 28.

[17] Collins, M. S. , D. J. Alexander, S. Brockman, et al. Evaluation of mouse monoclonal antibodies raised against an isolate of the variant avian paramyxovirus type 1 responsible for the current panzootic in pigeons [J]. Arch Virol 1989,104: 53 - 61.

[18] Collins, M. S. , J. B. Bashiruddin, D. J. Alexander. Deduced amino acid sequences at the fusion protein cleavage site of Newcastle disease viruses showing variation in antigenicity and pathogenicity [J]. Arch Virol 1993,128: 363 - 70.

[19] Collins, M. S. , I. Strong, D. J. Alexander. Evaluation of the molecular basis of pathogenicity of the variant Newcastle disease viruses termed " pigeon PMV - 1 viruses" [J]. Arch Virol 1994,134: 403 - 11.

[20] Connaris, H. , T. Takimoto, R. Russell, et al. Probing the sialic acid binding site of the hemagglutinin - neuraminidase of Newcastle disease virus: identification of key amino acids involved in cell binding, catalysis, and fusion [J]. J Virol 2002,76: 1816 - 24.

[21] Crennell, S. , T. Takimoto, A. Portner, et al. Crystal structure of the multifunctional

paramyxovirus hemagglutinin – neuraminidase [J]. Nature Structural & Molecular Biology 2000,7: 1068 – 1074.

[22] Czegledi A. , H. J. , Hadjiev G. , et al. The occurrence of five major Newcastle disease virus genotypes (Ⅱ, Ⅳ, Ⅴ, Ⅵ and Ⅶb) in Bulgaria between 1959 and 1996 [J]. Epidemiol Infect 2002,129(3): 679 – 688.

[23] Czegledi A. , U. D. , Somogyi E. , et al. Third genome size category of avian paramyxovirus serotype 1 (Newcastle disease virus) and evolutionary implications [J]. Virus Res 2006,120(1 – 2): 36 – 48.

[24] de Leeuw, O. S. , B. P. H. Peeters. Complete nucleotide sequence of Newcastle disease virus: evidence for the existence of a new genus within the subfamily Paramyxovirinae [J]. J. Gen. Virol 1999, 80: 131 – 136.

[25] de Leeuw, O. S. , G. Koch, L. Hartog, et al. Virulence of Newcastle disease virus is determined by the cleavage site of the fusion protein and by both the stem region and globular head of the haemagglutinin – neuraminidase protein. [J]. J. Gen. Virol 2005, 86: 1759 – 1769.

[26] Ferreira, L. , E. Villar, I. Mu? oz – Barroso. Gangliosides and N – glycoproteins function as Newcastle disease virus receptors [J]. Int J Biochem Cell B 2004,36: 2344 – 2356.

[27] Fuller, C. M. , M. S. Collins, A. J. Easton, et al. Partial characterisation of five cloned viruses differing in pathogenicity, obtained from a single isolate of pigeon paramyxovirus type 1 (PPMV – 1) following passage in fowls' eggs [J]. Arch Virol 2007,152: 1575 – 82.

[28] Gould, A. R. , J. A. Kattenbelt, P. Selleck, et al. Virulent Newcastle disease in Australia: molecular epidemiological analysis of viruses isolated prior to and during the outbreaks of 1998—2000 [J]. Virus Res 2001,77: 51 – 60.

[29] Gu M, L. W. , Xu L, et al. Positive selection in the hemagglutinin – neuraminidase gene of Newcastle disease virus and its effect on vaccine efficacy [J]. Virol J. 2011, 8: 150.

[30] Han, G. Z. , X. P. Liu, S. S. Li. Caution about Newcastle disease virus – based live attenuated vaccine [J]. J Virol 2008,82: 6782.

[31] Herczeg J. , P. S. , Massi P. , et al. A longitudinal study of velogenic Newcastle disease virus genotypes isolated in Italy between 1960 and 2000 [J]. Avian Pathol 2001,30 (2): 163 – 168.

[32] Hu, S. , H. Ma, Y. Wu, et al. A vaccine candidate of attenuated genotype Ⅶ Newcastle disease virus generated by reverse genetics [J]. Vaccine 2009,27: 904 – 10.

[33] Huang, Y. , H. Q. Wan, H. Q. Liu, et al. Genomic sequence of an isolate of Newcastle disease virus isolated from an outbreak in geese: a novel six nucleotide insertion in the non – coding region of the nucleoprotein gene [J]. Arch Virol 2004,149: 1445 – 57.

[34] Huang Z, P. A. , Elankumaran S, Govindarajan D, et al. The hemagglutinin - neura-minidase protein of Newcastle disease virus determines tropism and virulence [J]. J Virol 2004,78(8): 4176 - 84.

[35] Iorio, R. M. , V. R. Melanson, P. J. Mahon. Glycoprotein interactions in paramyxovir-us fusion [J],4: 335 - 351.

[36] Kim, L. M. , D. J. King, P. E. Curry, et al. Phylogenetic diversity among low - viru-lence newcastle disease viruses from waterfowl and shorebirds and comparison of geno-type distributions to those of poultry - origin isolates [J]. J Virol 2007,81: 12641 - 53.

[37] Kim, L. M. , D. J. King, H. Guzman, et al. Biological and phylogenetic characteriza-tion of pigeon paramyxovirus serotype 1 circulating in wild North American pigeons and doves [J]. J Clin Microbiol 2008,46: 3303 - 10.

[38] Kim, L. M. , D. J. King, D. L. Suarez, et al. Characterization of class I Newcastle dis-ease virus isolates from Hong Kong live bird markets and detection using real - time re-verse transcription - PCR [J]. J Clin Microbiol 2007,45: 1310 - 4.

[39] Kim SH, S. M. , Samuel AS, Collins PL, Samal SK. 2011. Roles of the fusion and he-magglutinin - neuraminidase proteins in replication, tropism, and pathogenicity of avian paramyxoviruses [J]. J Virol. 85(17): 8582 - 96.

[40] Lamb RA, P. R. , Jardetzky TS. Paramyxovirus membrane fusion: lessons from the F and HN atomic structures [J]. Virology 2006,344(1): 30 - 7.

[41] Liu H. , W. Z. , Wang Y. , et al. Characterization of Newcastle disease virus isolated from waterfowl in China [J] . Avian Dis 2008,52(1): 150 - 155.

[42] Liu, X. , X. Wang, S. Wu, et al. Surveillance for avirulent Newcastle disease viruses in domestic ducks (Anas platyrhynchos and Cairina moschata) at live bird markets in Eastern China and characterization of the viruses isolated [J]. Avian Pathol 2009,38: 377 - 91.

[43] Liu, X. F. , H. Q. Wan, X. X. Ni, et al. Pathotypical and genotypical characterization of strains of Newcastle disease virus isolated from outbreaks in chicken and goose flocks in some regions of China during 1985 - 2001 [J]. Arch Virol 2003,148: 1387 - 403.

[44] Liu, Y. L. , S. L. Hu, Y. M. Zhang, et al. Generation of a velogenic Newcastle disease virus from cDNA and expression of the green fluorescent protein [J]. Arch Virol 2007, 152: 1241 - 9.

[45] M aas RA, K. M. , van DM, et al. Correlation of haemagglutinin - neuraminidase and fusion protein content with protective antibody response after immunisation with inacti-vated Newcastle disease vaccines [J]. Vaccine 2003,21(23): 3137 - 42.

[46] Mahon PJ, M. A. , Iorio RM. Role of the two sialic acid binding sites on the newcastle disease virus HN protein in triggering the interaction with the F protein required for the

promotion of fusion [J]. J Virol. 2011,85(22): 12079 - 82.

[47] Mayo, M. A. A summary of taxonomic changes recently approved by ICTV [J]. Arch. Virol 2002,147: 1655 - 1656.

[48] McGinnes LW, M. T. Inhibition of receptor binding stabilizes Newcastle disease virus HN and F protein - containing complexes [J]. J Virol 2006,80(6): 2894 - 903.

[49] Melanson VR, I. R. Amino acid substitutions in the F - specific domain in the stalk of the newcastle disease virus HN protein modulate fusion and interfere with its interaction with the F protein [J]. J Virol. 2004,78(23): 13053 - 61.

[50] Miller, P. J. , C. L. Afonso, E. Spackman, et al. Evidence for a new avian paramyxovirus serotype 10 detected in rockhopper penguins from the Falkland Islands [J]. J Virol 2010,84: 11496 - 504.

[51] Miller, P. J. , E. L. Decanini, and C. L. Afonso. 2010. Newcastle disease: evolution of genotypes and the related diagnostic challenges [J]. Infect Genet Evol 10: 26 - 35.

[52] Miller, P. J. , L. M. Kim, H. S. Ip, C. L. Afonso. Evolutionary dynamics of Newcastle disease virus [J]. Virology 2009,391: 64 - 72.

[53] Miller, P. J. , D. J. King, C. L. Afonso, et al. Antigenic differences among Newcastle disease virus strains of different genotypes used in vaccine formulation affect viral shedding after a virulent challenge [J]. Vaccine 2007,25: 7238 - 46.

[54] Miller PJ, K. L. , Ip HS, Afonso CL. Evolutionary dynamics of Newcastle disease virus [J]. Virology. 2009,391(1): 64 - 72.

[55] Morrison T, M. C. , Sergel T, McGinnes L, et al. The role of the amino terminus of F_1 of the Newcastle disease virus fusion protein in cleavage and fusion [J]. Virology 1993,193(2): 997 - 1000.

[56] Oku, N. , K. Inoue, S. Nojima, et al. Electron microscopic study on the interaction of Sendai virus with liposomes containing glycophorin [J]. Biochim Biophys Acta 1982, 691: 91 - 6.

[57] Patti J. Miller, D. J. K. , Claudio L. Afonso, et al. Antigenic differences among Newcastle disease virus strains of different genotypes used in vaccine formulation affect viral shedding after a virulent challenge [J]. Vaccine 2007,25: 7238 - 7246.

[58] Peeters BP, D. O. , Koch G, et al. Rescue of Newcastle disease virus from cloned cDNA: evidence that cleavability of the fusion protein is a major determinant for virulence [J]. J Virol 1999,73: 5001 - 5009.

[59] PH. , R. The synergistic neutralization of Newcastle disease virus by two monoclonal antibodies to its haemagglutinin - neuraminidase protein [J]. Arch Virol 1986,90(1 - 2): 135 - 44.

[60] Porotto, M. , M. Fornabaio, O. Greengard, et al. Paramyxovirus receptor - binding

molecules: engagement of one site on the hemagglutinin – neuraminidase protein modulates activity at the second site [J]. J Virol 2006,80: 1204 – 13.

[61] Porotto, M. , M. Murrell, O. Greengard, et al. Triggering of human parainfluenza virus 3 fusion protein (F) by the hemagglutinin – neuraminidase (HN) protein: an HN mutation diminishes the rate of F activation and fusion [J]. J Virol 2003,77: 3647 – 54.

[62] Poste, G. , P. Reeve, D. J. Alexander, et al. Effect of plasma membrane lipid composition on cellular susceptibility to virus – induced cell fusion [J]. J Gen Virol 1972,17: 133 – 6.

[63] Poste, G. , A. P. Waterson, G. Terry, et al. Cell fusion by Newcastle disease virus [J]. J Gen Virol 1972,16: 95 – 7.

[64] Qin Z, S. L. , Ma B, et al. F gene recombination between genotype II and VII Newcastle disease virus [J]. Virus Res 2008,131(2): 299 – 303.

[65] Qin Z, X. H. , Ouyang W, et al. Correlation of the neutralization index in chicken embryo with the homologies of F and HN gene of different Newcastle – disease isolates [J]. Wei Sheng Wu Xue Bao 2008,48(2): 226 – 33.

[66] Qin ZM, M. B. , He YF, et al. Newcastle disease virus heredity mutation and correlation of HN and F gene [J]. Wei Sheng Wu Xue Bao 2006,46(2): 227 – 32.

[67] Qin ZM, T. L. , Xu HY, et al. Pathotypical characterization and molecular epidemiology of Newcastle disease virus isolates from different hosts in China from 1996 to 2005 [J]. J Clin Microbiol 2008,46(2): 601 – 11.

[68] Qiu, X. , Q. Sun, S. Wu, et al. Entire genome sequence analysis of genotype IX Newcastle disease viruses reveals their early – genotype phylogenetic position and recent – genotype genome size [J]. Virol J 2011,8: 117.

[69] Reeve, P. , D. J. Alexander, G. Pope, et al. Studies on the cytopathic effects of Newcastle disease virus: metabolic requirements [J]. J Gen Virol 1971,11: 25 – 34.

[70] Reeve, P. , G. Poste, D. J. Alexander, et al. Studies on the cytopathic effects of Newcastle disease virus: cell surface changes [J]. J Gen Virol 1972,15: 219 – 25.

[71] Rui Z, J. P. , Jingliang S, et al. Phylogenetic characterization of Newcastle disease virus isolated in the mainland of China during 2001 – 2009 [J] . Vet Microbiol 2010,141(3 – 4): 246 – 57.

[72] Russell PH, A. D. 1983. Antigenic variation of Newcastle disease virus strains detected by monoclonal antibodies [J]. Arch Virol. 75(4): 243 – 53.

[73] Russell, P. H. , D. J. Alexander. Antigenic variation of Newcastle disease virus strains detected by monoclonal antibodies. Arch Virol 1983,75: 243 – 53.

[74] Russell, P. H. , P. C. Griffiths, K. K. Goswami, et al. The characterization of monoclonal antibodies to Newcastle disease virus [J]. J Gen Virol 1983, 64 (9): 2069 – 72.

［75］ S. Seal，B. Nucleotide and predicted amino acid sequence analysis of the fusion protein and hemagglutinin－neuraminidase protein genes among Newcastlle disease virus isolaes. Phylogenetic relationships among the Paramyxovirinae based on the attchment glycoprotein sequences ［J］. Funct Integr Genomics 2004,4: 246－257.

［76］ Sakaguchi，T.，T. Toyoda，B. Gotoh，et al. Newcastle disease virus evolution. I. Multiple lineages defined by sequence variability of the hemagglutinin－neuraminidase gene ［J］. Virology 1989,169: 260－272.

［77］ Song，Q.，Y. Cao，Q. Li，et al. Artificial recombination may influence the evolutionary analysis of Newcastle disease virus ［J］. J Virol 2012,85: 10409－14.

［78］ Suzuki，Y.，T. Suzuki，M. Matsunaga，et al. Gangliosides as paramyxovirus receptor. Structural requirement of sialo－oligosaccharides in receptors for hemagglutinating virus of Japan (Sendai virus) and Newcastle disease virus ［J］. J Biochem 1985,97: 1189－99.

［79］ Tan LT，X. H.，Wang YL，et al. Molecular characterization of three new virulent Newcastle disease virus variants isolated in China ［J］. J Clin Microbiol 2008,. 46(2): 750－753.

［80］ TG，M. Structure and function of a paramyxovirus fusion protein ［J］. Biochim Biophys Acta 2003,1614(1): 73－84.

［81］ Toyoda，T.，T. Sakaguchi，H. Hirota，et al. Newcastle disease virus evolution. II. Lack of gene recombination in generating virulent and avirulent strains ［J］. Virology 1989,169: 273－282.

［82］ Tsai，H. J.，K. H. Chang，C. H. Tseng，et al. Antigenic and genotypical characterization of Newcastle disease viruses isolated in Taiwan between 1969 and 1996 ［J］. Vet Microbiol 2004,104: 19－30.

［83］ Umino Y，K. T.，Sato TA，Sugiura A，et al. Monoclonal antibodies to three structural proteins of Newcastle disease virus: biological characterization with particular reference to the conformational change of envelope glycoproteins associated with proteolytic cleavage ［J］. J Gen Virol 1990,71 (5): 1189－97.

［84］ Wehmann E，C. A.，Werner O，Kaleta EF，et al. Occurrence of genotypes IV，V，VI and VII a in Newcastle disease outbreaks in Germany between 1939 and 1995 ［J］. Avian Pathol 2003,32: 157－163.

［85］ Yee Ling Chong.，A. P.，Peter J. Hudson，Mary Poss 2010. The Effect of Vaccination on the Evolution and Population Dynamics of Avian Paramyxovirus－1 ［J］. PLoS Pathogens 6: 1－11.

［86］ Yu L.，W. Z.，Jiang Y.，et al. Characterization of newly emerging Newcastle disease virus isolates from the People's Republic of China and Taiwan ［J］. J ClinMicrobiol 2001,39(10): 3512－3519.

［87］ Zaitsev，V.，M. von Itzstein，D. Groves，et al. Second sialic acid binding site in New-
castle disease virus hemagglutinin – neuraminidase：implications for fusion［J］. J Virol
2004，78：3733 – 41.

［88］ 甘孟候主编 . 中国禽病学［M］. 北京：中国农业出版社，1997.

［89］ 张忠信主编 . 病毒分类学［M］. 北京：高等教育出版社，2006.

［90］ 龚祖埙主编 . 病毒的分子生物学及防治策略［M］. 上海：上海科技出版社，2006.

［91］ 孔繁瑶主编 . 兽医大辞典［M］. 北京：中国农业出版社，1999.

第三章
生态学和流行病学

新城疫是一种高度接触性的传染性疾病。新城疫的流行与病毒毒株、宿主、环境、免疫状况等诸多因素有关。本章从传染源、传播途径、易感动物、流行特点等方面对新城疫流行病学进行介绍。

第一节 传 染 源

新城疫病死禽的分泌物和排泄物、组织器官、禽蛋中均可带有病毒，是新城疫传播的主要媒介。

处理不当的病死鸡，带毒的表面健康鸡以及所产蛋品的上市贸易，流动的带毒种禽、野生鸟类、观赏鸟、赛鸽，受病毒污染的人、设备、空气、尘埃、粪便、饮水、垫料、运输工具及其他杂物均可成为传染源。

病鸡可以通过呼吸道和消化道向外排出大量病毒，污染周围环境而成为传染源。病鸡在出现症状前 24 小时，其口、鼻分泌物和粪便中就含有大量病毒。病愈鸡在症状消失后 1 周停止排毒，个别鸡的排毒期可达一个月以上。

新城疫暴发时屠宰所得肉类可成为病毒的蓄积库，如果未经高温处理，它会在未腐化的组织和器官或粪便中保持稳定。在屠宰后的鸡的骨髓和肌肉里，−20℃ 6 个月后或冷藏温度 4 个月仍能分离到有传染力的病毒。这样长的存活期增加了家禽群在新城疫暴发流行后再感染的机会，并增加了与野生飞禽接触和长距离传播病毒的机会。

鸡蛋中的病毒在室温下可以存活几个月，4℃ 可超过一年。感染羽毛中病毒存活时间同蛋中相近，而在污染的地方存活时间更长。太阳光直射 30 min 可杀死病毒，水环境下新城疫的存活情况未知，但污水中可能存在潜在传播的病毒。

此外，候鸟迁移涉及我国广大区域，候鸟群是一个巨大的病毒储存库和流动的传染源。

第二节　传播途径

在自然条件下，病毒主要经呼吸道、眼结膜或消化道感染。创伤及交配也可引起传染。

病鸡及流行间歇期带毒鸡、鸟类是该病主要传染源。该病经飞沫、风、直接接触和污染物传播，主要经呼吸道和消化道感染健康鸡群。非易感野禽、体外寄生虫、人畜均可机械传播本病。

由于新城疫病毒在自然界有多种宿主，飞鸟和啮齿类动物带毒进场这一传播途径不容忽视。野鸟在鸡新城疫的发生和流行中有着不可忽视的作用。麻雀等野鸟在鸡场、鸡舍和饲料场自由出入，除了能机械性的传播病毒外，本身可带毒并通过粪便等排毒。由此可见，作为与饲料厂、鸡场接触密切的麻雀等野鸟，在鸡新城疫的传播中具有十分重要的意义。

新城疫病毒能在比较宽泛的环境条件下稳定存活，这就使得其易于在禽群间通过感染禽只的移动、养禽密集地区风媒作用、受排泄物污染人员及设备的移动以及受污染饲料接触等方式发生传播。也就是说，与病禽直接接触或与病毒污染物间接接触亦被认为是感染的主要途径，带毒鸡和携带病毒的人员流动对传播本病起到重要的作用。含病毒的分泌物、粪便、死禽尸体污染的饲料、饮水、垫草、鸡胚、蛋托、种蛋、气溶胶、尘埃、笼具、禽蛋、种苗、运输工具等各种物体均可机械性传播疫情。

传统认为新城疫病毒不能经卵发生垂直传播，因为病母鸡所产的蛋，在孵化的头 4～5 天，胚胎会因感染而死亡。最近不少报道从种蛋中分离出新城疫病毒。但到目前为止，尚未发现病毒可以通过种蛋垂直传播。

在流行停止后的带毒鸡，常呈慢性经过。保留这种慢性病鸡，是造成本病继续流行的原因。很多养鸡场由于密集地接种了新城疫疫苗，虽然避免了新城疫的暴发，却不能根除鸡群的带毒，如将敏感的鸡群引入到这样的鸡场（群）内，或将鸡场（群）内的表面健康鸡移到免疫力不足的鸡群（场）中，则往往可以引起新城疫的暴发。

种禽、宠物鸟、活禽及其产品的长距离、高频次和大流量的运输与交易，极其有利于新城疫的传播与扩散。特别是上市未售完的活禽，如再返场甚或返群，极易带回疫病，应严格避免。

鸽与鸡、鹅与鸡的相互传染对本病的传播也起着不可忽视的作用。

第三节　宿　主

目前的研究表明，新城疫病毒宿主范围非常广泛，除了可感染禽类之外，在猪、牛等哺乳动物以及人类也有感染的报道。

一、禽类

新城疫病毒几乎对所有驯养和野生的禽类都有感染性。多种禽类均能自然或人工感染新城疫病毒，包括鸡、火鸡、鹅、鸭、雉鸡、鸽、珍珠鸡、鹧鸪、鹌鹑、孔雀、驼鸟、猫头鹰、企鹅、麻雀、天鹅、军舰鸟、鹈鹕、乌鸦、鹦鹉、秃鹫、朱鹮等250多种。其中以鸡最易感，鹅次之，鸭有一定的抵抗力。

鸡：对新城疫病毒高度敏感，各种年龄的鸡易感性有差异，幼雏和中雏易感性最高，两年以上鸡易感性较低。一般情况下，鸡的日龄越小，发病越急。在自然条件下，强毒株感染小鸡通常不表现任何明显的临床症状而突然死亡，而日龄较大的鸡病程可能较长，且表现特征性的临床症状。鸡的品种对其易感性影响不大。

火鸡：对新城疫病毒敏感，可引起暴发，程度较鸡轻，对产蛋的影响与鸡相似。某些暴发可引起高的致死率，可致腿瘫痪。

鸽子：对新城疫病毒敏感。不同品种、不同年龄的鸽都有感染性，以童鸽和乳鸽易感性最高。自然条件下，肉鸽、信鸽和赛鸽等各类鸽子均可感染发病；母鸽比公鸽易感，乳鸽和童鸽比种鸽易感。由于养鸽业流动性大，特别是信鸽的饲养，一旦发病，容易造成病原的扩散而感染其他易感禽类，甚至传播到多个国家，并呈地方性流行。

鹅：不同日龄和品种的鹅均有易感性，日龄越小发病率和死亡率越高，随着日龄增长，发病率和死亡率均有所下降。

鸭：通常对新城疫病毒不敏感，有时引起腿和翅膀瘫痪。近几年鸭感染新城疫病毒有增多的趋势。番鸭比其他品种的鸭易感。

孔雀、珍珠鸡、七彩山鸡、鸸鹋、鸬鹚、雉鸡、鹧鸪、鹌鹑：均有感染的报道。除最敏感的鹌鹑外，感染只导致轻微症状，但也能引起死亡。

金丝雀：易被感染，通常轻微发病或不明显，实验室感染主要表现为神经症状，死亡率20%～30%。

鸵鸟：对病毒易感。2～3 月龄至 3～4 年的鸵鸟均有发生，小鸟发病率高达 50％，成鸟发病率 3％～6％不等，病死率均在 95％以上。

鹦鹉：对新城疫病毒非常敏感，虎皮鹦鹉比金丝雀更敏感，发病时通常表现神经症状。热带鹦鹉可形成新城疫病毒的蓄积库，已将新城疫病毒从拉丁美洲传入美国多次。感染的鹦鹉排泄新城疫病毒最少可达一年。鹦鹉等宠物鸟类的新城疫，在流行病学上意义重大。

野生水禽：另一个新城疫病毒的蓄积库，与在肠道繁殖的新城疫病毒有关。野生水禽在欧洲的新城疫暴发中扮演了重要角色。美国和加拿大鸬鹚一直存在感染但家禽无疫。加拿大在 1990 年野鸟群（主要是鸬鹚）暴发新城疫，死亡和扑杀野鸟约 1 万只。

二、人和哺乳动物

尽管禽类是新城疫病毒的自然宿主，其他多种非禽类的物种也证实可自然感染或实验感染新城疫病毒。人和啮齿类动物可以自然感染新城疫。哺乳动物对本病有很强的抵抗力。

人感染新城疫主要是在接触大剂量新城疫病毒或处理病禽时发生的，可能会引起头痛或类似流感的症状，或发展为结膜炎，通常症状较轻，不需治疗即可康复，不具有传染性，亦可呈隐性感染。

灵长类动物可通过实验感染新城疫病毒，但不表现临床症状。

牛可通过鼻腔或器官接种感染新城疫病毒，大多不表现明显的临床症状，但可产生特异性的体液免疫和黏膜免疫。

绵羊和猪通过脑内接种可引起发病。有学者从中国的猪群中分离到新城疫病毒，其中有 2 株与疫苗株 La Sota 类似，另外 2 株与疫苗株 V 4 类似。因此，使用新城疫病毒活疫苗时如果家禽和猪密切接触会导致跨种传播。

第四节　流行规律

本病的发生没有明显的季节性，一年四季均可发生，在春初、秋冬变换及寒冷季节多发。

幼禽的潜伏期较短。家禽一般为 2～6 天，也可达 15 天，年龄越小的禽类潜伏期越短。世界动物卫生组织（OIE）《陆生动物疾病诊断与疫苗标准手册》

中列出的最长潜伏期是 21 天。

新城疫病毒对不同宿主的致病性因宿主和外界条件有较大差异。鸡高度敏感，鹅次之，鸭则具有一定的抵抗性。

随着感染禽种类的不同，发病率亦不同。死亡率随感染毒株的不同而有差异，也和感染禽的个体免疫状态有关。易感鸡群一旦被速发性嗜内脏型新城疫病毒所传染，可迅速传播，呈毁灭性流行，发病率和死亡率可达 90％以上。

随着免疫的不断强化、深入，非典型新城疫越来越普遍。新城疫病毒一旦在鸡群建立感染，通过疫苗免疫的方法无法将其从群中清除，而在群内长期维持，当鸡群的免疫力下降时，就可能表现出症状。表现为发病率和死亡率均低于一般流行，发病率一般在 20％～60％，有一定的死亡率，以呼吸道和消化道症状为主，产蛋鸡表现为产蛋下降 30％～50％，严重者产蛋下降 90％左右，偶可见有神经症状，对雏鸡致死率较高，病理剖检变化不典型即非典型性新城疫。与经典的新城疫不同，发病鸡群通常有较好的 HI 抗体滴度，一般在 8～11 log2。

鹅的新城疫发病率一般在 40％～100％，平均 60％左右，死亡率在 30％～100％，平均 40％左右。日龄越小，发病率、死亡率越高，15 日龄以内雏鹅发病率、死亡率可达 95％以上，随着日龄的增长，发病率和死亡率均下降，死亡率一般为 8％～15％，也可高达 40％以上。

鸽子的新城疫发病率和死亡率差异较大，与日龄、饲养环境和鸽群大小密切相关。日龄小、饲养环境差的鸽群发病情况较严重。自然感染的鸽群，死亡率从 20％～95％不等，幼鸽群最高可达 100％。一般乳鸽、青年鸽感染后发病率、死亡率较高。没有母源抗体的乳鸽，严重时发病率和死亡率均可高达 100％。产蛋鸽有一定的抵抗力。

第五节　流行特点和发病原因分析

新城疫是一个世界性难题，目前仍是危害大部分国家，尤其是发展中国家养禽业的首要疫病。自 20 世纪 80 年代末以来，随着我国养禽业的集约化、规模化发展，新城疫防治工作得到高度重视，全国范围内普遍采取了免疫接种及其他综合性防治措施，使本病在很大程度上得到了控制，基本上制止了大面积暴发的情况，但散发情况仍然普遍存在，而且疫苗免疫失败现象时有发生，新城疫的流行特点也发生了相应的变化，给养禽业造成了较大的经济损失。

一、流行特点

1. 免疫失败现象普遍

一般认为良好的免疫，产蛋鸡抗体水平不能低于 2^6，最好达到 2^8 左右，且较均匀。但在目前养殖条件下，很多养禽场免疫程序不合理，免疫失败和免疫带毒现象比较普遍。很多养殖场的免疫程序存在很大的问题，蛋鸡的整个饲养周期每 2 个月或 3 个月就要接种一次疫苗，而开产之前就要接种 4～5 次疫苗，疫苗免疫后对抗体没有适当的抗体监测手段，同时，免疫程序的不合理也导致了免疫抑制和免疫耐受的产生，反过来又干扰和抑制了免疫应答。不同时期禽蛋的卵黄抗体也不一致，导致了母源抗体不整齐。在整个产蛋过程中血液中抗体水平也不整齐，这就对潜在的感染提供了机会，这种保毒宿主的存在对抗体的整齐度会产生更大的干扰。在发生免疫失败的鸡群当中，抗体水平达标率较低，极不整齐。发病时间多在 30 日龄以后，一般以呼吸道和消化道症状为主。对于产蛋鸡群，不属于高发病率、高死亡率、暴发性为特征的经典型新城疫，而呈高发病率和低死亡率、以产蛋下降为特征的疾病。对于免疫的仔鸡群，则以呼吸道和消化道异常为特征，后期可能有部分鸡出现神经症状。发病率随着日龄而变化，与免疫程序有关。死亡率依各鸡群而不同，一般在 20%～60% 不等。毒力较强的基因Ⅶ型在我国已广泛流行，新城疫病毒强毒的污染相当严重，且在禽群中持续存在，这是新城疫大量发生的主要原因。

2. 发病日龄提前，典型新城疫发病有增多趋势

现在雏鸡在 2 周内就可能发生新城疫，最早可发生在 1 周龄之内。肉鸡多发，一旦发病，死亡率极高。早期发生新城疫的原因在于雏鸡在早期接触到新城疫强毒，其中最主要的病原来源可能是由于孵化过程中污染或在运输途中的污染。由于新城疫的母源抗体在雏鸡出壳后逐日升高，5～7 日达到高峰，9 日龄后即开始逐渐下降。如果雏鸡在 1 周龄以内接触到新城疫强毒的话，鸡群的母源抗体并不足以抵抗新城疫病毒强毒的攻击，加上母源抗体水平随着日龄的增长而降低，环境中的毒量随着发病鸡数的增加而迅速增加。

3. 某些病例采用疫苗紧急预防无效

一般情况下，鸡群发生新城疫后，用新城疫Ⅳ系疫苗紧急接种后 3 天，或用新城疫Ⅰ系疫苗紧急接种后 36 h，病情可得到控制。而近年来在某些地区发

生的新城疫强毒感染鸡群，发病后用Ⅳ系或Ⅰ系疫苗紧急接种后几乎无效，反而由于接种后的应激反应，导致鸡群死亡率增加。主要发生在被新城疫强毒感染的未免疫或免疫不确实的鸡群，主要发病日龄为 30～50 日龄和 80～110 日龄。有的学者将其命名为高致病性新城疫。发病鸡临床症状典型，病理变化明显。表现为发病急、病程短、死亡率高、传播速度快；病鸡精神高度沉郁、呼吸困难。这种高致病性新城疫病原的血清型并没有发生变化，但毒株变异后毒力增强了，鸡场不注意消毒灭源工作，被强毒污染后，即使鸡群具有一定抗新城疫的免疫水平，但也难于抵抗强毒的侵袭而感染发病。

4. 病毒宿主范围在不断扩大

新城疫 20 世纪 20 年代首次发生于鸡，60 年代发生于鹦鹉，70 年代发生于鸽和鹌鹑，80 年代发生于鸵鸟、孔雀、企鹅，90 年代发生于鹅。新城疫经过世界范围内几次大流行后，其宿主范围已经明显扩大，迄今能自然或人工感染的禽类已超过 250 种，而且还有很多易感动物没有被发现。新城疫病毒对不同的宿主致病性差别很大，有的宿主表现无任何临诊症状的隐性感染，有的却能表现出高的发病率和死亡率，除鸡外，已有鹅、鸽、鸵鸟、鹌鹑、山鸡、鸬鹚、鹧鸪、孔雀等发病的相关报道。病毒在野禽与家禽之间可互相传播，水禽与陆禽之间的互传，形成了一个新城疫病毒的巨大基因库，有利于新城疫病毒毒株在自然界的保存和进化，致使新的抗原变种不断出现，引起新城疫新的流行。过去普遍认为水禽对新城疫病毒有较强的抵抗力，感染后一般不容易发病和造成流行或暴发。然而，近几年来世界各地不断有新城疫病毒感染水禽造成发病和流行的报道。在我国水禽饲养密集的地区引起鹅的发病和死亡现象越来越普遍，从 1997 年开始广东、江苏两省许多鹅群陆续发生新城疫病毒的感染，造成严重的发病和死亡，并很快波及浙江、山东等省，逐渐向全国各地蔓延，另外关于鸭中发现新城疫病毒感染和发病的报道也越来越多。当前我国鸡、鸭、鹅的饲养密度很高，普遍存在家养水禽和鸡混养的情况，水禽中的新城疫病毒毒株无疑会对鸡群构成很大威胁。水禽中新城疫病毒的感染给我国养禽业造成了巨大的威胁和损失。传统鸽源新城疫病毒为基因Ⅵb亚型，对鸡经常表现中等毒力。值得注意的是近年来在鸽群中也出现了基因Ⅶ型新城疫病毒的存在。

5. 我国新城疫流行与世界流行趋势仍具有一致性

从基因型来看，既有老的基因型（基因Ⅱ、Ⅵ、Ⅷ型），又有新的基因型

（基因Ⅶ型），更有我国独特的基因型（基因Ⅸ型），并且同一地区内不同基因型同时存在；从毒株来源来看，一部分是由本地毒株引起的，一部分又是由外地引进的毒株引起的；在毒力强弱方面既有典型的强毒株又有低致病的弱毒株和不致病的弱毒株。由于免疫鸡群中个体对免疫应答的不整齐性，使得整个鸡群免疫水平高低不一。当遇到野外强毒株的入侵，部分免疫水平较低或根本没有产生免疫力的鸡就会感染发病，并成为传染源，使得整个鸡群发病。典型的速发型新城疫已较少发生，较多的是在不适当免疫的禽群中由强毒株引起的非典型新城疫。在高抗体水平（一般 HI 滴度在 $1：256～1：2\,048$）下的成年蛋鸡群及肉用型种鸡群，症状以临床轻微呼吸道症状及产蛋严重下降为主，发病率较高，尽管死亡率不超过 5%，但其生产性能严重下降，产蛋率降幅达 $20\%～60\%$，严重者甚至绝产。在商品代肉鸡群，当免疫程序实施不当时，也可能发生典型的新城疫，表现为高的发病率和死亡率。但大多数肉鸡群主要表现为呼吸道症状及不断发生零星死亡，只有部分死亡鸡可能表现典型新城疫的出血性病变。

6. 混合感染情况严重

新城疫多数情况下并发或继发 1 种或 2 种以上的其他疾病，导致病情复杂，最常见的是非典型新城疫和传染性法氏囊病混合感染、非典型新城疫和大肠杆菌病混合感染、非典型新城疫和支原体病混合感染、非典型新城疫和沙门氏菌混合感染、非典型新城疫和流感混合感染、非典型新城疫继发肾传支等。多数鸡群存在着不同程度的免疫抑制性病毒的多重感染。这些免疫抑制性病毒感染，特别是一些个体同时有多重感染或与其他非传染性免疫抑制因子（如霉菌毒素）并存时，使鸡群中总有少数鸡在疫苗免疫后抗体水平上不去，成为鸡群中对新城疫病毒强毒的易感鸡，并最终成为同一鸡群中的传染源。

二、发病原因分析

我们对近年来新城疫发病的原因进行了分析研究，总结出近年来新城疫发生的原因主要是养禽场生物安全措施不力、免疫失败和环境中存在病原体。新城疫发病从理论和临床上来看有以下 3 种原因：一是环境中有足够数量的野毒存在（传染源）；二是传播途径多样；三是易感禽的存在。以上 3 种情况也是任何一种传染病发生所具备的要素。具体来说主要包括免疫程序、疫苗、疾病和饲养管理等因素。

（一）免疫程序

影响免疫失败的因素有很多，主要包括免疫程序不合理、疫苗选择不当、首免时母源抗体的干扰、忽视局部黏膜免疫和鸡场存在免疫抑制病等因素。

1. 母源抗体的干扰

种鸡无论是接种疫苗或感染病毒后，其体内产生的抗体都可通过卵黄传递给雏鸡。母源抗体能保护雏鸡免受强毒侵袭，也能中和弱毒活疫苗导致免疫失败。如果首免时间过早，则接种的活疫苗可能被中和，起不到免疫的效果，而首免过晚则母源抗体太低，不能有效保护雏鸡，导致免疫空白期出现。高母源抗体能中和活疫苗中的病毒，雏鸡免疫后的 HI 效价并不上升，反而有不同程度的下降，而且母源抗体水平越高，下降幅度越大，使雏鸡的抗病力削弱。一般而言，接种时母源抗体愈高，接种效果愈差；母源抗体愈低，接种效果愈好，但此时受外源新城疫毒株感染的威胁就愈大，故在免疫接种时要考虑到机体母源抗体水平的高低，并且结合实际进行合理的免疫接种。雏鸡体内母源抗体所产生的干扰是抑制新城疫活疫苗免疫效果的主要原因。因此应对初生雏鸡进行母源抗体的测定，以确定最佳首免时机。一般认为，雏鸡出壳后母源抗体逐日升高，5～7 天达到高峰，9 日龄后逐渐下降，28 日龄完全消失，其半衰期为 4～5 天（平均 4.5 天）。雏鸡的血凝抑制（HI）效价在 1∶8 以下时，对免疫接种才有良好的应答反应，效价在 1∶16～1∶64 时仅部分雏鸡有应答反应，效价高于 1∶64 时，对弱毒疫苗接种几乎不能引起应答反应。通常在雏鸡出壳第 1 天采血检查新城疫病毒的 HI 抗体，来确定雏鸡首免日龄，雏鸡的抽样不少于 0.1%，将平均 HI 滴度换算为对数值，雏鸡最适首免日龄＝4.5×（1 日龄 HI 抗体滴度的对数值－4）＋5。

2. 首免、二免间隔时间太长

一般说来，初次免疫产生的免疫力较低，维持时间较短。首免和二免间隔时间过长使鸡群在二免前的一段时间内，抗体水平较低，不能抵抗新城疫强毒的攻击而发病。另外，有的群体母源抗体不整齐，首免后抗体水平差别较大，抗体水平低的则易受到感染。

3. 免疫程序不合理

制定合理而科学的免疫程序并严格按照执行是免疫成败的关键。免疫程序不合理包括疫苗的种类、生产厂家、接种时机、接种途径和剂量、接种次数及间隔时间等。盲目生搬硬套别人的免疫程序，或者忽视黏膜免疫在新城疫防治中的地位和作用，在进行一免和二免的时候，贪图省事，用弱毒活苗免疫时没有采取点眼、滴鼻的方式进行，而仅采取饮水免疫的方式，结果局部免疫或基础免疫不彻底。此外，多次、大剂量的密集免疫也会引起免疫麻痹，造成鸡群的免疫力下降。在一定限度内，抗体形成的量是随抗原（疫苗）用量而增加的，但抗原量过多，超过一定限度时，抗体的形成反而受到抑制，造成鸡的免疫麻痹，达不到免疫效果。频繁免疫造成的免疫抑制：有时在机体内抗体效价较高且均匀度很好的情况下，盲目进行弱毒苗的免疫，造成抗体不断被中和，抗体水平下降，从而使鸡群长期处于易感状态，鸡群容易在抗体下降时感染新城疫病毒；另一方面，由于抗原的频繁刺激，机体应答反应疲劳，导致部分个体产生免疫麻痹和免疫耐受，造成群体抗体水平的离散度增大，部分个体反复发病。如有些饲养场经常是不免疫不发病，免疫后 2～3 天就发病，就是因为在免疫前，原有抗体尚能保护机体不受新城疫病毒感染，免疫后疫苗首先中和部分抗体，使抗体水平在短时间内急剧下降，失去保护作用而感染新城疫病毒。因此，制定合理的免疫程序十分关键，最好能结合抗体监测确定最佳的免疫时机。

4. 免疫途径不合理

新城疫的免疫途径较多，如注射、点眼、滴鼻、饮水等。同一种疫苗采取不同的免疫途径，会获得不同的效果和反应。通常认为眼鼻途径同时用比单用效果好一些，眼鼻途径比饮水免疫保护力好，眼鼻途径和肌肉效果相当。饮水法虽然方便，但新城疫疫苗在水中容易失活而导致接种量不足，免疫不整齐。有些养殖户为了省事，在免疫时，弱毒疫苗统统采用饮水的方法进行。这样的免疫方式，一是不能产生坚强的局部黏膜免疫；二是由于每只家禽喝到疫苗的数量不一致，使群内不同个体间的抗体效价差异较大，从而容易发生非典型新城疫。

5. 过分依赖油乳剂灭活疫苗，忽视局部黏膜免疫的重要性

油乳剂灭活疫苗的优点是受母源抗体干扰小，能激发机体产生高滴度的体液免疫抗体，但其不足是对建立细胞免疫作用很小。新城疫的免疫保护包括体液免疫和黏膜免疫，其中呼吸道的局部黏膜免疫对新城疫病毒的感染而言更为重要。新城

疫的局部黏膜免疫是防御新城疫病毒感染的第一道特异性屏障，大量的分泌型 Ig A 抗体在眼结膜、呼吸道黏膜的分泌液中得以存在，能够阻挡新城疫病毒的感染。但在现实生产中，有相当一部分养殖户只重视机体的体液免疫而往往忽视了呼吸道的局部免疫，进而常常在免疫中偏重于饮水免疫或灭活苗的注射免疫，忽视了滴眼、滴鼻和气雾的免疫，使得禽群在循环抗体较高的情况下仍能发生新城疫病毒的感染，但此时只局限在黏膜表面增殖，虽然不能发生全身感染引起家禽的死亡，却能出现呼吸道及腹泻症状，个别循环抗体水平低的家禽会出现死亡。因此，做到局部免疫与体液免疫协调发展，互相补充才能取得良好效果。

（二）疫苗因素

1. 疫苗间的干扰

当雏鸡先接种 IB 疫苗，7 天内再接种新城疫疫苗时，则新城疫免疫力的产生会受到抑制；1 日龄的雏鸡接种鸡痘弱毒苗，在 7 天后可使新城疫疫苗所产生的 HI 效价受到抑制等；新城疫疫苗和传支 H_{120}、H_{52} 弱毒疫苗之间产生干扰，接种时应间隔 10 天以上；在接种法氏囊炎疫苗后应间隔 7 天以上再接种新城疫疫苗，否则因法氏囊的轻度肿胀影响新城疫免疫抗体的产生。

2. 疫苗选择不当

由于不同的疫苗具有不同的免疫学特性，如果不了解它们的差异而盲目地选择疫苗或改变某一免疫程序时，都会导致免疫效果降低或免疫失败。目前我国有多种疫苗如 Ⅰ 系苗（印度系）、Ⅱ 系苗（B_1 系），Ⅲ 系苗（F 系），Ⅳ 系苗（La Sota 系），Clone - 30（克隆化 La Sota）以及油乳剂苗等供选择。Ⅰ 系苗仍在某些地区普遍应用，虽然 Ⅰ 系苗的免疫力比弱毒型疫苗较佳，但其致病性却相对较强。当鸡只接种 Ⅰ 系苗后，除产生较强的免疫力外，也会对鸡只造成一定的病理损害，尤其在种鸡场应用后会使鸡只呈隐形感染状态，从而发生慢性新城疫，并使整个鸡场长期遭受新城疫的威胁。众所周知，新城疫的 Ⅳ 系苗与传染性支气管炎 H_{120} 疫苗在联合使用时，会出现不同程度的干扰，但为求方便，很多鸡场将新城疫 Ⅳ 系苗与 IB H_{52} 联用，故常造成免疫干扰，导致免疫失败。新城疫油苗和弱毒苗联合应用可克服母源抗体的干扰，延长免疫期，简化免疫程序，同时也可有效地控制暴发新城疫和非典型新城疫；C30 因其良好的免疫原性、较齐的抗体水平而被日渐广泛应用。为了使鸡群获得较高水平且均匀的抗体，以便有足够抵抗病毒侵袭的能力，在强毒力的新城疫病毒广泛传播区，除使用弱毒疫苗外，还需用中等毒力的疫苗（Ⅰ系）以及油佐剂灭活苗。但目前大多数地区，雏鸡的首免都选用Ⅱ系苗，产生的免疫力不足以抵抗强毒侵袭，致使新城疫病毒严重污染地区常发生免疫失败。有关试验证明，在疫区，1月龄雏鸡用Ⅱ系苗免疫其保护率仅为10%，所以根据各地流行情况，如何选择使用疫苗并制定相应的免疫程序是一个重要的问题。

3. 疫苗质量问题

现在生产中使用的疫苗有2种类型：一是活疫苗，二是油乳剂灭活疫苗。一些疫苗生产厂家为了降低生产成本，在生产活疫苗时并非使用SPF鸡胚，这样不仅影响免疫效果，还可能造成疾病的垂直传播，造成更大的危害。油乳剂灭活疫苗中抗原量不足或油佐剂质量太差，使免疫后鸡群抗体水平不高或不整齐，从而引发非典型新城疫。另外，冻干苗随保存温度的升高而其保存时间相应地缩短，灭活苗由于有油佐剂的存在而应置于4～8℃冷藏，如果是非正规渠道销售的疫苗，在运输、储藏过程中，不能保持低温环境，造成疫苗的效果降低或疗效不确实。所以养殖过程中选择的疫苗必须是正规厂家生产和正规渠道销售的疫苗。

（三）疾病因素

1. 混合感染

在临床实践中，鸡群患病大多数情况下都是由2种或2种以上的细菌或病毒引起的，如鸡群混合感染传染性支气管炎、传染性法氏囊病、传染性喉气管炎、大肠杆菌等，使新城疫的危害加重，防治难度增加。

2. 免疫抑制病的影响

由于多种免疫抑制性疾病及其他因素对免疫系统的损害，给新城疫的免疫控制带来了相当大的影响，甚至暴发典型的新城疫，如免疫抑制病，鸡传染性贫血因子和网状内皮增生性病毒等均能使鸡体本身的免疫组织受到破坏，引起免疫抑制；雏鸡慢性饲料中毒，特别是黄曲霉毒素污染饲料也会造成免疫抑制；目前常用中等毒力偏强的传染性法氏囊病病毒疫苗，也能引起免疫抑制，对免疫不利；肉仔鸡低血糖-尖峰死亡综合征可引起胸腺、法氏囊和肠道淋巴组织严重萎缩，从而造成免疫抑制，也可能导致新城疫的发生和流行。发病鸡场可存在细菌感染或其他的病毒性疾病，尤其免疫抑制性疾病，如MD、IBD、CIA、鸡网状内皮增殖症等，它们干扰了鸡新城疫的免疫应答，使鸡新城疫疫苗的免疫效果不佳。某些药物如磺胺类药、皮质激素以及饲喂霉变饲料能导致机体免疫功能下降，对疫苗应答能力减弱，对疾病易感性增加。

3. 野毒的严重感染

由于免疫鸡群中个体对免疫应答的不整齐性，使得整个鸡群免疫水平高低不一。当遇到野外强毒株的入侵，部分免疫水平较低或根本没有产生免疫力的鸡就会感染发病，并成为传染源使得整个鸡群发病。尽管我国许多大、中型鸡场防疫制度相当严格，但仍时有非典型性新城疫发生，这是由于新城疫病毒在自然界有多种宿主，飞鸟和啮齿类动物带毒进场这一传播途径不容忽视。这些鸟类散毒范围很广，若控制不严，通过一种未知因素将新城疫野毒传入免疫力不充分的鸡群，同样会诱发非典型性新城疫。鸡舍内病毒的传入可以通过饲养员、饲料、饮水、空气灰尘和飞鸟等。其中，野鸟在鸡新城疫的发生和流行中有着不可忽视的作用。麻雀等野鸟在鸡场、鸡舍和饲料场自由出入，除了能机械性的传播病毒外，本身可带毒并通过粪便等排毒。由此可见，作为与饲料厂、鸡场接触密切的麻雀等野鸟，在鸡新城疫的传播中具有十分重要的意义，而防止野鸟尤其是麻雀、鸽子等的传入是饲料厂、养鸡厂今后的一项十分重要的任务。病鸡及流行间歇期带毒鸡、鸟类是该病主要传染源。该病经飞沫、风、直接接触和污染物传播，主要经呼吸道和消化道感染健康鸡群；非易感野禽、体外寄生虫、人畜均可携带病原。免疫鸡群中始终存在强毒感染，并且不断在鸡群中排毒，致使鸡新城疫强毒在鸡群的个体之间相互传播、反复感染，导致鸡群中长期存在强毒。

4. 环境污染严重

近几年养鸡场大多集中在某些养殖小区，并且这些小区的饲养环境较差，大多是高密度开放式鸡舍，鸡粪不做任何处理随地堆放，病死鸡到处扔，再加上部分养殖户的环境卫生意识较淡薄，卫生消毒不彻底，这使得新城疫病毒在这些养鸡密集的地区和环境污染严重的鸡场长期普遍存在，使鸡群中那些抗体水平较低的个体反复感染而发病。

5. 呼吸道疾病的诱发因素

呼吸道是病原微生物入侵机体的重要门户，一旦呼吸道黏膜受损伤，环境中的新城疫病毒就会突破黏膜屏障进入鸡体，从而造成发病。秋冬季节气候多变，昼夜温差大，大多养鸡户往往重视保温，忽视通风换气，所以鸡舍往往通风不良，氨气浓度较高，易损伤呼吸道黏膜及诱发慢性呼吸道疾病、传染性鼻炎等呼吸道疾病，从而引起鸡群发生非典型新城疫。

6. 病毒变异

目前有很多学者认为现在使用的商品疫苗的基因型和流行优势毒株的基因型不符合是我国新城疫发生和流行的主要原因。对于新城疫病毒基因分型研究表明，我国的新城疫病毒毒株既有老的基因型Ⅵ，又有新的基因型Ⅶ型，还有我国所特有的基因Ⅸ型。然而，我国目前广泛使用的商品疫苗 La Sota 和 V_4 等则分别属于属于基因Ⅱ和Ⅰ型。针对这种状况，是否还能应用传统疫苗来预防新城疫成为人们议论的焦点。有专家认为欧洲国家早在 20 世纪 80 年代末至90 年代初就已报道了新城疫的基因Ⅶ型，并证明是欧洲鸡群中的主要流行株。Hsiang‐Jung Tsai 等对 1969—1996 年引起我国台湾新城疫暴发的新城疫病毒毒株进行基因分型，所得的流行毒株与欧洲的基因Ⅶ型相关。在 20 世纪 90 年代中期东南亚国家所报道的新城疫主要流行株也是基因Ⅶ型。但无论是我国的台湾地区，还是东南亚各国都没有改变疫苗的毒株。结合各种资料，有些学者认为可能基因Ⅶ型在过去 10 年中一直是我国鸡群中新城疫病毒流行株的主要基因型，并不是近几年才发生的，只是过去没有人注意而已。国内有专家研究表明 La Sota 等弱毒疫苗的广泛应用造成的免疫选择压正在促进新城疫病毒的抗原性变异，而这一趋势可能主要与 HN 基因相关。实验室研究表明，与 La Sota 和中国经典强毒 $F_{48}E_9$ 相比，HI、VN、单抗和免疫实验证实了新城疫病毒流行株在抗原性上已经出现了变异。对病毒变异与临床疫病的关系，目前已经达成一个共识：尽管目前使用的商品化疫苗与流行毒株在基因型上存在差异，但在临床上可有效保护野毒株的攻击，同时，免疫保护所需要的抗体阈值越来越高。

(四) 饲养管理因素

1. 禽群饲养管理不当，造成群体抵抗力下降

大量的流行病学调查表明，饲养管理差、营养缺乏、群体质弱、均匀度差

是造成新城疫发生或症状严重的重要因素。良好的免疫必须建立在家禽良好体质的基础上。但是从临床看，现在很多禽群饲养管理较差，饲料配方不合理，营养水平与禽群的生产和生长不符，导致家禽体重不达标，造成禽群体质差，这样的禽群往往发生免疫失败、免疫后达不到预期的效果或免疫期缩短等后果而引起发病。国外研究证明，当鸡舍氨气浓度达到 0.002%（20 ppm）时，就会损伤鸡的呼吸道，使之失去防御能力，增加呼吸道的敏感性。

2. 人为因素

人为因素在新城疫的暴发流行中往往起很大作用，如通过饲养管理人员的衣、鞋、手污染或其他方式将野毒带入场内；带毒人员流动时亦会将病毒散播到邻近地区；带毒鸡或被污染的肉品的买卖和转运，也为病毒的传播提供了机会；在某些情况下发现一些生物制品，如鸡痘和喉气管炎疫苗有新城疫病毒污染也会产生新的疫点。

3. 养殖环境差，生物安全水平低

我国家禽养殖业近年来发展速度较快，在饲养数量扩增的同时，养殖模式特别是生物安全水平未发生根本变化。根据 FAO 对养殖企业生物安全等级分类，我国 80%～90% 的蛋鸡群和肉鸡群处于最低生物安全水平的 3 类和 4 类，仅 10%～20% 是饲养在中等生物安全水平的 2 类集约化系统，极少能达到 1 类高生物安全标准。在养鸡发达地区，鸡群过分密集，即在不同饲养条件下的独立鸡群相互距离太近，致使一个鸡群发生新城疫病毒感染，不可避免的殃及周围。发病鸡场选址不合理。鸡舍太简陋，难以隔离和彻底消毒。鸡舍内饲养密度过大，通风不良，空气污浊，有害气体浓度严重超标（尤其是冬季）。发病鸡场饲养管理存在漏洞，例如饲养条件差、管理不善、员工防疫意识差，在饲养区剖检病死鸡、外来人员随便出入鸡场，病鸡的尸体、粪便随处乱堆乱放。缺乏对病鸡的严格隔离和及时淘汰。死鸡、粪便等未进行无害化处理。鸡场内定期消毒执行得不够彻底，消毒药选择、使用不当，消毒程序不合理。鸡场未实行全进全出饲养制度，有时一个鸡场内套养 2～3 排不同日龄的鸡。此外，很多规模化养禽场被周边的庭院养殖包围，新城疫传入的风险很大。

4. 过量使用抗病毒药物

鸡群在接种弱毒疫苗期间，使用病毒唑、病毒灵或使用免疫抑制性药物会影响疫苗的免疫效果，造成鸡群抗体水平较低。

5. 应激因素

噪声、频繁抓鸡及温度、湿度、饲料成分和喂养方式突然改变、转群等不良应激因素都会使家禽产生严重的应激反应，导致机体新陈代谢功能紊乱，免疫功能下降，进而使疫苗不能刺激机体产生正常的免疫应答反应，即使是正常剂量的弱毒疫苗，都可能引起机体较大的生理变化，甚至引起严重后果。同时，疫苗免疫本身就会给机体造成不同程度的刺激，会产生一些免疫应激而诱发机体发病。因此在应激的3～5天内不宜接种疫苗。在接种后可用青霉素饮水，同时在饲料中添加维生素，以减少应激。

参 考 文 献

[1] 卡尔尼克. 禽病学 [M]. 苏敬良，高福，译. 11 版. 北京：中国农业出版社，2005：65－98.

[2] 焦库华主编. 禽病临床诊断与防治 [M]. 北京：化学工业出版社，2003：142－164.

[3] 黄瑜，李文杨，程龙飞，等. 番鸭Ⅰ型副黏病毒的分离与鉴定 [J]. 中国预防兽医学报，2005,27(2)：148－150.

[4] 陈露，万洪全，宋红芹等. 表观健康鹅群新城疫病毒的分离及生物学特性 [J]. 2008，28(3)：239－242.

[5] 张倩，王志亮，单虎，等. 鹅源新城疫的生物学特性分析 [J]. 中国兽医学报，2006，26(6)：606－609.

[6] 辛朝安，任涛，罗开健，等. 疑似鹅副黏病毒感染诊断初报 [J]. 养禽与禽病防治，1997,16(1)：5.

[7] 王永坤，田慧芳，周继宏，等. 鹅副黏病毒病的研究 [J]. 江苏农学院学报，1998,19(1)：59－62.

[8] Liu H，Chen F，Zhao Y，et al. Genomic characterization of the first class Ⅰ Newcastle disease virus isolated from the mainland of China [J]. Virus Gene，2010,40(3)：365－371.

[9] Kim L M，King D J，Curry P E，et al. Phylogenetic diversity among low－virulence Newcastle disease viruses from waterfowl and shorebirds and comparison of genotype distributions to those of poultry－origin isolates[J]. J Virol，2007,81(22)：12641－12653.

[10] Kim L M，King D J，Suarez D L，et al. Characterization of class I Newcastle disease virus isolates from Hong Kong live bird markets and detection using real－time reverse transcription PCR [J]. J Clin Microbiol，2007,45(4)：1310－1314.

[11] Liu H，Wang Z，Wu Y，et al. Molecular characterization and phylogenetic analysis of new Newcastle disease virus isolates from the mainland of China [J]. Res Vet Sci，

2008,85(3): 612 - 616.

[12] Liu H, Wang Z, Wang Y, et al. Characterization of Newcastle disease virus isolated from water fowl in China [J]. Avian Dis, 2008,52(1): 150 - 155.

[13] Liu X F, Wan H Q, Ni X X, et al. Pathotypical and genotypical characterization of strains of New castle disease virus isolated from outbreaks in chicken and goose flocks in some regions of China during 1985 - 2001 [J]. Arch Virol, 2003,148(7): 1387 - 1403.

[14] Alexander D J, Campbell G, Manvel R J, et al. Characterisation of an antigenically unusual virus responsible for two outbreaks of Newcastle disease in the Republic of Ireland in 1990 [J]. Vet Rec, 1992,130(4): 65 - 68.

[15] Sheng qing Y, Kishida N, Ito H , et al. Generation of velogenic Newcastle disease viruses from a nonpathogenic waterfowl isolate by passaging in chickens [J] . Virology, 2002,301(2): 206 - 211.

[16] LIU Xiufan, WAN Hongquan, NI Xuexia, et al. Patbotypicaland genotypical characterization of strains of Newcastle disease virus isolated from outbreaks in chicken and goose flocks in some regions of China during 1985 - 2001 [J]. Arch Virol, 2003,148 (3): 1387 - 1403.

[17] WAN Hongquan, CHEN Ligong, WU Lili, et al. Newcastle disease in geese: natural occurrence and experimental infectionl [J]. Avian Pathol, 2004,33(2): 216 - 221.

[18] HARVEY W. Commentary Newcastle disease virus: an evolving pathogen [J] . Avian Pathology, 2000,30: 5 - 11.

[19] Panshin A, Shihmanter E, Weisman Y, et al. Antigenic heterogeneity among the field isolates of Newcastle disease virus (NDV) in relation to the vaccine strain: 1. Studies on viruses isolated from wild birds in Israel [J] . Comparative Immunology, Microbiology and Infectious Diseases, 2002,25(2): 95 - 108.

4 第四章

分子流行病学

分子流行病学是 20 世纪 70 年代后期新兴的一门科学，是现代分子生物学的基本理论和技术与流行病学相结合的产物。分子流行病学不仅适用于传染病研究的各个方面，而且还广泛用于肿瘤、遗传病、代谢病等非传染性疫病的研究，在探讨病因、了解病原演化、疫病快速诊断等方面意义重大，是目前动物流行病学工作中不可缺少的有机组成部分。特别对于新城疫等烈性传染病，在快速了解新城疫病原的演变、遗传学变化、抗原性变异、快速诊断、鉴别诊断等方面具有十分重要的意义。

第一节 分子流行病学简介

一、概念

分子流行病学是将分子生物学的基本理论和技术应用于流行病学的调查研究，在分子水平上阐明疫病和健康状态的生物学标记，在生物群体中的频率、分布及其决定因素，并研究疫病防治以及促进健康的策略和措施的科学。其核心是，将传统流行病学宏观调查研究方法与分子生物学微观生物学标记检测之间的有机结合，将疫病或健康状态相关的生物学标志，特别是分子生物学标志，作为测量的因变量和部分自变量，进而揭示影响疫病分布的因素，为更有效地控制疾病和促进健康提供基因或分子水平的研究方法和防治手段。

1972 年 Kilbourne 博士首先提出"分子流行病学"（molecular epidemiology）的概念，但并未对其涵义进行详细解释。1993 年美国 Schulte 出版了第一部分子流行病学专著，并将分子流行病学定义为："在流行病学研究中，应用生物学标志物，包括生化的、分子的、生理的、免疫学的、遗传学的等信号，这些信号代表致病因子与所致疾病之间连续过程中一系列不可分割的环节"。

　　所谓生物标志是指能代表生物结构和功能的可识别（即可检测）物质特征。目前，分子流行病学中应用的生物标志多是分子生物标志，如与生物性状密切相关的基因、致病因子等。就我国兽医学领域，分子流行病学更多地被应用于动物疫病、人兽共患病和动物源性食品安全等方面。分子流行病学研究中的生物标志大致分为 3 类：易感标志（susceptibility marker）、暴露标志（exposure marker）和效应标志（effect marker）。也就是说，宿主对疾病发生、发展易感程度的生物标志称为易感标志，与疾病或健康状态有关的暴露因素的生物标志称为暴露标志，宿主暴露后产生功能性或结构性变化的生物标志称为效应标志。必须指出的是，虽然生物标志可分为上述 3 类，但针对某一种生物标志来说，这种概念又是相对的，要领会其实质，灵活应用。因此，对不同目的分子流行病学研究，需要对候选生物标志的特性、在疾病过程的作用意义、检测方法等进行筛选与研究。所选的生物标志必须具有较好的特异性和稳定性，其检测方法具有较高的敏感性，同时检测方法应快速、简便。以新城疫病原的快速诊断为例，利用传统的病原分离技术需要 5～7 天，而利用 RT－PCR（反转录聚合酶扩增技术）在 4 h 内即可诊断疫病，且敏感性大幅度提高。

二、分子流行病学研究特点

　　分子流行病学把经典的流行病学与先进的分子生物学技术有机地结合起来，既从群体水平，又从分子或基因水平上系统阐明了疾病发生的病因、发病机制和流行规律，从而使人们对于病原的发病机制了解得更加深入和准确。分子流行病学与传统的流行病学既有区别又有联系。主要表现在：

　　（1）分子流行病学是流行病学的一个分支学科，是传统流行病学与新兴的分子生物学的交叉学科，具有普通流行病学的特点，但在主要研究对象方面有差异。

　　（2）分子流行病学主要研究的是生物学标志。分子流行病学应用先进的分子生物学技术测量生物学标记，从分子水平上阐明疫病或其他医学事件的频度分布及其决定因素，而传统的流行病学仅从表面层次进行研究。生物学研究的范围很广，以新城疫病毒为例：新城疫病毒基因组的不同片段基因，如 F（融合蛋白）、HN（神经氨酸酶和血凝素基因）、NP（核衣壳）等，几乎所有的编码蛋白基因均可作为被研究的对象。MHC（鸡的组织相容性基因）、信号转导因子等也可作为被研究的对象。

（3）分子流行病学的研究对象已深入到分子水平，因此，它对于问题的解决方案更具体，更深入，更具有针对性。以新城疫为例，通过新城疫病毒持续的病原学监测可以反应病毒遗传学的动态演化规律，而分子流行病学研究则可以从微观的角度揭示病原在生物学特性上发生的轻微变化，从分子水平揭示新城疫的流行规律、为大规模流行预警、制定科学的防控措施提供依据。因此，新城疫病毒的分子流行病学对于该病的防控具有十分重大的意义，也是近年来新城疫病毒研究的一个热点。

三、在新城疫研究方面的应用

1. 新城疫的基因分型和分类

依照传统的生物学指标，如毒力、临床症状等对新城疫病毒进行分类，但上述的生物学特征是宏观的，而基因分型则从微观程度上为新城疫病毒的进一步区分提供了手段。

依据新城疫病毒 F 基因部分序列（47 - 420 nt），可将新城疫病毒代表株分为 Class Ⅰ 和 Class Ⅱ 两大类，其中 Class Ⅰ 可分为 9 个基因型（1，2，3，4，5，6，7，8，9），病毒主要来源于野生水禽。Class Ⅱ 也可分成 9 个基因型（Ⅰ，Ⅱ，Ⅲ，Ⅳ，Ⅴ，Ⅵ，Ⅶ，Ⅷ，Ⅸ），目前在我国流行的主要基因型为Ⅶ，我国标准强毒株 F48E8 为基因Ⅸ型。基因亚型Ⅶc，Ⅶd 和Ⅶe 是我国华东地区新城疫发生的主要基因亚型。

2. 传染源和传播途径分析

分子流行病学为及时准确查清传染性疾病的传染源和传播途径提供了技术保证，对了解传染源和阐明疫病的流行规律十分必要。例如，1998 年 Lomniczi 等对 1992—1996 年西欧分离到的新城疫病毒作 F 基因部分序列（334～1682）的限制性内切酶位点图谱比较和 F 基因部分序列（nt47 - 435）的测序分析，发现在丹麦、瑞典、瑞士和奥地利等国暴发中分离到的毒株源于 20 世纪 60 年代后期在中东和希腊及 20 世纪 80 年代初期在匈牙利流行的毒株，而在德国、比利时、荷兰、西班牙和意大利引起流行的病毒与 20 世纪 80 年代后期在印尼分离到的毒株有 97％的遗传相似性。这对于分析病原的流行趋势和传播意义重大。

3. 用于病原起源和进化研究

新城疫病毒属于 RNA 病毒，尽管其本身突变频率较高，但与禽流感等很多其他 RNA 病毒相比进化速率较慢，但它的遗传变异却是现有疫苗免疫保护不佳的主要原因。通过对新城疫病毒主要免疫蛋白基因核苷酸序列进行分析，可以快速了解新城疫病毒的毒株变异趋势，揭示疫苗免疫失败的原因。

秦卓明等（2006）选取山东、江苏等不同地区 1999—2005 年分离的 16 株新城疫病毒毒株，分别克隆其 HN 基因，结果发现：国内新城疫病毒野毒株之间 HN 核甘酸高度同源，核苷酸同源性为 94.4%～99.8%，氨基酸同源性为 94.6%～100%，而与 La Sota 同源率仅为 79.2%～80.7%，与传统疫苗株显示出明显的差异。以 2001 年分离的 SGM01 为例，其与国内 1997—2005 年流行株的新城疫病毒氨基酸同源性在 94% 以上，与 Taiwan 95 的同源性为 95.4%，与 1996 年从广东鹅分离到的 GPMV/QY97-1 的氨基酸同源性为 93.7%，与鸽源 PB01/96 野毒的同源性为 90%～91.9%，而与疫苗株 La Sota、B1 和 V4 等的氨基酸同源性为 86.9%～89%，与国内经典强毒（F48E9）的氨基酸同源性为 87.6%，变异幅度较大。核甘酸同源性更低，SGM/01 与 Taiwan 95 的核甘酸同源性为 94.1%，与 PB01/96 野毒的同源性为 88%，而与疫苗株 La Sota 的核甘酸同源性仅为 79.8%，与国内经典强毒（$F_{48}E_9$）的同源性为 82.9%。这表明目前流行的新城疫病毒毒株 HN 基因与生产中常用的疫苗株相比，已经发生了较大程度的变异。

第二节　分子流行病学常用研究方法

分子流行病学是将分子生物学的理论和方法应用于流行病学调查研究，其研究方法是分子生物学和流行病学方法的结合。常用研究方法包括：寡核苷酸图谱分析、限制性内切酶图谱分析、基因探针和核酸杂交、聚合酶链式反应、基因序列分析、单链构象多态性分析等。其中通过序列分析来构建遗传进化树是目前开展分子流行病学研究最常用的方法。本节将简要介绍用于流行病学研究的主要分子生物学方法。

一、寡核苷酸图谱分析

寡核苷酸图谱分析（Oligonucleotide fingerprinting）是指病原微生物的核

酸或核酸片段经特定的酶消化后，进行双向电泳，然后再进行放射自显影，显示出一定的图谱特征，称为指纹图（fingerprinting），此图谱具有特异性，常用于病原微生物同源性分析。该法最大优点是比较简便，敏感性高，能显示出核酸间细小的差别，但缺点是无法对差别大的两条来源不同的核酸进行比较。目前该方法已在病毒学研究中得到了广泛的应用，特别是对 RNA 病毒分类、鉴定病毒遗传变异等，在流行病学调查中具有重要意义。

由于新城疫病毒基因组在不断进化过程中所产生的越来越多的基因型和变异株，对不同毒株的比较以及抗原性相似而基因结构有差别的病毒之间的鉴别诊断，如新城疫病毒疫苗株与野毒株的鉴别等，应用常规的血清学方法往往难以奏效。然而应用寡核苷酸指纹图分析，就能容易地区别这些即使基因组核苷酸序列只有微小差异而遗传关系十分接近的 RNA 病毒株。通过比较同一血清型不同毒株的 RNA 指纹图就能鉴别这些毒株在遗传上的远近关系或在进化上的先后顺序，研究流行毒株的起源及其扩散的去向，毒株的变异规律及突变概率以及监控疫苗株的遗传稳定性等。Mcmillar 等（1980）首先用 RNA 指纹图谱法对 La Sota 株进行了分析。其方法是用 T1Rnase 酶降解病毒 RNA，然后在聚丙烯酰胺凝胶上进行二维电泳并放射自显影，得到 RNA 各片段的分布图。随后他们又对许多株进行了分析，确定了其图谱和同源性。美中不足的是，该方法成本较高。

二、限制性内切酶图谱分析

限制性内切酶图谱（Restriction Endonuclease Map）是指病毒基因组 DNA 经特定限制性内切酶消化后，经琼脂糖凝胶电泳染色，可观察到清晰的特异性 DNA 条带，因此可以利用病毒核酸的这一特性，制备准确的病毒基因组核酸酶切图谱，利用不同的内切酶切割病毒 DNA，依据切割后的片段在凝胶电泳中泳动速率不同所形成的电泳带型做出诊断。限制性核酸内切酶分析技术是病原变异、毒株鉴别、分型及了解基因结构和进行流行病学研究的有效方法，通过酶切消化 DNA，然后电泳染色呈现大小不一的片段，对这些片段的迁移率及数量进行分析，便可了解到病原微生物遗传物质的一定特性，在此基础上采用双酶切割或杂交等方法，则可推测出片段的排列顺序和酶切位点，从而推断出病原体 DNA 之间存在的相似性或差异性，对于动物病毒尤其是对疫苗毒、野毒及变异毒株的检测具有重要意义。

Ballagi－Pordany 等（1996）以反转录聚合酶链式反应（RT－PCR）扩增

了 1932～1989 年从世界各地分离的 200 多株新城疫病毒的 F 基因 1349 个核苷酸（第 334～1682 位核苷酸之间），用 Hinf Ⅰ、Bst Ⅰ、Rsa Ⅰ 三种限制性内切酶对 RT - PCR 产物进行分析，可将新城疫病毒毒株分成 6 个基因型（genotype）。每个有特定酶切图谱特征的基因型所包含的分离株，在地域或流行病学上相互关联。

三、基因探针和核酸杂交

核酸杂交技术是根据两条互补的核苷酸单链可以杂交结合成双链，用一段已知序列的放射性或非放射性标记的核苷酸单链做探针，与待检标本中的 DNA 杂交来检测待检标本中有无与之相互补的核酸。杂交分子的形成并不要求两条单链的碱基组成完全互补，不同来源的核酸单链只要彼此之间有一定程度的互补顺序（即某种程度的同源性）就可以形成杂交双链。分子杂交可以在 DNA 与 DNA、RNA 与 RNA 或 RNA 与 DNA 的两条单链之间进行。常用的核酸分子杂交技术包括：原位杂交（in situ hybridization）、斑点杂交（dot blot hybridization）、转印杂交（southern/northern blot）等。该方法特异性高，但敏感性低于 PCR 方法。

Jarecki - Black(1993) 设计了 2 个新城疫病毒探针，该探针的长度为 21 个碱基，与新城疫病毒强毒株的 F 蛋白裂解位点基因互补，可与 11 个速发性毒株、5 个中发性毒株的 RNA 杂交，而不与所有 7 个弱毒株的 RNA 杂交，说明该探针能将弱毒株从强毒和中毒中区分出来。Angela(1998) 利用 RT - PCR 扩增出 362 bp 的包括 F 蛋白裂解位点序列的片段，制备成了相应的探针，并用 PCR 产物同型特异性探针来区分德国流行的强、弱毒株。贺东生等根据 F_0 基因的高度区特异位点设计并合成了一段含 48 bp 的寡核苷酸，经光生物素标记后制备探针，成功地杂交检测了新城疫病毒强毒株和弱毒株。用核苷酸探针方法鉴别新城疫病毒毒株，关键在于被标记的寡核苷酸的设计，要求寡核苷酸处于高变区并与弱毒株的同源性差别大。寡核苷酸探针能特异地鉴别强、弱毒株，在临床诊断和进出口检疫等方面都有较大的潜在用途。

四、聚合酶链式反应

聚合酶链式反应（Polymerase Chain Reaction），简称 PCR，是体外酶促

合成特异 DNA 片段的一种方法，为最常用的分子生物学技术之一。典型的 PCR 由模板高温变性、引物与模板退火和引物沿模板延伸三步反应组成一个循环，通过多次循环反应，使目的 DNA 得以迅速扩增。PCR 能快速特异扩增任何已知目的基因或 DNA 片段，并能轻易在皮克（pg）水平起始 DNA 混合物中的目的基因扩增达到纳克、微克、毫克级的特异性 DNA 片段。PCR 具有特异性强、灵敏度高、简便快速、对标本的纯度要求低等特点，因此，PCR 技术一经问世就被迅速而广泛地用于分子生物学的各个领域。它不仅可以用于基因的分离、克隆和核苷酸序列分析，还可以用于突变体和重组体的构建、基因表达调控的研究、基因多态性的分析、遗传病和传染病的诊断等。

Jestin 等（1991）在 1991 年首次报道了该技术在新城疫病毒检测上的应用，他们设计了一对 18 个和 19 个碱基的引物，分别对应于新城疫病毒 F 蛋白基因的一定区域，扩增出一个 238 bp 的片段。产物经酶切鉴定证明扩增无误，而且对 APMV-2、APMV-3 和 APMV-4 不能扩出，证明是特异的，能用于新城疫病毒的诊断和检测。Kant 等利用 4 条引物 A、B、C、D 配成 AB、AC、AD3 对，其中 AB 针对所有毒株、AC 针对强毒株、AD 针对弱毒株，分别对通过匀浆组织提取的新城疫病毒的 RNA 进行 RT-PCR，结果扩增出 362、254 和 254 bp 3 个片段。通过对 11 个新城疫病毒强毒株、4 个新城疫病毒无毒株进行 RT-PCR 扩增，结果证明该方法与传统方法检测结果基本吻合。Gohm 等还应用 RT-PCR 成功地检测了组织和粪便中的新城疫病毒，并利用 PCR 产物的酶切分析对野毒株和疫苗株进行了鉴别。

Kant 等（1997）用 RT-PCR 对 11 个新城疫病毒强毒株、4 个新城疫病毒无毒株进行扩增，结果该方法与传统方法检测结果基本吻合，且不需要接种鸡胚进行病毒分离和致病指数测定，大大节省了时间，可在 24h 内判定结果，为新城疫病毒毒株的区别诊断提供了手段。

宋长绪等于 1995 年在国内首次报道了用 PCR 检测新城疫病毒的研究，他们设计了针对病毒 F 基因裂解位点的特异性引物，可以强、中、弱毒株核苷酸为模板，扩出一个 480 bp 左右的片段，但对 IBV、EDS-76 的核苷酸却扩增不出，说明该 PCR 方法对新城疫病毒是特异的，可以用来诊断和检测新城疫病毒。

阎玉河等（2000）根据新城疫病毒基因的结构特点及毒株 F。蛋白裂解位点的序列差异设计了 2 对引物，建立了快速诊断新城疫并能鉴别新城疫强、弱毒株的 RT‑PCR 技术。该法不仅可以对鸡胚尿囊液进行检测，还可以直接用病鸡组织匀浆进行检测，并具有较好的特异性和灵敏性。

曹殿军等（2000）根据新城疫病毒毒株的 F 基因的核苷酸序列差异，分别设计合成了两组引物，建立了可以迅速鉴别新城疫病毒强、弱毒株的 RT‑PCR 方法，整个实验过程可在 5 h 内完成。RT‑PCR 技术由于灵敏度高，特异性好，能够区别强、弱毒株，因此在新城疫病毒的诊断和流行病学方面颇具潜力。

五、DNA 序列测定和遗传进化分析

DNA 序列分析（DNA sequencing）是测定基因核苷酸序列及其类型、突变位点与方式的最精确、最可靠的方法，在传染病和非传染病分子流行病学研究中都十分常用。在分子流行病学研究中通过比较特定基因片段的序列而确定病原体基因的突变和缺失、病原体不同毒株或分离物之间的遗传关系等。近年来随着 DNA 测序技术的迅速发展和日益普及，DNA 测序在遗传多样性的研究中正起着越来越大的作用。通过 DNA 测序构建遗传进化树是目前开展分子流行病学研究最为常用的方法，也是目前进行新城疫病原研究最常用的方法。

第三节　遗传进化分析

一、进化树构建的常用方法

构建系统进化树的方法主要有：基于距离矩阵的方法〔UPGMA、NJ（Neighbor‑Joining，邻接法）〕、MP（Maximum parsimony，最大简约法）、ML（Maximum likelihood，最大似然法）等方法。其中基于距离矩阵中的 UPGMA 法已经较少使用。

1. 邻接法（Neighbor‑Joining Method, NJ）

邻接法由 Saitou 和 Nei（1987）提出。该方法通过确定距离最近（或相邻）的成对分类单位来使系统树的总距离达到最小。相邻是指两个分类单位在某一无根分叉树中仅通过一个节点（node）相连。通过循序地将相邻点合并成新的点，就可以建立一个相应的拓扑树。

2. 最大简约法（Maximum Parsimony，MP）

最早源于形态性状研究，现在已经推广到分子序列的进化分析中。最大简约法的理论基础是奥卡姆（Ockham）哲学原则：解释一个过程的最好理论是所需假设数目最少的那一个。对所有可能的拓扑结构进行计算，并计算出所需替代数最小的那个拓扑结构，作为最优树。最大简约法的优点是不需要在处理核苷酸或者氨基酸替代的时候引入假设（替代模型）。此外，最大简约法对于分析某些特殊的分子数据如插入、缺失等序列有用。缺点在于在分析的序列位点上没有回复突变或平行突变，且被检验的序列位点数很大的时候，最大简约法能够推导获得一个很好的进化树。然而在分析序列上存在较多的回复突变或平行突变，且被检验的序列位点数又比较少的时候，最大简约法可能会给出一个不合理的或者错误的进化树推导结果。

3. 最大似然法（Maximum Likelihood，ML）

最大似然法最早应用于系统发育分析是在进行基因频率数据分析，后来基于分子序列的分析中也引入了该分析方法。最大似然法分析中，选取一个特定的替代模型来分析给定的一组序列数据，使获得的每一个拓扑结构的似然率都为最大值，然后再挑出其中似然率最大的拓扑结构作为最优树。在最大似然法的分析中，所考虑的参数并不是拓扑结构而是每个拓扑结构的枝长，并对似然率求最大值来估计枝长。最大似然法的建树过程是个很费时的过程，因为在分析过程中有很大的计算量，每个步骤都要考虑内部节点的所有可能性。

二、进化树构建步骤

对于一个完整的进化树分析需要以下几个步骤：

1. 序列比对

对所分析的多序列进行比对（alignment）。在构建进化树的过程中，经常遇到的是将单独的核苷酸序列或蛋白质序列与其他已知序列进行比对，首先需要对不同的多个序列进行比对。在比对之前，有时需要对选择的序列进行编辑，使其具有相同的长度。目前进行多序列比对的方法很多，可用 DNAS-TAR 软件的 MegAlign 或者 Clustalx1.83 进行比对。

2. 构建进化树

构建进化树（phylogenetic tree）的算法主要分为两类：独立元素法（discrete character methods）和距离依靠法（distance methods）。独立元素法是指进化树的拓扑形状是由序列上的每个碱基/氨基酸的状态决定的（例如：一个序列上可能包含很多的酶切位点，而每个酶切位点的存在与否是由几个碱基的状态决定的，也就是说一个序列碱基的状态决定着它的酶切位点状态，当多个序列进行进化树分析时，进化树的拓扑形状也就由这些碱基的状态决定了）。距离依靠法是指进化树的拓扑形状是由两两序列的进化距离决定的。进化树枝条的长度代表着进化距离。独立元素法包括最大简约性法（Maximum Parsimony methods）和最大可能性法（Maximum Likelihood methods）；距离依靠法包括除权配对法（UPGMA）和邻位相连法（Neighbor - joining）。

3. 进化树评估

主要采用 Bootstrap 法对进化树进行评估。进化树的构建是一个统计学问题，我们所构建出来的进化树只是对真实的进化关系的评估或者模拟。如果我们采用了一个适当的方法，那么所构建的进化树就会接近真实的"进化树"。模拟的进化树需要一种数学方法来对其进行评估。不同的算法有不同的适用目标。当 Bootstrap 值＞70，一般都认为构建的进化树较为可靠。如果 Bootstrap 的值太低，则有可能进化树的拓扑结构有错误，进化树是不可靠的。

三、进化树构建常用软件

目前构建进化树常用的软件包括 PHYLIP、MEGA 和 PAUP 等，一般根据不同的需要合理选择不同的软件。如果要构建 NJ 树，可以用 PHYLIP 或者 MEGA。构建 MP 树，最好的工具是 PAUP，但该程序属于商业软件，并不对科研学术免费，MEGA 和 PHYLIP 也可以用来构建 MP 树；构建 ML 树可以使用 PHYML 或 PAUP、PHYLIP 来构建。

1. MEGA

MEGA 的全称是 Molecular Evolutionary Genetics Analysis（分子进化遗

传分析），可用于序列比对、进化树的推断、估计分子进化速度、验证进化假说等，还可以通过网络（NCBI）进行序列的比对和数据的搜索。MEGA 是 Nei 开发的方法并设计的图形化的软件，使用非常方便，可免费下载，推荐使用。在采用 NJ 方法构建进化树时建议使用本软件。目前该版本已经升级到 MEGA 5（http：//www. megasoftware. net/）。

2. PAUP

PAUP 全称是 Phylogenetic Analysis Using Parsimony，国际上最通用的系统树构建软件之一，美国 Simthsonion institute 开发，是用最大简约法建立进化树最重要的软件，仅适用 Apple - Macintosh 和 UNIX 操作系统。如果采用 MP 方法构建进化树，PAUP 是最好的软件，但鉴于该软件为商业软件，购买需要支付高昂费用，而 MEGA 和 PHYLIP 也可以用来构建进化树。推荐使用 MEGA 来构建 MP 树，因为 MEGA 是图形化的软件，使用方便，而 PHYLIP 则是命令行格式的软件，使用较为繁琐。对于近缘序列的进化树构建，MP 方法几乎是最好的。

3. PHYLIP

PHYLIP 是目前发布最广、用户最多的通用系统树构建软件，由美国华盛顿大学 Felsenstein 开发，可免费下载，适用绝大多数操作系统。ML 可以使用 PAUP 或者 PHYLIP 来构建。推荐使用 BioEdit。BioEdit 集成了一些 PHYLIP 的程序，用来构建进化树。

四、MEGA 构建进化树的基本步骤

（1）用 DNAStar 软件包中的 Editseq 将所要分析的序列进行编辑整理；

（2）用 DNAStar 软件包中的 MegAlign 将所有要分析的多个序列打开，另存为 . msf 格式（GCG Pileup Files）；

（3）用 clustalx1. 83 将 . msf 格式的文件打开，将多序列比对分析结果输出为 FASTA 格式；

（4）用 MEGA 软件将 FASTA 格式的文件打开，选择 Alignment 目录里的 Align by Clustal W，选取所有的文件进行分析，将分析结果输出为 MEGA 格式的文件；

（5）用 MEGA 软件打开 MEGA 格式的文件，选择 Phylogeny 中的 construct Phylogeny，采用 NJ 方法进行构建遗传进化树，点击 compute 按钮，则进化树可自动生成；

（6）用 Bootstrap 验证进化树分析：重复次数（Replications）通常设定至少要大于 100 比较好，一般选择 500 或 1000。有许多 Model 供选择，默认为 Kimura 2 - parameter，设定完成，点 compute，开始计算；

（7）对生成的进化树进行编辑，如序列名称、颜色、标注等；

（8）将编辑后的进化树输出为图片格式。

第四节　新城疫的分子流行病学

伴随着生物信息学技术的日新月异，在分子水平上对新城疫病毒的研究越来越深入，极大地拓宽了流行病学的视野。人们对于新城疫病毒的遗传变异认识越来越深入，基因分型、系谱分类等已用作评价新城疫病毒的方法，并不断得到完善和发展，这对评估全球新城疫病毒的流行病学和局部传播意义重大。F 融合蛋白基因作为新城疫病毒主要的抗原决定基因之一，不仅与病毒的毒力密切相关，还与中和抗体等免疫原性相关，再加上属于病毒囊膜蛋白，易于受外界的影响。因此，与其他内部基因如 M 基因和 NP 基因等相比，F 基因更能显示不同毒株在遗传进化上的差异性，这也是大多研究者在进行分子流行病学分析过程当中选择 F 蛋白基因作为研究对象的主要原因。事实上，很多人对新城疫病毒的其他基因，根据其核苷酸同源性进行了分型比较，大部分结果是一致的。如秦卓明（2006）等人参照新城疫病毒 F 基因分型的方法，根据 HN 基因氨基酸全长序列的同源性对世界各地不同时间、不同地域和不同禽源的 82 株新城疫病毒毒株进行了 HN 基因分型。结果发现二者分型的结果符合率在 80％以上。为便于统一，本书重点介绍基于 F 基因的基因分型。

目前，针对新城疫病毒的分子分类主要有两种研究方法，一是病毒谱系（lineage），二是基因型（genotype），这两种分类方法具有一定的相关性，但后者更普遍。以上均基于 F 基因的分子序列同源性。

一、谱系分类方法

谱系分类方法是通过多年不断完善发展起来的，期间经过数次更名。

（一）经典系谱分类

1989 年 Toyoda 首次提出谱系分类的概念，通过对 11 株新城疫病毒的 F 基因进行比较分析，结果发现 11 株新城疫病毒可分为 3 个不同的谱系（Lineage），即谱系 A、B 和 C，其中谱系 A 全部为弱毒株（以 QUE/66 为代表株），谱系 C 全部为强毒株（AUS/32、HER/33 等），而谱系 B 则即包括强毒株也包括弱毒株（TEX/48、LAS/46 等）。采用 HN 蛋白基因进行分析也得出相同的结论。在此基础上，Collins 通过对 2 株新城疫病毒变异株（PPMV-1）的 F 基因进行比较分析，发现了一个新的谱系，即谱系Ⅳ。其中谱系Ⅰ、Ⅱ和Ⅲ分别对应于 Toyoda 报道的谱系 A、B 和 C，而两株 PPMV-1（760/83 和 1168/84）和英国 1966 年分离到的 WARW/66 则属于一个新鉴定的谱系Ⅳ。随后，通过对一株爱尔兰在 1990 年分离到的抗原性变异强毒株（34/90）进行分析，结果发现该毒株与一株 1977 年法国水禽分离到的无毒株（MC110）同属于一个新谱系Ⅴ。Huovilainen 等采用这种谱系分类方法对芬兰过去 30 年期间分离到的 8 株新城疫病毒进行分析，表明 1969—1970 年分离到的两株新城疫病毒（Fin-69 和 Fin-70）属于谱系Ⅲ（或谱系 C），1992—1996 年期间分离株属于谱系Ⅳ，而 1997 年分离株则属于谱系Ⅴ。

（二）系谱的发展及其与基因分型的比较

Aldous 等（2003）建立了一种基于新城疫病毒 F 基因片段（375nt）进行谱系分析的方法，这种分类方法综合考虑了毒株的分离时间、分离地域和宿主分布等因素。通过对具有代表性的 174 株分离株和 164 株 GenBank 发表的参考序列进行比对分析，可将新城疫病毒分为 6 个不同的谱系（谱系 1~6）。详见图 4-1。

谱系 1 包括 32 株分离株，主要是疫苗源性分离株，如 Queensland/V4 和 Ulster2C/67 等，但也有少量强毒株（-AUCK98026 和-AUCK98027）。

谱系 2 包括 46 株分离株，主要是北美分离株，即包括强毒株 Texas GB/48，也包括仅能引起鸡轻微呼吸道症状的 B1/47 株和 La Sota/46，也包括中等毒力的毒株如 Komarov 或者 Roakin 等。

谱系 3 包括 74 株分离株，可分为 4 个不同的亚系（3a、3b、3c 和 3d），这些亚系分别对应于基因Ⅲ型、Ⅳ型、Ⅴ型和Ⅷ型。3a 亚系包括 Australia/32。日本分离株 Miyadera/51 和中等毒力疫苗株 Mukteswar。3b 亚系包括 1933 年（Hert/33）

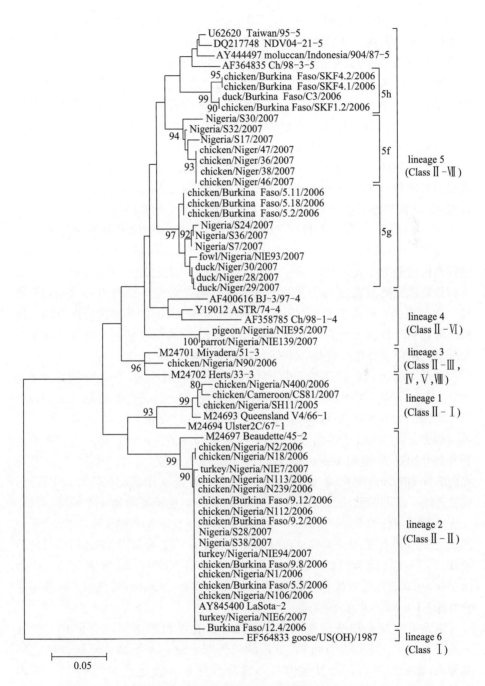

图 4-1 338 株新城疫病毒分离株遗传进化分析（Aldous E. W.，2003）

至 1989 年分离株（BHKPI89165），形成两个不同的分支，其中一支包括古老分离株，来自欧洲、非洲和亚洲的多个国家，另外一支为意大利 1960～1987年分离株和强毒 Twxas 分离株。3c 亚系大多是起源于 20 世纪 70 年代造成全球新城疫第 2 次大流行的分离株，主要是通过进口鸟等国际贸易传播的，可分为 3 个分支，第 1 分支包括 1975—1997 年鸬鹚分离株，第 2 支大多为 1972—1987 年欧洲分离株，第 3 分支包括坦桑尼亚鸭源和鸡源分离株。3d 亚系包括1965—1994 年多个国家分离株。

谱系 4 包括 65 株分离株，可分为 4 个不同的亚系（4a～4d），对应于以前鉴定的基因Ⅵa-Ⅵd亚型。本谱系中病毒分离株之间差异性最大为 29.3%。其中 4a 亚系对应于基因Ⅵa亚型，主要包括起源于中东的古老分离株，也包括 1995 年土耳其鸽源分离株（PTRPI95107）、Warwick/66 和坦桑尼亚 1995年分离株（GTZDK95058）。亚系 4b 仅包括目前造成鸽新城疫大流行的毒株，这些毒株可分为 3 支，其中第一支主要包括 1996 年之前的英国分离株，第二支包括其他欧洲国家在 1998 年之前分离株，第三支为自 1995 年以来欧洲分离株。4c 亚系的毒株大多为中东地区（沙特和阿联酋），此外还包括从英国长尾鹦鹉和比利时及意大利的鸡源分离株。亚系 4d 分离株包括两个分支，其中一个分支为欧洲分离株，另外一个分支为亚洲分离株。

谱系 5 包括 114 个毒株，可分为 5 个不同的亚系：5a～5e，分别对应于基因Ⅶa-Ⅶe亚型。本谱系中毒株差异最大为 15.9%。5a 亚系均为 1988—1996年分离株，大多为欧洲分离株，也包括两株印尼分离株。5b 亚系可分为 4 个不同的分支：第一大多为欧洲自 20 世纪中期后的分离株，第二支主要为南非和莫桑比克 20 世纪中期后的分离株，第 3 支毒株较少，为 1993—1998 年分离的 3 株葡萄牙分离株和一株保加利亚分离株，第 4 分支具有较大的多样性，包括亚洲、美洲和欧洲 1982—1994 年分离株。5c 亚系可分为 2 个分支：其中一支主要包括台湾 1984—1999 年分离株，另外一支包括欧洲 1996—1997 年分离株。5d 亚系为亚洲分离株，可分为 2 个分支：一支为台湾 1998 年以后的分离株，另一支可能为同期分离株，但毒株背景信息较少。5e 亚系包括 6 株台湾 1994—1995 年分离株和一株英国 1997 年分离株（QGB 445/97），一株印尼分离株 RI 1/88 与此亚系接近。

谱系 6 包括 8 株分离株，所分离株均具有类似的单抗结合模式，包括一株强毒株（-IECK90187），其余的均为弱毒株。本谱系中不同毒株之间差异最大为 25.9%，与其他谱系不同分离株差异性最大为 56.9%，平均差异性也接近 50%。后续的分析表明本谱系的毒株对应于基因型分类中的 Class Ⅰ 分离株。

（三）各地新城疫系谱的差异

Aldous 等对 1978—2002 年鸽源 178 株 PPMV-1 进行分析，表明绝大多数分离株属于 4b 谱系，进一步可分为 2 个不同的亚系，即 4bi 和 4bii。仅有一株分离株属于 4a 谱系。Monne 等报道了 2005 年从意大利一只死亡的知更鸟（robin）中分离到一株新城疫病毒强毒株，分析显示属于 4b 亚系。

Snoeck 等对西非（尼日利亚、布基纳法索和喀麦隆）在 2002—2007 年分离到的 44 株新城疫病毒进行了分子流行病学分析，结果表明所有的毒株可分为谱系 1、2、3、4 和 5 等共 5 个不同的谱系。谱系 1 的分离株遗传关系上与弱毒疫苗株 Queensland V4/66 较为接近。谱系 2 的病毒与当地规模化养禽场使用的 La Sota 疫苗遗传关系类似。谱系 3 的病毒属于 3a 亚系，与中等毒力疫苗株 Mukteswar 仅有 3 个核苷酸差异。谱系 4 的病毒属于 4b 亚系，系 2007年从尼日利亚的鸽和鹦鹉分离到的。谱系 5 的病毒包括 21 株，系从散养禽和活禽市场分离到的强毒株，经分析与以前鉴定的任何谱系的已知亚系均不同，可分为 3 个不同的新亚系，即 5f、5g 和 5h。从西非分离到的谱系 5 的新城疫病毒分离株具有遗传多样性，遗传进化分析表明他们可能具有共同的起源，鉴于在 3 个不同西非国家同时存在，且在其他地区没有类似的毒株存在，因此谱系 5 的新城疫病毒在西非可能已经流行很长时间，并且没有传播到其他地区。详细分子流行病学分析结果见图 4-2。

Misinzo 等对 1994—1995 年从坦桑尼亚散养鸡中分离到的 21 株新城疫病毒进行生物学特性鉴定和分子遗传进化分析，结果表明 5 株分离株为弱毒株，9 株为中等毒力，6 株为强毒株。遗传进化分析表明 21 株分离株可分为4 个不同的谱系，即谱系 1（3 株）、谱系 2（4 株）、谱系 3c（9 株）和谱系 4a（5 株）。

Cattoli 等对 2006—2008 年从西非和中非 7 个国家（尼日利亚、尼日尔、科特迪瓦、布基纳法索、毛里塔尼亚、喀麦隆和布隆迪）分离到的 28 株新城疫病毒进行了分子流行病学分析，结果表明从布隆迪分离到的 2 株分离株属于5b 亚系，而其余的 26 株分离株与谱系 5 病毒差异较大，同源性平均为88.7%，与其他已鉴定谱系病毒的差异性在 10.3%～43.2%，因此将此 26 株分离株属于一个新谱系，即谱系 7。谱系 7 中的病毒共包括 33 株，可进一步分为 4 个不同的亚型，即 7a～7d 亚系。详细分子流行病学分析结果见图 4-3。

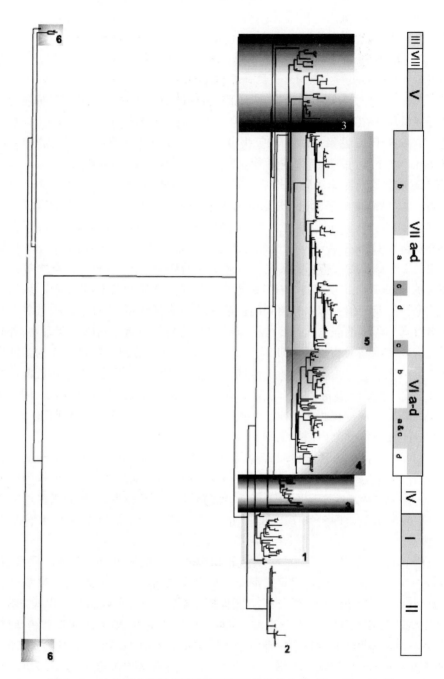

图 4 - 2　44 株西非新城疫病毒分离株遗传进化分析（Snoeck，2009）

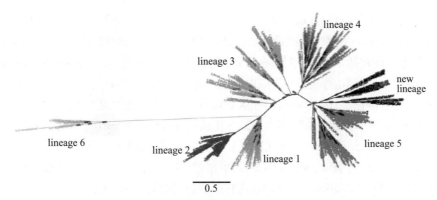

图 4-3　359 株新城疫病毒遗传进化树（Cattoli G.，2010）

　　Munir 等对巴基斯坦 2010 年从家禽中分离到的 8 株新城疫病毒强毒株进行分析表明，所有的分离株属于谱系 5，但与以往鉴定的亚系均不同，其认为 Cattoli 之前鉴定的新谱系 7 可能作为谱系 5 的一个亚系则更合适，因此将谱系 5 的不同分离株分为 9 个不同的亚系，即 5a～5i。其中 5h 即对于与以前的谱系 7。8 株巴基斯坦分离株属于谱系 5i。鉴于谱系 5 对应于基因Ⅶ型，这种谱系 5 的多样性与基因Ⅶ的多样性类似，因此这种分类方法可能比较合理（进化树见图 4-4）。Solomon 等对 2007—2008 年从尼日利亚活禽市场中分离到的 33 株新城疫病毒进行了分子流行病学分析，结果表明有 16 株分离株属于 5g 亚系，其余的 17 株属于 5f 亚系，而 5f 亚系中有 13 株新分离株与以前分离的毒株有所不同。Hassan 对 2003—2006 年苏丹新城疫流行期间分离到的新城疫病毒进行分析，所有的毒株均属于 5d 谱系。

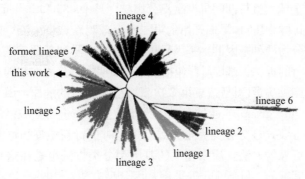

图 4-4　根据新城疫病毒的 F 基因高变区构建的进化树（Munir M.，2012）

　　Aldous 等对 1960—2007 年从鸡形目赛鸟中分离到的 39 株新城疫病毒进行遗传

进化分析，表明所有的毒株分属于1、2、3、4、5等5个不同的谱系，而谱系3则包括3a、3b和3c等3个不同的亚系，谱系4则包括4b、4c和4d等3个不同的亚系，谱系5则包括5a、5b和5d等3个不同的亚系。研究表明赛鸟中分离到的病毒具有多样性，而且这些病毒与感染鸡、火鸡或其他禽类的病毒具有地域和时间上的相关性，这种特点与谱系4b病毒导致不同品种的鸽群新城疫流行不同。

Krapez等对斯洛文尼亚2000—2008年从鸽源分离到的14株新城疫病毒进行了遗传进化分析，结果14株分离株均属于谱系4b，可分为两群，即4bi(9株)和4bii(5株)，所有的分离株均具有高致病性新城疫病毒的分子特征，但4bii裂解位点的氨基酸组成为[112]RRQKRF[117]，而4bi毒株裂解位点则为[112]GRQKRF[117]。

二、基因型分类方法

基因型（genotype）分类方法是目前开展新城疫病毒分子流行病学分析最为常用的方法。

（一）经典基因型分类

Ballagi‑Pordany等在1996年通过RT‑PCR扩增F基因75％区域，根据其酶切位点的分布可将新城疫病毒分为6群（group），其中Ⅰ群主要包括来源于水禽（也有少量鸡源）的弱毒株，基因Ⅱ群主要是北美1960s以前的分离株，包括弱毒株和中等毒力疫苗株，基因Ⅲ群包括2株远东地区早期分离株。1920s晚期开始的第一次全球大流行期间早期欧洲分离株（Herts 33和Italien）及其衍生分离株属于基因Ⅳ群。1960s早期开始的第二次全球鸡新城疫大流行期间分离到的新城疫病毒可分为两种基因群，基因Ⅴ群包括1970s早期起源于进口鹦鹉最终导致鸡新城疫流行的毒株，基因Ⅵ群包括1960s晚期中东分离株和随后的亚洲和欧洲分离株。鸽副黏病毒Ⅰ型是造成第3次新城疫大流行的病原，属于Ⅵ群中一个特殊的亚群（sub‑group）。通过F基因裂解位点分布进行新城疫病毒分类方法与根据单抗结合模式进行分类完全一致，是当时进行新城疫病毒鉴定鉴别相对快速、简便和可靠的方法，后来建立的基因型分类方法也是在这一研究的基础上不断发展和完善的。Lomniczi等采用基因分型方法对1992—1996年部分西欧国家流行的新城疫病毒进行了分子流行病学分析，进一步丰富和完善了新城疫病毒的分型方法，其将基因Ⅵ型分离株又可进一步分为5个不同的亚型，此外还发现了一个新的基因型，即基因Ⅶ型（进化树见图4‑5）。

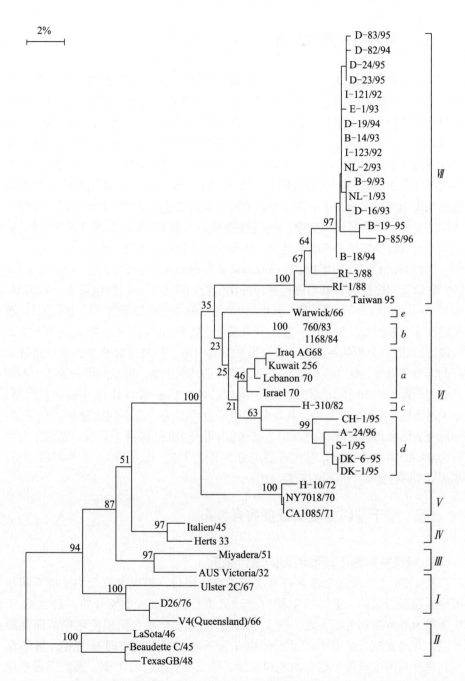

图 4-5 新城疫病毒 F 基因 389 bp(47-435 nt) 遗传进化树 (Lomniczi B 等, 1998)

（二）基因型分类的发展

经过多年系统的研究，至今可用这种基因分型的方法将新城疫病毒分为两类，即Ⅰ类（Class Ⅰ）和Ⅱ类（Class Ⅱ）。其中Ⅰ类分离株绝大多数为弱毒株，系从活禽市场或野生水禽中分离到的，基因组长度为15 198 nt，可进一步分为9个基因型，即基因1～9型；大多数分离株属于Ⅱ类新城疫病毒，包括从家禽和野鸟中分离到的弱毒株和强毒株，又可进一步分为9个不同的基因型，即基因Ⅰ～Ⅸ型，其中早期分离的基因Ⅰ～Ⅳ型基因组长度为15 186 nt，最近分离的基因Ⅴ～Ⅷ型基因组长度为15 192 nt。不同基因型的分离株根据其遗传学特性差异可进一步分为不同的亚型。随着新城疫病毒在免疫选择压力下和RNA病毒本身异变的特性，使新城疫病毒变异的速率越来越快，新基因型或新亚型也越来越多。

2012年，Diel DG等通过对GenBank中发表的和新近测定的110株Class Ⅰ和602株Class Ⅱ完整的F基因进行遗传进化分析，提出Class Ⅰ仅包括1个基因型，而Class Ⅱ则包括15个基因型，其中10个为以前鉴定的基因型（Ⅰ～Ⅸ，Ⅺ），新鉴定出5个基因型（Ⅹ、Ⅻ、ⅩⅢ、ⅩⅣ和ⅩⅤ）。对于Class Ⅰ，Kim等在基于F基因片段（374 nt）分析的基础上，曾分为9个基因型，但通过对F基因全长进行分析的新分类标准，认为仅包括一个基因型，即基因1型，但至少可分为3个不同的亚型，即1a、1b和1c（图4-6）。同样，对于Class Ⅱ中15个不同的基因型，除了基因Ⅲ、Ⅳ和Ⅸ型之外，其余的基因型也可分为许多不同的亚型，如基因Ⅰ型可分为Ⅰa和Ⅰb两个不同的亚型，基因Ⅱ型可分为Ⅱ和Ⅱa两个亚型，基因Ⅴ型可分为Ⅴa和Ⅴb两个亚型，基因Ⅵ型可分为Ⅵa、Ⅵb、Ⅵc和Ⅵe4个不同的亚型，基因Ⅶ型则包括5个不同的亚型（图4-7）。

（三）基于基因分型新城疫病毒分布

1. 新城疫病毒不同基因型的流行概况

自1926年至今，全球共有4次新城疫大流行，每次大流行均是由不同基因型的病毒引起的。第一次新城疫全球大流行自1920s中期开始，经大约30年从东南亚传播到世界各地，到50年代后期由于全球大面积使用疫苗而逐渐平息。在这次流行过程中，至少包括3种不同的基因型，即基因Ⅱ、Ⅲ和Ⅳ型，每种基因型局限于相应的地理区域。第二次大流行自1960s起源于远东地区，后来经中东传播到欧洲，传播迅速，研究表明此次流行与从南美和印尼出

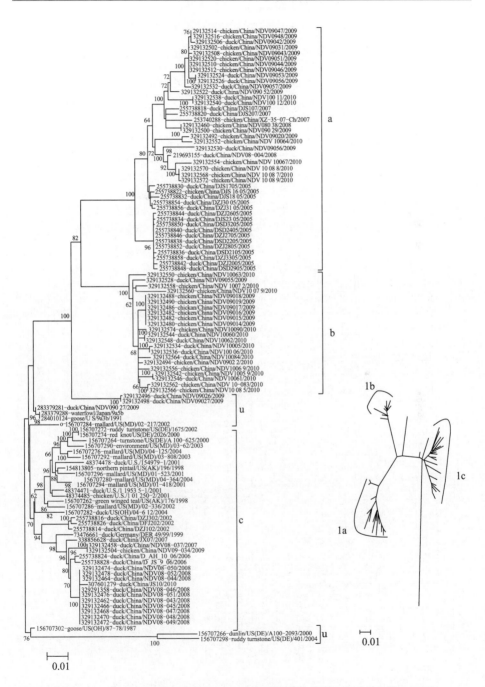

图 4-6 Class Ⅰ 新城疫病毒完整 F 基因遗传进化分析（Diel DG 等，2012）

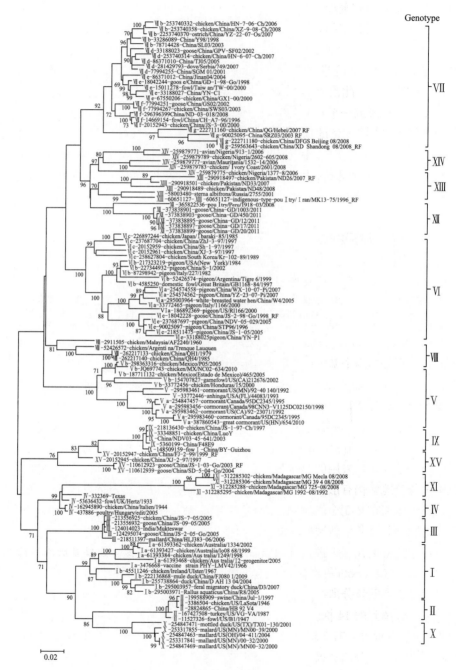

图 4-7　Class Ⅱ 新城疫病毒完整 F 基因遗传进化分析（Diel DG 等，2012）

口宠物鸟到欧洲和美洲有关。在这次全球大流行过程中，出现了 2 种新的基因型，即基因 V 型和基因 IV 型，其中基因 V 型是通过进口鹦鹉传播的，与英国和其他欧洲国家以及美国加利福尼亚 1970—1971 年流行的毒株类似，而基因 IV 型则是造成 1960s 晚期中东和希腊新城疫流行的基因型。第三次大流行从 1970s 晚期开始，此次流行主要是由赛鸽感染副黏病毒造成的，鸽副黏病毒（PPMV-1）形成一个单独的亚型（VIb）。第 4 次大流行可能起源于亚洲，因为最先发现基因 VIIa 型的病毒来源于 1980s 亚洲（台湾-1984 年、日本-1985、印度尼西亚-1988 年），到 1992 年意大利出现流行。保加利亚和意大利在 1984 年首次分离到 VIIb 亚型的病毒，这种类型的病毒从 1990s 早期在非洲南部和中东地区开始流行，而中东分支毒株与非洲流行毒株存在一定差异。

2. 中国新城疫的流行现状

(1) 中国大陆 YU 等对中国大陆和台湾地区 1996—2000 年分离到的新城疫病毒进行了分析。该研究首次将基因 VII 型新城疫病毒从原来的两个亚型进一步分为 4 个亚型，有 5 株病毒分离株分别属于新出现的基因亚型，即基因 VIIc 亚型和基因 VIId 亚型。Liang R. 等对中国西部地区（陕西、甘肃、新疆、青海和广西）在 1979—1999 年分离到的 12 株新城疫病毒进行分子流行病学分析，结果所有的病毒可分为两个基因型，1998—1999 年中国西部流行的毒株属于基因 VIIa 亚型，而青海在 1979—1985 年分离到的毒株则属于基因 VIII 型，这种基因型的毒株之前主要在非洲流行。Liu X. F. 对中国部分地区在 1985—2001 年从鸡和鹅中分离到的 21 株新城疫病毒进行分析，结果所有的病毒可分为 6 个不同的基因型，即 VIf、VIg、VIIc、VIIcd、VIIe 和 IX 型，其中基因 IX 型分离株仅在中国分离到，与疫苗免疫效果评估采用的标准毒株 F48E8 属于同一基因型，这种基因型的病毒在中国部分地区仍有散发；基因 VIf 和 VIg 分离株与以往鉴定的基因 VI 分离株不同，遗传距离在 2.5%～12.1%；而基因 VIIc、VIId 和 VIIe 亚型是导致中国近年来南部地区鸡和鹅发生新城疫的主要基因型。Y. Huang 等对中国在 2000 年分离到的一株鹅源分离株 ZJ1 进行基因组分析，结果首次发现该分离株基因组长度为 15 192 nt，与 La Sota 等经典毒株相比在 NP 蛋白基因非编码区有 6 nt 插入，遗传进化分析表明该分离株属于基因 VIId 亚型。Hualei Liu 等对中国在 1996—2005 年从鸽群分离到的 14 株新城疫病毒进行遗传进化分析，大多数分离株（10/14）属于基因 VIb 亚型，有 3 株分离株属于基因 VIId 亚型，与同期鸡和鹅流行的基因型相同，有 1 株分离株属于基因 II 型，与疫苗株 La Sota 类似。随后，Hualei Liu 等对国内自 1997 年以来从水禽分离到的 10 株具有代表性的新城疫病毒分离株进行了研究，结果所有的10株分离株均为强毒株，分子流行病学分析显示大多数分离株（9/10）属于基因Ⅶ型，仅有1株属于基因Ⅸ型，进一步的遗传进化分析显示9株基因Ⅶ型分离株当中8株属于基因Ⅶd亚型，1株属于基因Ⅶc亚型，这种流行特点与同期鸡群流行特点一致。Xiaowen Liu等对中国东部活禽市场家鸭中携带新城疫病毒弱毒情况进行调查发现，73株新城疫病毒中有30株分离株属于Class Ⅰ（18株为基因3型，12株属于基因2型），其余的43株属于Class Ⅱ中的基因Ⅰ型，但与目前普遍使用的弱毒疫苗V4不同，与以前鉴定的基因Ⅰa不同，与远东地区从水鸟分离株属于同一分支Ⅰb，表明在野生水禽和家养水禽之间可能发生传播。Shuang Wu等对中国东北地区在2005—2008年从不同宿主分离到的79株新城疫病毒进行分析发现，这些毒株具有多样性，其中3株Class Ⅰ（基因2型和基因3型）、1株基因Ⅰ型和12株基因Ⅱ型为弱毒株，从鸽群分离到的4株Ⅵb亚型新城疫病毒为中等毒力，2株基因Ⅲ型（与Mukterswar同源性超过99%，但毒力更强）和57株基因Ⅶd亚型分离株为强毒株。Wei Zhu等对2005—2007年从广西的养禽场附近的麻雀中分离到的5株新城疫病毒进行分析，结果有1株为弱毒株，属于基因Ⅱ型，与疫苗株La Sota类似，4株为强毒株，在分类地位上属于基因Ⅶd亚型，与近年来家禽中流行的毒株相同。Zhang Rui等对中国2001—2009年分离到的20株新城疫病毒进行鉴定，结果有17株为强毒株，3株为弱毒株，根据完整的F基因和HN基因构建的遗传进化树表明，20株新城疫病毒分离株可分为2个不同的基因型，即Ⅱ（4株）和Ⅶ（16株）。根据F基因片段（nt1－389）构建的遗传发生树表明，16株基因Ⅶ型分离株中有14株属于基因Ⅶd亚型，另外2株自然重组株则分别变成基因Ⅰ型（QG/Hebei/07）和Ⅱ型（XD/Shandong/08）。刘华雷等对国内在1994—2010年从不同宿主分离到的638株新城疫病毒进行了分子流行病学分析，结果显示638株国内新城疫病毒分离株可分为Class Ⅰ和Class Ⅱ两类，其中Class Ⅰ共61株，Class Ⅱ共577株。61株Class Ⅰ新城疫病毒包括两个基因型，其中基因2型12株，基因3型49株。577株Class Ⅱ新城疫病毒包括6个基因型，其中基因Ⅰ型28株，基因Ⅱ型95株，基因Ⅲ型7株，基因Ⅳ型22株，基因Ⅶ型416株，基因Ⅸ型9株。分子流行病学分析显示，中国新城疫病毒流行呈多种基因型同时流行的特点（进化树见图4－10）。

(2) 中国台湾和香港地区 Yang等对台湾地区3次大流行期间（1969年、1984年和1995年）以及在1998年分离到的15株新城疫病毒进行分子流行病学分析，结果表明1969年大流行期间的毒株在分离地位上属于基因Ⅲ型（TW/69），1984年第二次大流行所有分离株（TW/84C和TW/84P等）和大部分1995年第三次大流行分离株（Taiwan 95. TW/95－7等）以及1998年分离株均属于基因Ⅶ型。

基因Ⅶ型新城疫病毒已经在亚洲和欧洲多个国家流行，因此作者认为这种基因Ⅶ型新城疫病毒正导致全球第四次大流行。Ke 等对台湾在 1999 年新城疫流行期间分离到的 10 株新城疫病毒进行分子流行病学分析，结果有 9 株分离株属于基因Ⅶ型，有 1 株（TW/99 - 154）属于基因Ⅳ型，这是台湾首次报道发现基因Ⅳ型新城疫病毒，其在遗传进化关系上与欧洲分离株较为接近。Tsai 等对台湾地区 1969—1996 年分离到的新城疫病毒进行分析，结果 36 株新城疫病毒分离株可分为Ⅰ、Ⅱ、Ⅵb、Ⅶa、Ⅷ和两个新基因型 X 和Ⅵh。1969 年分离株属于 X 和Ⅵh 基因型；1984—1985 年分离株属于Ⅵb、Ⅵh 、Ⅶa 和基因 X 型；1995—1996 年分离株属于Ⅶa 或Ⅷ型。Lien 等对台湾地区 2003—2006 年分离到的 20 株新城疫病毒进行分子流行病学分析，结果所有的毒株均属于基因Ⅶd 亚型。Ke 等对 2002—2008 年台湾新分离的 30 株新城疫病毒进行分析，结果表明大多数分离株（29/30）属于基因Ⅶe 亚型，仅有 1 株属于Ⅶc 亚型；29 株基因Ⅶe 亚型分离株进一步可分为 3 个次亚型（sub - subgenotypes），即：Ⅶe2(13 株)、Ⅶe3(5 株) 和Ⅶe4(11 株)，基因Ⅶe2 和Ⅶe4 亚型新城疫病毒是目前台湾地区流行的主要基因型，遗传分析表明其可能是之前的当地分离株（基因Ⅶe1 亚型）进化而来（遗传进化树见图 4 - 8）。Kim 等在 2003—2005 年香港活禽市场监测时首次分离到 21 株 Class Ⅰ新城疫病毒。

3. 国际各地新城疫病毒不同基因型的分布

(1) 欧洲　Lomniczi 等采用基因分型方法对 1992—1996 部分西欧国家流行的新城疫病毒进行了分子流行病学分析，结果表明导致丹麦、瑞典、瑞士和澳大利亚等国家新城疫散发属于基因Ⅳ型（与 1960s 晚期中东和希腊以及匈牙利在 1980s 早期流行的毒株类似），基因Ⅳ型分离株又可进一步分为 5 个不同的亚型，即Ⅵa - Ⅵe；而导致德国、比利时、荷兰、西班牙和意大利等新城疫暴发的新城疫病毒则属于一个新的基因型，即基因Ⅶ型，这是欧洲首次检测到这种新的基因型，由于这些新基因型的病毒与 1980s 晚期印尼分离株（RI - 1/88）同源性较高（97%），因此这些基因Ⅶ型的毒株可能最早起源于远东地区（进化树见图 4 - 5）。

Herczeg 等对意大利 1960—2000 年分离到的 36 株新城疫强毒株进行了分子流行病学分析，结果显示所有的病毒可分为 6 个基因型（基因Ⅳ、X、Ⅵ、Ⅶa、Ⅶb、Ⅷ），其中基因Ⅳ型新城疫病毒是导致欧洲流行的主要基因型，在意大利一直持续到 1980s 晚期；在 1972—1974 年基因 V 型开始流行并持续了 10 年以上；1992 年新城疫在意大利流行是由基因Ⅶa 亚型新城疫病毒引起的，而 2000 年则是由基因Ⅶb 亚型引起的，此外，在 1984 年和 1985 年也分离到基因Ⅶb 亚型新城疫病毒；一株基因Ⅳ型变异株（IT - 148/94）和一株基因Ⅷ型病毒（IT - 147/94）。

Czegledi 等对保加利亚在 1959—1996 年分离到的 47 株新城疫病毒进行了分子流行病学分析，结果所有的毒株可分为 5 种不同的基因型（Ⅱ、Ⅳ、Ⅴ、Ⅵ、Ⅶb）。1980s 早期之前流行的主要基因型为基因Ⅳ型（第一次全球大流行期间欧洲流行基因型），也有少数基因Ⅱ型分离株。基因Ⅴ型分离株（从南美鹦鹉传播）于 1973 年首次发现，一直持续流行到 1980s 晚期。基因Ⅳ型分离株大多分离于 1974—1996 年。在 1984 年首次分离到基因Ⅶb 亚型。

Wehmann 等对前南斯拉夫在 1979—2002 年分离到的 68 株新城疫病毒进行分析，结果表明所有的毒株均属于基因Ⅴ型。基因Ⅴ型新城疫病毒在 1970s 早期开始在欧洲多个国家流行（保加利亚、英国、德国、匈牙利和意大利等），不同地区分离株高度同源（差异性＜3%），说明病毒可能是大流行期间具有共同来源。毒株可进一步分为两个不同的亚型，即Ⅴa 亚型和Ⅴb 亚型，Ⅴa 主要是在 1970s 早期流行，后来大多以Ⅴb 亚型为主。Wehmann 等对德国在 1939—1995 年分离到的 45 株新城疫病毒进行了分子流行病学分析，结果所有的分离株可分为 4 个不同的基因型（Ⅳ、Ⅴ、Ⅵ和Ⅶa），其中在 1970 年以前的分离株属于基因Ⅳ型（Ⅳea 亚型），这种类型的病毒一直到 1970s 晚期都可以检测到。基因Ⅴ型病毒从 1970—1974 年大流行早期开始流行，逐渐变成散发。基因Ⅳ型（Ⅵc 亚型）仅从 1981 年一起散发病例中检测到。在 1993—1995 年流行是由导致远东地区新城疫流行的基因Ⅶa 亚型病毒引起的，而且在鸽群中也有这种Ⅶa 亚型病毒的存在（DE-18/94）。

Bogoyavlenskiy 等对哈萨克斯坦 1998 年新城疫流行期间从鸡分离到的 10 株新城疫病毒进行分析，表明所有的毒株均属于Ⅶb 亚型。哈萨克斯坦和吉尔吉斯斯坦 1998—2005 年分离的 28 株新城疫病毒分子流行病学分析表明，1998—2001 年分离到的 14 株属于Ⅶb 亚型，而 2003—2005 年分离到的 14 株新城疫病毒则属于Ⅶd 亚型。

Linde 等对瑞典 1997 年新城疫流行期间分离到的一株新城疫病毒进行基因组序列分析发现，该分离株属于基因Ⅶb 亚型（或谱系 5b），该亚型毒株起源于远东，于 1990s 在全球开始流行。Munir 等对瑞典在 1995 年从发病鸡群分离到的一株新城疫病毒进行基因组序列分析，结果表明该分离株基因组长度为 15192nt，遗传进化分析表明该分离株属于基因Ⅵd 亚型，与欧洲的丹麦、瑞士和澳大利亚等分离株处在同一分支，这种基因型病毒在 1960s 晚期在中东和希腊开始流行，匈牙利在 1980s 早期也分离到这种类型的病毒。

Vidanovic 等对塞尔维亚在 2007 年从野鸟中分离到的 5 株新城疫病毒强毒株进行了分析，结果所有的病毒均属于基因Ⅶd 亚型，与目前全球流行的主要基因型相同，研究人员认为野鸟在新城疫传播过程中起的作用不大，其带毒现象可能是由于接触当地感染的家禽所导致的。

Ujvari 等对 1978—2002 年从 16 个国家分离到的 68 株 PPMV‑1 进行了分子流行病学分析，结果表明大多数分离株属于基因Ⅵ型中的一个单独的亚型Ⅵb/1，少数克罗地亚 1995 年以后的分离株属于一个高度分化的亚型Ⅵb/2。Ⅵb/1 可进一步分为 4 种不同的亚型，即 IQ（伊拉克亚型）、EU/ea（早期欧洲亚型）、NA（北美亚型）和 EU/re（近期欧洲亚型），其中 EU/ea 和 NA 亚型是导致 1980s 鸽新城疫感染的主要基因亚型，而 EU/re 则是导致 1990s 新城疫感染的主要基因亚型。

Alexander 等对欧盟成员国在 2000—2009 年新城疫流行情况进行总结，新城疫病毒强毒株不仅感染鸡，还从野鸟、鸽等不同宿主分离到，其中有赛鸽引起的新城疫病毒变异株（PPMV‑1，基因Ⅵb 亚型或谱系 4b）引起的流行最早于 1981 年出现在欧洲，在 2000—2009 年持续流行，这种类型的病毒在一些欧盟成员国已经成为地方流行性疫病；在此期间流行的新城疫病毒还包括基因Ⅶb 亚型（谱系 5b）和基因Ⅶd 亚型（5d 亚型），有证据证明基因Ⅶb 亚型新城疫病毒可能是通过野鸟传入欧洲的，而基因Ⅶd 亚型病毒则可能是从东方（亚洲）传入的。

(2) 亚洲　Mase 等对日本在 1930—2001 年期间分离到的 61 株新城疫病毒进行了遗传进化分析，结果表明所有的病毒分离株属于 6 个不同的基因型（Ⅰ、Ⅱ、Ⅲ、Ⅵ、Ⅶ、Ⅷ）。大多数 1985 年之前的分离株对应于之前新城疫全球大流行期间的基因型，即基因Ⅱ、Ⅲ和Ⅳ型，一株 1962 年低致病性分离株属于基因Ⅰ型，而近年来低致病性分离株则属于基因Ⅱ型，与疫苗株 B1/47 同源性较高（98.4%）。在 1985 年之后，基因Ⅶ型逐渐取代基因Ⅵ型成为家禽中流行的主要基因型。日本在 1991 年也分离到一株基因Ⅷ型的分离株（与新加坡分离株 SG‑4H/65 同源性为 93.9%）。对日本在 2001—2007 年分离到的 17 株新城疫病毒进行分析，结果表明这些分离株可分为 3 种不同的基因型，即基因Ⅰ型、Ⅱ型和Ⅶ型。基因Ⅰ型分离株系从鸭中分离到的弱毒株，从鸽中分离到的毒株均属于基因Ⅵ型，这是导致鸽发生新城疫流行的主要优势基因型，从鸡分离到的毒株均属于基因Ⅶ型，这是导致东亚多个国家新城疫流行的主要基因型。对日本 1930—2007 年分离到的 45 株新城疫病毒进行基因型分析，结果所有的毒株均属于 Class Ⅱ，可分为 6 个不同的基因型，即：基因Ⅰ、Ⅱ、Ⅲ、Ⅵ、Ⅶ和Ⅷ型，其中基因Ⅲ型为 1930 年分离株（JP/Sato/30），基因Ⅵ型在台湾地区最早出现在 1968 年，到 2007 年还有流行；基因Ⅶ型最早出现在 1985 年，已经成为最近几年流行的主要基因型。Ruenphet 等对日本在

2006—2009 年从尖尾鸭（northern pintail）分离到的 9 株新城疫病毒进行遗传进化分析，结果表明 9 株新城疫病毒分离株可分为两个不同的基因型，即基因Ⅰ型（1 株）和基因Ⅱ型（8 株）。

Kwon 等对韩国 1988—1999 年分离到的 23 株新城疫病毒进行分析表明，大多数分离株（19 株）属于基因Ⅵ型，但与以前鉴定的亚型（Ⅵa～Ⅵe）有 4.0%～8.7% 的差异，因此研究人员将其命名为一种新的亚型Ⅵf。1995 年部分分离株（4 株）属于Ⅶa 亚型，与台湾分离株在遗传距离上较为接近。Lee 等对韩国 1949—2002 年分离到的 30 株新城疫病毒分离株进行了分析，结果不同时间的分离株分属于 4 个不同的基因型，即基因Ⅲ型（1949 年）、Ⅴ型（1982—1984 年）、Ⅵ型（1988—1997 年）和Ⅶ型（1995—2002 年）。该研究将基因Ⅴ型进一步分为 4 个不同的亚型（即 Va～Vd 亚型），将基因Ⅵ型进一步分为 5 个不同的亚型（将Ⅵa 和Ⅵe 合并为一个亚型）。基因Ⅶ型可分为 5 个不同的亚型（Ⅶa～Ⅶe），Ⅶa 亚型包括 1990s 欧洲分离株和 1988 年印尼分离株，Ⅶb 包括 1980s 末期和 1990s 欧洲、南非和莫桑比克分离株，基因Ⅶc 亚型包括日本（JP‐Shizuoka/85 等）、中国大陆（Ch‐A7/96 等）和台湾地区（TW/84P）以及韩国 1984 年孔雀分离株（Kr‐D/84），Ⅶd 包括大量 1990s 以来远东地区分离株，Ⅶe 主要包括台湾地区分离株。Lee 等对韩国 2006—2007 年从健康家鸭中分离到的 14 株新城疫病毒进行分析，结果有 13 株属于低致病性分离株，仅有 1 株属于强毒株。分子流行病学分析显示，14 株分离株分属于 3 个不同的基因型，其中有 1 株属于Ⅰ类基因 2 型，与美国、德国和丹麦等分离到的毒株遗传关系较为接近；12 株低致病性的Ⅱ类分离株属于基因Ⅰ型，可进一步分为至少 3 个不同的亚型，即 Aomori‐like、Ulster2C‐like 和 V4‐like；唯一的Ⅱ类强毒分离株属于基因Ⅶ型，与包括韩国在内的许多亚洲国家流行期间分离株类似。Kim 等对 2007—2010 年从韩国的活禽市场（LBMs）和野鸟中分离到的 14 株新城疫病毒进行遗传进化分析，表明所有的 14 株分离株均属于 Class Ⅱ中的基因Ⅰ型，其中 9 株野鸟分离株属于 Aomori‐like，而 5 株活禽市场分离株则属于 V4‐like，所有的分离株与从韩国家鸭分离株和中国活禽市场分离株遗传关系类似。研究认为新城疫病毒可以在野鸟、家禽饲养场、活禽市场以及周边国家进行传播。

Berhanu 等对马来西亚在 2004—2007 年分离到的 11 株新城疫病毒进行分析，结果表明 11 株分离株分属于 3 个不同的基因型 6 个不同的基因亚型，即：Ⅱ（1 株）、Ⅷ（1 株）、Ⅶb（1 株）、Ⅶc（2 株）、Ⅶd（5）和Ⅶe（1），其中基因Ⅱ型分离株为弱毒株，与疫苗株 La Sota 处于同一分支，而其余 10 株分离株均为强毒株。Tan 等对马来西亚 2004—2005 年分离到的 8 株新城疫病毒进行了分子流行病学分析，结果所有的病毒分离株均为强毒株，遗传进化分析表明所有的毒株均属于基因Ⅶd 亚型，通过与以前分离到的毒株进行比较，表明基因Ⅷ型、Ⅱ型和Ⅰ型也存在于马来西亚，但基因Ⅶ型新城疫病毒是导致马来西亚近年来新城疫发生和流行的主要基因型。

Vijayarani 等对从印度的孔雀中分离到的一株新城疫病毒进行特性鉴定，结果表明所分离到的毒株具有新城疫病毒强毒典型特征，遗传进化分析显示此分离株在分类地位上属于基因Ⅱ型，与从印度鹧鸪、鸽、珍珠鸡等许多禽类分离到的病毒类似；Tirumurugaan 等对印度分离到的 2 株具有代表性的新城疫病毒鸡源分离株和鸽源分离株的基因组和生物学特性进行分析，结果表明 2 株病毒分离株均为强毒株，基因组长度均为 15 186 nt，遗传进化分析表明 2 株分离株均属于基因Ⅳ型，一般认为基因Ⅳ型新城疫病毒在全球首次新城疫大流行（1926—1960）以后已经消失，但该种基因型新城疫病毒在印度仍然存在流行。

Khan 等对巴基斯坦在 1995—2008 年分离到的 8 株鸡源新城疫病毒分离株进行研究，结果所有的毒株均为强毒株，遗传进化分析表明 2006—2008 年分离到的 4 株分离株在分类地位上属于基因Ⅶ型，与日本 1989 年分离株遗传关系最近，其余的 4 株 1995—2005 年分离株属于基因Ⅵ型。Munir 等对巴基斯坦在 2010 年流行期间分离到的一株新城疫病毒进行分析，表明该分离株基因组长度为 15 192 nt，在分类地位上属于基因Ⅶ型，进一步的分析表明该分离株属于Ⅶf 亚型。

Ebrahimi 等对亚洲在 2008—2011 年分离到的 51 株新城疫病毒分离株完整的 F 基因进行分析，结果表明基因Ⅶ型仍然是亚洲家禽中流行的主要基因型，基因Ⅶb 亚型在伊朗和印度次大陆国家流行，而Ⅶd 亚型主要存在于远东国家。

(3) 非洲 Herczeg 等对南非和莫桑比克 1990—1995 年新城疫流行期间分离到的 29 株分离株以及欧洲的保加利亚和土耳其在 1995—1997 年分离到的 5 株新城疫病毒进行了分子流行病学分析，结果表明南非大多数分离株以及保加利亚和土耳其分离株属于一个新的亚型，即Ⅶb 亚型，这种新亚型与之前鉴定的远东及部分西欧国家Ⅶ分离株（Ⅶa）亚型不同，这两种不同亚型分离株在遗传距离上存在 7%～8.5%的差异，首次将基因Ⅶ型新城疫病毒分为两个不同的亚型；对于南非 1960s 分离到的部分毒株及其衍生毒株则鉴定为一个新的基因型，即基因Ⅷ型，这种基因型的毒株可能起源于远东地区，因为有两株远东地区 1960s 分离株（新加坡分离株 SG－4H/65 和马来西亚分离株 AF2240）和南非早期分离株

(ZA-5/68 和 ZA-10/74) 以及后来的分离株具有共同的祖先。

Abolnik 等对南非在 1990—2002 年分离到的 155 株新城疫病毒进行遗传进化分析，结果表明所有的弱毒株均与商品化疫苗类似，而 3 次主要的南非大流行均是由不同基因型引起的，其中第一次大流行（1990/1991）是由基因Ⅷ型新城疫病毒引起的，该种类型的病毒自 1960s 就已经在南非开始流行，直到 2000 年还有零星散发；基因Ⅷb 亚型是导致第二次大流行（1993/1994）的主要基因型，这种类型的病毒一直持续流行到 1999 年；起源于远东地区的基因Ⅷd 亚型新城疫病毒导致了最近一次的流行（1999/2000 年）。

Otim 等对乌干达在 2001 年从鸡分离到的 14 株新城疫病毒的 HN 基因进行遗传进化分析，结果发现所有的分离株与以往已鉴定的基因型均不同，但没有基于 F 基因分型的研究和分析。

Almeida 通过对 2007—2008 年分别从马达加斯加和马里分离到的 1 株和 6 株新城疫病毒进行分析，结果有 2 株马里分离株出现特殊的裂解位点：[112]RRRKRFV[118]，通过对 GenBank 中大量序列进行分析，仅有邻近的布基纳法索分离株具有类似的特征，在基因Ⅴ型新城疫病毒也具有 V_{118} 特征性位点，遗传进化分析表明所有的马里毒株均属于基因Ⅷ型（或谱系 5），但有 2 株分离株属于一个新出现的亚型Ⅷi。马达加斯加分离株（Chicken/MG/725T/2008）系从健康鸡中分离到的，裂解位点也具有 V_{118} 的特征，即[112]RRRRFV[118]，遗传进化分析显示此分离株与 1992 年马达加斯加鸡源分离株（Chicken/MG/1992）类似，均属于一个新出现的基因型，即基因Ⅺ型。Maminiaina 等对马达加斯加 4 株新城疫病毒分离株（MG-1992、MG-725/08、MG-Meola/08 和 MG-39-04/08）进行遗传进化分析，认为此 4 株分离株属于一个新的基因型，即基因Ⅺ型，这种新基因型的病毒可能是从基因Ⅳ型衍化而来的，遗传进化树见图 4-9。

Mohamed 等对埃及在 2005 年分离到的一株新城疫病毒进行基因组分析，发现该分离株基因组长度为 15186nt，遗传进化关系与中国在 2003 年分离株 AQI-新城疫病毒 026 以及 Beaudette C 较为类似，因此属于基因Ⅱ型。

（4）美洲 Weingartl 等对 1995—2000 年加拿大从鸬鹚中分离到的 10 株新城疫病毒进行分析，发现所有的病毒在遗传进化上与基因Ⅴ型毒株最为接近，鉴于这些新鉴定的毒株与经典Ⅴ型分离株在遗传距离上具有 6%～10% 的差异，研究人员认为这可能是一种新的基因型或基因Ⅴ型的新亚型。

2002 年 10 月美国的加利福尼亚发生外来型新城疫（Exotic Newcastle Disease，E 新城疫），随后 6 个月在美国的内华达、亚利桑那和德克萨斯等均检测到新城疫病毒的强毒株。分子流行病学分析显示这些分离株与墨西哥、洪都拉斯等 1996—2000 年的分离株遗传关系较为接近，均属于基因 V 型。Kim 等对美国 1986—2005 年从健康水禽和海鸟中分离到的 249 株新城疫病毒和活禽市场 2005—2006 年分离到的 19 株低致病性新城疫病毒进行了分析，结果 268 株新城疫病毒可分为 Class Ⅰ（192 株）和 Class Ⅱ（76 株）两类。Class Ⅰ新城疫病毒可进一步分为 9 个基因型，即基因 1～9 型，低致病性 Class Ⅱ 分离株则出现与以往鉴定的基因 Ⅰ 型和 Ⅱ 型所不同的亚型，分别命名为 Ⅰa 和 Ⅱa。随后，通过对 2000—2007 年从北美野生鸽子中分离到的 15 株新城疫病毒进行分子流行病学分析发现，所有的毒株均属于基因 Ⅵb 亚型。Naresh Jindal 等对美国从水禽泄殖腔棉拭子分离到的 43 株新城疫病毒进行分析，结果表明所有的毒株均属于 Class Ⅱ，其中有 5 株属于基因 Ⅰ 型，另外 38 株属于基因 Ⅱ 型。Rue 对美国野生双冠鸬鹚在 2008 年发生新城疫时分离到的新城疫病毒进行分析，发现导致该次新城疫流行的病毒属于基因 V 型。Jindal 等对美国明尼苏达州在 2009 年从猛禽中分离到的 3 株新城疫病毒进行分析，结果表明 3 株病毒均具有低致病性新城疫病毒的分子特征，遗传进化分析表明此 3 株分离株在分类地位上属于 Class Ⅱ 的基因 Ⅱ 型，但与弱毒疫苗 La Sota 等疫苗株明显不同，与从野鸟中分离到的弱毒株在同一分支。

Zanetti 等对阿根廷在 1998—2000 从野鸟分离到的 7 株新城疫病毒进行分析发现，大多数（6/7）属于基因 Ⅱ 型的一个单独的亚群，仅有一株与疫苗株 La Sota 高度同源。

Perozo 等对墨西哥在 1998—2006 年分离到的新城疫病毒进行分析，结果发现这些分离株均属于 Class Ⅱ 中的基因 V 型，可分为两群，其中 1998—2001 年分离株与导致美国 2002—2003 新城疫流行的毒株类似，而 2004—2006 年分离株则明显不同，毒力更强。

Thomazelli 等 2006 年 11 月对巴西南极地区企鹅携带新城疫病毒情况进行调查，结果分离到 2 株低致病性新城疫病毒，遗传进化分析表明 2 株分离株与 Ulster 株遗传关系较近，均属于基因 Ⅰ 型。Diel 等对秘鲁在 2008 年分离到的 1 株新城疫病毒（NDV‑Peru/08）进行基因组分析，结果表明该分离株属于 Class Ⅱ 中与以往鉴定的新城疫病毒已知基因型均不同的新基因型，但 La Sota/46 灭活疫苗对于该种类型的病毒可提供完全保护。对于这种新基因型病毒的来源仍不清楚，是否在南美地区还存在这种类型的病毒流行还需要开展进一步的监测和研究。Perozo 等对委内瑞拉 2008 年分离到的一株新城疫病毒进行遗传进化分析，表明该分离株属于 Class Ⅱ 中的基因 Ⅶ 型，与亚洲和非洲等分离到的病毒类似。

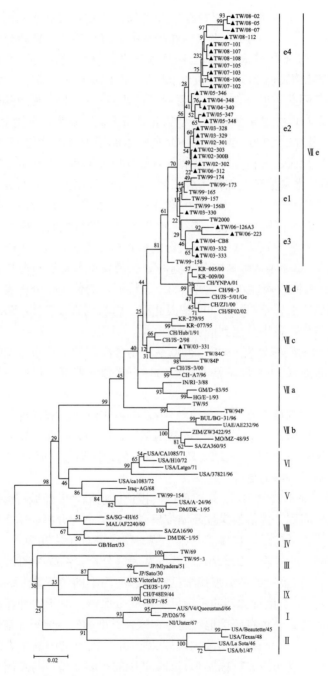

图 4-8 中国台湾新城疫病毒分离株 F 基因遗传进化树（Guan-Ming Kea 等，2010）

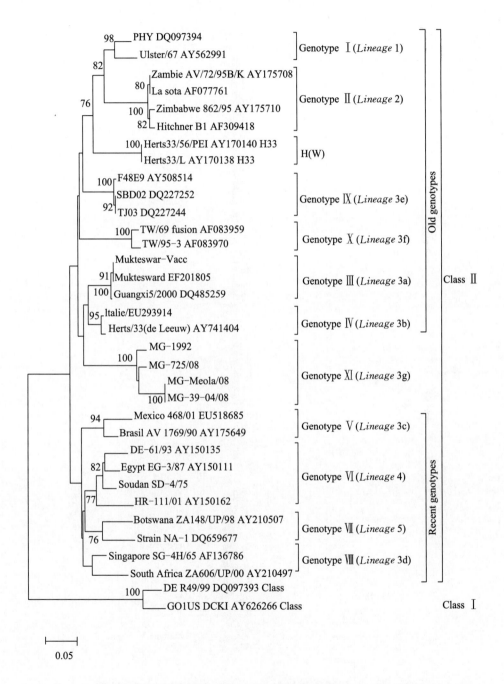

图 4 - 9　4 株马达加斯加新城疫病毒分离株 F 基因遗传进化树（Maminiaina O. F.，2010）

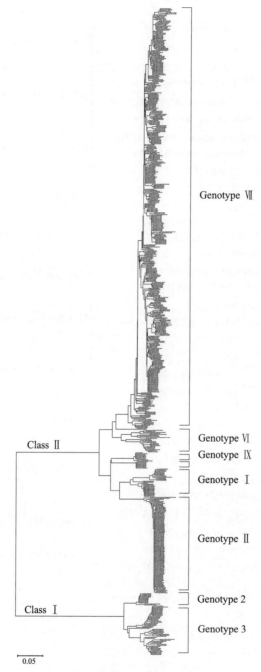

图 4-10 638 株中国新城疫病毒分离株遗传进化树（刘华雷等）

参 考 文 献

［1］徐德忠．主编．分子流行病学［M］．北京：人民军医出版社，1998.

［2］Kilbourne E. D. The molecular epidemiology of influenza［J］. J Infect Dis 1973,127(4)：478-487.

［3］Tamura K．，Peterson D．，Peterson N．，et al. MEGA5：molecular evolutionary genetics analysis using maximum likelihood，evolutionary distance，and maximum parsimony methods. Mol Biol Evol 2011,28(10)：2731-2739.

［4］Toyoda T．，Sakaguchi T．，Hirota H．，et al. Newcastle disease virus evolution．Ⅱ. Lack of gene recombination in generating virulent and avirulent strains［J］. Virology 1989,169(2)：273-282.

［5］Collins M. S．，Strong I．，Alexander D. J. Pathogenicity and phylogenetic evaluation of the variant Newcastle disease viruses termed "pigeon PMV-1 viruses" based on the nucleotide sequence of the fusion protein gene［J］. Arch Virol 1996,141(3-4)：635-647.

［6］Collins M. S．，Franklin S．，Strong I．，et al. Antigenic and phylogenetic studies on a variant Newcastle disease virus using anti-fusion protein monoclonal antibodies and partial sequencing of the fusion protein gene［J］. Avian Pathol 1998,27(1)：90-96.

［7］Huovilainen A．，Ek-Kommone C．，Manvell R．，et al. Phylogenetic analysis of avian paramyxovirus 1 strains isolated in Finland［J］. Arch Virol 2001,146(9)：1775-1785.

［8］Aldous E. W．，Mynn J. K．，Banks J．，et al. A molecular epidemiological study of avian paramyxovirus type 1（Newcastle disease virus）isolates by phylogenetic analysis of a partial nucleotide sequence of the fusion protein gene［J］. Avian Pathol 2003,32(3)：239-256.

［9］Gould A. R．，Kattenbelt J. A．，Selleck P．，et al. Virulent Newcastle disease in Australia：molecular epidemiological analysis of viruses isolated prior to and during the outbreaks of 1998-2000［J］. Virus Res 2001,77(1)：51-60.

［10］Aldous E. W．，Fuller C. M．，Mynn J. K．，et al. A molecular epidemiological investigation of isolates of the variant avian paramyxovirus type 1 virus（PPMV-1）responsible for the 1978 to present panzootic in pigeons［J］. Avian Pathol 2004,33(2)：258-269.

［11］Monne I．，Beato M. S．，Capua I．，et al. Pigeon paramyxovirus isolated from a robin in Italy［J］. Vet Rec 2006,158(11)：384.

［12］Snoeck C. J．，Ducatez M. F．，Owoade A. A．，et al. Newcastle disease virus in West Africa：new virulent strains identified in non-commercial farms［J］. Arch Virol 2009, 154(1)：47-54.

［13］Cattoli G．，Fusaro A．，Monne I．，et al. Emergence of a new genetic lineage of Newcastle disease virus in West and Central Africa – implications for diagnosis and control [J]. Vet Microbiol 2010,142(3 - 4): 168 - 176.

[14] Aldous E. W. , Mynn J. K. , Irvine R. M. , et al. A molecular epidemiological investigation of avian paramyxovirus type 1 viruses isolated from game birds of the order Galliformes [J]. Avian Pathol 2010,39(6): 519 - 524.

[15] Krapez U. , Steyer A. F. , Slavec B. , et al. Molecular characterization of avian paramyxovirus type 1 (Newcastle disease) viruses isolated from pigeons between 2000 and 2008 in Slovenia [J]. Avian Dis 2010,54(3): 1075 - 1080.

[16] Hassan W. , Khair S. A. , Mochotlhoane B. , et al. Newcastle disease outbreaks in the Sudan from 2003 to 2006 were caused by viruses of genotype 5d [J]. Virus Genes 2010, 40(1): 106 - 110.

[17] Misinzo G. , Magambo J. , Masambu J. , et al. Genetic characterization of African swine fever viruses from a 2008 outbreak in Tanzania [J]. Transbound Emerg Dis 2011, 58(1): 86 - 92.

[18] Solomon P. , Abolnik C. , Joannis T. M. , et al. Virulent Newcastle disease virus in Nigeria: identification of a new clade of sub - lineage 5f from livebird markets [J]. Virus Genes 2012,44(1): 98 - 103.

[19] Munir M. , Cortey M. , Abbas M. , et al. Biological characterization and phylogenetic analysis of a novel genetic group of Newcastle disease virus isolated from outbreaks in commercial poultry and from backyard poultry flocks in Pakistan [J]. Infect Genet Evol 2012.

[20] Ballagi - Pordany A. , Wehmann E. , Herczeg J. , et al. Identification and grouping of Newcastle disease virus strains by restriction site analysis of a region from the F gene [J]. Arch Virol 1996,141(2): 243 - 261.

[21] Czegledi A. , Ujvari D. , Somogyi E. , et al. Third genome size category of avian paramyxovirus serotype 1 (Newcastle disease virus) and evolutionary implications [J]. Virus Res 2006,120(1 - 2): 36 - 48.

[22] Yang C. Y. , Shieh H. K. , Lin Y. L. , et al. Newcastle disease virus isolated from recent outbreaks in Taiwan phylogenetically related to viruses (genotype Ⅷ) from recent outbreaks in western Europe [J]. Avian Dis 1999,43(1): 125 - 130.

[23] Ke G. M. , Liu H. J. , Lin M. Y. , et al. Molecular characterization of Newcastle disease viruses isolated from recent outbreaks in Taiwan [J]. J Virol Methods 2001, 97(1 - 2): 1 - 11.

[24] Tsai H. J. , Chang K. H. , Tseng C. H. , et al. Antigenic and genotypical characterization of Newcastle disease viruses isolated in Taiwan between 1969 and 1996 [J]. Vet Microbiol 2004,104(1 - 2): 19 - 30.

[25] Lien Y. Y. , Lee J. W. , Su H. Y. , et al. Phylogenetic characterization of Newcastle disease viruses isolated in Taiwan during 2003—2006 [J]. Vet Microbiol 2007, 123(1-3): 194-202.

[26] Ke G. M. , Yu S. W. , Ho C. H. , et al. Characterization of newly emerging Newcastle disease viruses isolated during 2002-2008 in Taiwan [J]. Virus Res 2010,147(2): 247-257.

[27] Kim L. M. , King D. J. , Curry P. E. , et al. Phylogenetic diversity among low-virulence newcastle disease viruses from waterfowl and shorebirds and comparison of genotype distributions to those of poultry-origin isolates [J]. J Virol 2007, 81(22): 12641-12653.

[28] Yu L. , Wang Z. , Jiang Y. , et al. Characterization of newly emerging Newcastle disease virus isolates from the People's Republic of China and Taiwan [J]. J ClinMicrobiol 2001,39(10): 3512-3519.

[29] Liang R. , Cao D. J. , Li J. Q. , et al. Newcastle disease outbreaks in western China were caused by the genotypes Ⅶa and Ⅷ [J]. Vet Microbiol 2002,87(3): 193-203.

[30] Liu X. F. , Wan H. Q. , Ni X. X. , et al. Pathotypical and genotypical characterization of strains of Newcastle disease virus isolated from outbreaks in chicken and goose flocks in some regions of China during 1985-2001 [J]. Arch Virol 2003,148(7): 1387-1403.

[31] Huang Y. , Wan H. Q. , Liu H. Q. , et al. Genomic sequence of an isolate of Newcastle disease virus isolated from an outbreak in geese: a novel six nucleotide insertion in the non-coding region of the nucleoprotein gene [J]. Arch Virol 2004,149(7): 1445-1457.

[32] Liu H. , Wang Z. , Son C. , et al. Characterization of pigeon-origin Newcastle disease virus isolated in China [J]. Avian Dis 2006,50(4): 636-640.

[33] Liu H. , Wang Z. , Wang Y. , et al. Characterization of Newcastle disease virus isolated from waterfowl in China [J]. Avian Dis 2008,52(1): 150-155.

[34] Liu X. , Wang X. , Wu S. , et al. Surveillance for avirulent Newcastle disease viruses in domestic ducks (Anasplatyrhynchos and Cairinamoschata) at live bird markets in Eastern China and characterization of the viruses isolated [J]. Avian Pathol 2009,38(5): 377-391.

[35] Wu S. , Wang W. , Yao C. , et al. Genetic diversity of Newcastle disease viruses isolated from domestic poultry species in Eastern China during 2005—2008 [J]. Arch Virol 2010.

[36] Zhu W. , Dong J. , Xie Z. , et al. Phylogenetic and pathogenic analysis of Newcastle disease virus isolated from house sparrow (Passer domesticus) living around poultry farm in southern China [J]. Virus Genes 2010,40(2): 231-235.

[37] Rui Z. , Juan P. , Jingliang S. , et al. Phylogenetic characterization of Newcastle dis-

ease virus isolated in the mainland of China during 2001 - 2009 [J]. Vet Microbiol 2010, 141(3 - 4): 246 - 257.

[38] Lomniczi B., Wehmann E., Herczeg J., et al. Newcastle disease outbreaks in recent years in western Europe were caused by an old (Ⅵ) and a novel genotype (Ⅶ) [J]. Arch Virol 1998,143(1): 49 - 64.

[39] Herczeg J., Pascucci S., Massi P., et al. A longitudinal study of velogenic Newcastle disease virus genotypes isolated in Italy between 1960 and 2000 [J]. Avian Pathol 2001, 30(2): 163 - 168.

[40] Czegledi A., Herczeg J., Hadjiev G., et al. The occurrence of five major Newcastle disease virus genotypes (Ⅱ, Ⅳ, V, Ⅵ and Ⅶ b) in Bulgaria between 1959 and 1996 [J]. Epidemiol Infect 2002,129(3): 679 - 688.

[41] Wehmann E., Ujvari D., Mazija H., et al. Genetic analysis of Newcastle disease virus strains isolated in Bosnia - Herzegovina, Croatia, Slovenia and Yugoslavia, reveals the presence of only a single genotype, V, between 1979 and 2002 [J]. Vet Microbiol 2003,94(4): 269 - 281.

[42] Wehmann E., Czegledi A., Werner O., et al. Occurrence of genotypes Ⅳ, V, Ⅵ and Ⅶa in Newcastle disease outbreaks in Germany between 1939 and 1995 [J]. Avian Pathol 2003,32(2): 157 - 163.

[43] Ujvari D., Wehmann E., Kaleta E. F., et al. Phylogenetic analysis reveals extensive evolution of avian paramyxovirus type 1 strains of pigeons (Columba livia) and suggests multiple species transmission [J]. Virus Res 2003,96(1 - 2): 63 - 73.

[44] Bogoyavlenskiy A., Berezin V., Prilipov A., et al. Molecular characterization of virulent Newcastle disease virus isolates from chickens during the 1998 新城疫病毒 outbreak in Kazakhstan [J]. Virus Genes 2005,31(1): 13 - 20.

[45] Bogoyavlenskiy A., Berezin V., Prilipov A., et al. Newcastle disease outbreaks in Kazakhstan and Kyrgyzstan during 1998,2000,2001,2003,2004,and 2005 were caused by viruses of the genotypes Ⅶb and Ⅶd [J]. Virus Genes 2009,39(1): 94 - 101.

[46] Linde A. M., Munir M., Zohari S., et al. Complete genome characterisation of a Newcastle disease virus isolated during an outbreak in Sweden in 1997 [J]. Virus Genes 2010,41(2): 165 - 173.

[47] Vidanovic D., Sekler M., Asanin R., et al. Characterization of velogenic Newcastle disease viruses isolated from dead wild birds in Serbia during 2007 [J]. J Wildl Dis 2011, 47(2): 433 - 441.

[48] Munir M., Linde A. M., Zohari S., et al. Whole genome sequencing and characterization of a virulent Newcastle disease virus isolated from an outbreak in Sweden [J]. Virus Genes 2011,43(2): 261 - 271.

［49］ Alexander D. J. Newcastle disease in the European Union 2000 to 2009. Avian Pathol 2011,40(6)：547－558.

［50］ Mase M. , Imai K. , Sanada Y. , et al. Phylogenetic analysis of Newcastle disease virus genotypes isolated in Japan ［J］. J ClinMicrobiol 2002,40(10)：3826－3830.

［51］ Mase M. , Inoue T. , Imada T. Genotyping of Newcastle disease viruses isolated from 2001 to 2007 in Japan ［J］. J Vet Med Sci 2009,71(8)：1101－1104.

［52］ Mase M. , Murayama K. , Karino A. , et al. Analysis of the fusion protein gene of Newcastle disease viruses isolated in Japan ［J］. J Vet Med Sci 2011,73(1)：47－54.

［53］ Ruenphet S. , Jahangir A. , Shoham D. , et al. Surveillance and characterization of Newcastle disease viruses isolated from northern pintail (Anasacuta) in Japan during 2006－09 ［J］. Avian Dis 2011,55(2)：230－235.

［54］ Kwon H. J. , Cho S. H. , Ahn Y. J. , et al. Molecular epidemiology of Newcastle disease in Republic of Korea ［J］. Vet Microbiol 2003,95(1－2)：39－48.

［55］ Lee Y. J. , Sung H. W. , Choi J. G. , et al. Molecular epidemiology of Newcastle disease viruses isolated in South Korea using sequencing of the fusion protein cleavage site region and phylogenetic relationships ［J］. Avian Pathol 2004,33(5)：482－491.

［56］ Lee E. K. , Jeon W. J. , Kwon J. H. , et al. Molecular epidemiological investigation of Newcastle disease virus from domestic ducks in Korea ［J］. Vet Microbiol 2009,134(3－4)：241－248.

［57］ Kim B. Y. , Lee D. H. , Kim M. S. , et al. Exchange of Newcastle disease viruses in Korea：the relatedness of isolates between wild birds，live bird markets，poultry farms and neighboring countries ［J］. Infect Genet Evol 2012,12(2)：478－482.

［58］ Berhanu A. , Ideris A. , Omar A. R. , et al. Molecular characterization of partial fusion gene and C－terminus extension length of haemagglutinin－neuraminidase gene of recently isolated Newcastle disease virus isolates in Malaysia ［J］. Virol J 2010,7：183.

［59］ Tan S. W. , Ideris A. , Omar A. R. , et al. Sequence and phylogenetic analysis of Newcastle disease virus genotypes isolated in Malaysia between 2004 and 2005 ［J］. Arch Virol 2010,155(1)：63－70.

［60］ Vijayarani K. , Muthusamy S. , Tirumurugaan K. G. , et al. Pathotyping of a Newcastle disease virus isolated from peacock (Pavocristatus) ［J］. Trop Anim Health Prod 2010,42(3)：415－419.

［61］ Tirumurugaan K. G. , Kapgate S. , Vinupriya M. K. , et al. Genotypic and pathotypic characterization of Newcastle disease viruses from India ［J］. PLoS One 2011, 6 (12)：e28414.

［62］ Khan T. A. , Rue C. A. , Rehmani S. F. , et al. Phylogenetic and biological characterization of Newcastle disease virus isolates from Pakistan ［J］. J ClinMicrobiol 2010,48

(5): 1892 - 1894.

[63] Munir M. , Zohari S. , Abbas M. , et al. Sequencing and analysis of the complete genome of Newcastle disease virus isolated from a commercial poultry farm in 2010 [J]. Arch Virol 2012,157(4): 765 - 768.

[64] Ebrahimi M. M. , Shahsavandi S. , Moazenijula G. , et al. Phylogeny and evolution of Newcastle disease virus genotypes isolated in Asia during 2008—2011 [J]. Virus Genes 2012.

[65] Herczeg J. , Wehmann E. , Bragg R. R. , et al. Two novel genetic groups (Ⅶb and Ⅷ) responsible for recent Newcastle disease outbreaks in Southern Africa, one (Ⅶb) of which reached Southern Europe [J]. Arch Virol 1999,144(11): 2087 - 2099.

[66] Abolnik C. , Horner R. F. , Bisschop S. P. , et al. A phylogenetic study of South African Newcastle disease virus strains isolated between 1990 and 2002 suggests epidemiological origins in the Far East [J]. Arch Virol 2004,149(3): 603 - 619.

[67] Otim M. O. , Christensen H. , Jorgensen P. H. , et al. Molecular characterization and phylogenetic study of newcastle disease virus isolates from recent outbreaks in eastern Uganda [J]. J ClinMicrobiol 2004,42(6): 2802 - 2805.

[68] Maminiaina O. F. , Gil P. , Briand F. X. , et al. Newcastle disease virus in Madagascar: identification of an original genotype possibly deriving from a died out ancestor of genotype Ⅳ [J]. PLoS One 2010,5(11): e13987.

[69] Mohamed M. H. , Kumar S. , Paldurai A. , et al. Complete genome sequence of a virulent Newcastle disease virus isolated from an outbreak in chickens in Egypt [J]. Virus Genes 2009,39(2): 234 - 237.

[70] Weingartl H. M. , Riva J. , Kumthekar P. Molecular characterization of avian paramyxovirus 1 isolates collected from cormorants in Canada from 1995 to 2000 [J]. J ClinMicrobiol 2003,41(3): 1280 - 1284.

[71] Kim L. M. , King D. J. , Suarez D. L. , et al. Characterization of class I Newcastle disease virus isolates from Hong Kong live bird markets and detection using real - time reverse transcription - PCR [J]. J ClinMicrobiol 2007, 45(4): 1310 - 1314.

[72] Pedersen J. C. , Senne D. A. , Woolcock P. R. , et al. Phylogenetic relationships among virulent Newcastle disease virus isolates from the 2002—2003 outbreak in California and other recent outbreaks in North America [J]. J ClinMicrobiol 2004,42(5): 2329 - 2334.

[73] Kim L. M. , King D. J. , Guzman H. , et al. Biological and phylogenetic characterization of pigeon paramyxovirus serotype 1 circulating in wild North American pigeons and doves [J]. J ClinMicrobiol 2008,46(10): 3303 - 3310.

[74] Jindal N. , Chander Y. , Chockalingam A. K. , et al. Phylogenetic analysis of Newcastle disease viruses isolated from waterfowl in the upper midwest region of the United

States [J]. Virol J 2009,6: 191.

[75] Rue C. A. , Susta L. , Brown C. C. , et al. Evolutionary changes affecting rapid identification of 2008 Newcastle disease viruses isolated from double – crested cormorants [J]. J ClinMicrobiol 2010,48(7): 2440 – 2448.

[76] Jindal N. , Chander Y. , Primus A. , et al. Isolation and molecular characterization of Newcastle disease viruses from raptors [J]. Avian Pathol 2010,39(6): 441 – 445.

[77] Zanetti F. , Berinstein A. , Pereda A. , et al. Molecular characterization and phylogenetic analysis of Newcastle disease virus isolates from healthy wild birds [J]. Avian Dis 2005,49(4): 546 – 550.

[78] Perozo F. , Merino R. , Afonso C. L. , et al. Biological and phylogenetic characterization of virulent Newcastle disease virus circulating in Mexico [J]. Avian Dis 2008,52 (3): 472 – 479.

[79] Thomazelli L. M. , Araujo J. , Oliveira D. B. , et al. Newcastle disease virus in penguins from King George Island on the Antarctic region [J]. Vet Microbiol 2010,146(1 – 2): 155 – 160.

[80] Diel D. G. , Susta L. , Cardenas Garcia S. , et al. Complete genome and clinicopathological characterization of a virulent Newcastle disease virus isolate from South America [J]. J ClinMicrobiol 2012,50(2): 378 – 387.

[81] Perozo F. , Marcano R. , Afonso C. L. Biological and phylogenetic characterization of a genotype Ⅶ Newcastle disease virus from Venezuela: efficacy of field vaccination [J]. J ClinMicrobiol 2012,50(4): 1204 – 1208.

[82] Diel DG, da Silva LH, Liu H. , et al. Genetic diversity of avian paramyxovirus type 1: Proposal for a unified nomenclature and classification system of Newcastle disease virus genotypes [J]. Infection, Genetics and Evolution , 2012 (12): 1770 – 1779.

第五章
临床症状与病理变化

禽类感染新城疫病毒以呼吸困难、下痢、神经紊乱、黏膜和浆膜出血为特征，但临床症状和病理变化具有多样性，与感染毒株的致病力、禽群免疫状态、宿主种类、日龄、其他病原的混合或继发感染、环境应激、群体应激和感染途径等有关。

第一节　临床症状

新城疫的自然感染潜伏期为 2～15 天（平均 5～6 天）。依据鸡感染新城疫病毒后所表现的临床症状的严重程度分为 5 个致病型，即：①嗜内脏速发型（Viscerotropic Velogenic）：以消化道出血性病变为主要特征，死亡率高；②嗜神经速发型（Neurogenic Velogenic）：以呼吸道和神经症状为主要特征，死亡率高；③中发型（Mesogenic）：以呼吸道和神经症状为主要特征，死亡率低；④缓发型（Lentogenic or respiratory）：以轻度或亚临床性呼吸道感染为主要特征；⑤无症状肠道型（Asymptomatic enteric）：以亚临床性肠道感染为主要特征。

由嗜内脏速发型新城疫（Viscerotripic velogenic Newcastle disease，VVND）引起禽暴发疾病时，在疾病流行初期，常出现最急性型病例，临床上无明显症状，突然死亡。急性病例一般表现体温升高，高达 43～44 ℃，精神高度沉郁、卧地或呆立，食欲减退或废绝，嗜睡，随着病情的发展，病禽呼吸急促、严重下痢、口鼻流出酸臭味液体，最终衰竭死亡。速发型可以引起眼周围和头部水肿。在感染早期未死亡的禽常常有绿色下痢，死前有明显的肌肉震颤、斜颈、腿和翅膀麻痹和角弓反张，完全易感的禽群死亡率常可达 100%。

嗜神经速发型新城疫（Neurotropic velogenic Newcastle disease，NVND）常引发亚急性病例，禽群突然发生严重的呼吸系统性疾病，具有明显的咳嗽、喘气、气管喘鸣音。一般发病 1～2 天后出现神经症状，产蛋鸡的产蛋量急剧

下降但一般不出现下痢。发病率可达 100％。虽然报道成年禽死亡率高达
50％，雏鸡达 90％，但死亡率一般较低。发病后 1～2 周后，鸡群死亡逐渐减
少，部分病鸡康复后仍然表现中枢神经紊乱，如歪头、转圈、阵发性痉挛等
症状。

中发型毒株自然感染常引起呼吸道疾病。成年鸡产蛋率明显下降，并可持
续几周。也可能出现神经症状，但不常见。除了日龄极小的易感禽外，死亡率
一般较低，但免疫抑制等促发因素可大大加重病情。

缓发型病毒一般不引起成年禽发病，而易感幼龄鸡可能出现严重的呼吸道
疾病。对快要屠宰的肉鸡，免疫接种或感染这类毒株可引起大肠杆菌败血症或
气囊炎，引起淘汰率增加。

在免疫鸡群中经常出现非典型的新城疫病例，病鸡的病情相对比较缓和，
发病率和死亡率都不高。发病初期表现精神不振，食欲减少，以呼吸道症状为
主，病鸡张口呼吸，有"呼噜"声，咳嗽，喉头有黏液、甩头、排黄绿色稀
粪，零星死亡。病程稍长时，部分病鸡出现歪头，扭脖或呈仰面观星状等神经
症状。通常情况下成年鸡表现轻微的呼吸道症状，排黄绿色稀粪，产蛋量突然
下降 5％～12％，但有时处于产蛋高峰期的鸡群，其产蛋量可能会发生骤降，
从 90％突然降至 60％或以下，并出现畸形蛋、软壳蛋和糙皮蛋，或仅表现产
蛋率不高，蛋的破损率增高，受精率、孵化率低。

新城疫病毒感染其他宿主的临床症状与鸡有很大的不同。一般情况下，火
鸡与鸡一样对新城疫病毒易感，但临床症状稍轻。鸭和鹅也容易感染新城疫病
毒。鹅比鸭对新城疫病毒更敏感，不同日龄的鹅均有易感性，日龄越小，发病
率和死亡率越高。近年来我国也有鸭群感染并导致严重发病的报道。20 世纪
80 年代引起鸽感染发病的新城疫病毒与其他流行株是不一样的，感染后的一
个显著特征是下痢和神经症状，而无呼吸道症状。在大多数野鸟中暴发过速发
型新城疫，疾病表现与鸡相似。鸡源性新城疫强毒株对鸵鸟和其他平胸鸟类的
致病性与鸡不同。一般情况下，雏鸵鸟可能表现精神沉郁和神经症状，但成年
鸟似乎不易被感染。

鸭新城疫主要表现为体温升高，食欲减退或废绝、扭头、转圈或歪脖等神
经症状，饮水次数明显增多，不愿走动，垂头缩颈或翅膀下垂，眼睛半开或全
闭，状似昏睡，流鼻涕、咳嗽。产蛋下降。拉白色或黄绿色粪便。病鸭迅速消
瘦，体重减轻，最后衰竭死亡。

鹅感染新城疫病毒的初期表现为拉灰白色稀粪，病情加重后粪便呈暗红
色、黄色水样。患鹅精神委顿，眼有分泌物，常蹲伏，少食或拒食，但饮水量

增加，体重减轻。部分病鹅后期出现扭颈、转圈等神经症状。部分鹅有呼吸道症状。

鸽感染新城疫病毒时会表现下痢和神经症状，在无并发感染时不会表现呼吸道症状。感染早期病鸽排白色稀便，继而变为黄绿色。感染鸽精神沉郁，食欲减少或废绝，有时口流酸臭味液体，体温升高，闭目缩颈，张口呼吸并伴有咳嗽，共济失调。随着病情的发展，部分病鸽出现神经症状，翅下垂，腿麻痹，飞行或行走困难。

不同日龄的鹌鹑对新城疫病毒均易感，发病率高，死亡率高达50%，但随着日龄的增加，发病率和死亡率相对降低。发病鹌鹑可见发热，食欲减退，羽毛松乱，精神不振，呼吸困难，缩头呆卧。产蛋率下降，蛋壳颜色变白，软壳蛋增多，排黄绿色水样稀便。成年鹌鹑常出现扭头、歪颈、转圈、瘫痪、观星、张口伸颈等神经症状。

鸵鸟感染新城疫病毒的潜伏期1～3天，以2～3月龄鸵鸟的发病率最高，可高达50%，而成年鸵鸟的发病率较低，从3%～6%不等。疾病初期，病鸟临床表现为呆立，不愿走动，食欲降低甚至废绝，体温升高；有的咳嗽、呼吸时有啰音，口角流出淡黄色液体。部分病例流泪，眼角分泌物增多，眼睑水肿。疾病后期病鸟头、颈伏地，有的出现颈部扭转、弯曲等神经症状，最后衰竭死亡。

第二节　病理变化

一、剖检病变

与临床症状一样，感染鸡的大体病变和受侵害的器官与毒株、感染病毒的致病型、宿主及影响疾病严重程度的其他因素有关。但多数禽类以呼吸道、消化道出血性病变为主，雌性禽体的生殖系统亦常出现出血性病变。

根据感染鸡肠道出血性病变来区分嗜内脏速发型和嗜神经速发型，这种鉴别具有强制性意义。这类病变在腺胃、盲肠及小肠黏膜特别明显。这些部位有明显的出血，可能是由于肠壁和盲肠扁桃体及Peyer结等淋巴组织坏死引起。

呼吸道并非都有大体病变，如果有，则主要是黏膜出血和明显的气管充血。即使相对较弱的毒株感染也会出现气囊炎，继发细菌感染时可见气囊增厚并有卡他性或干酪性渗出。

非典型新城疫的主要病理变化是呼吸道黏膜的充血和炎性渗出，泄殖腔黏膜出血、坏死以及生殖系统的出血性和炎性病变。

鸡和火鸡在产蛋期感染速发型毒株通常可见腹腔中有卵黄，卵泡软化变性，其他生殖器官可能有出血和颜色变化。

病鸭的气管充血、胸腺点状出血，心脏体积增大、心肌柔软、心包积液，肝脏肿大质脆，肺脏出血，肾脏明显肿大。部分腺胃黏膜脱落，腺胃乳头充血、出血或溃疡，十二指肠和直肠出血、坏死，整个肠道黏膜出血，并有卡他性炎症。卵巢坏死、出血，卵黄性腹膜炎等。

患鹅可见脾脏肿大、瘀血、有大小不等灰白色坏死灶，胰腺肿大、有灰白色坏死斑或坏死片，肠道黏膜出血、坏死、溃疡，部分腺胃及肌胃黏膜充血、出血，心肌变性、心包积液。脑充血、出血、水肿。

病死鸽的腺胃黏膜充血、出血，腺胃肌胃交界处出血、溃疡，小肠黏膜出血，泄殖腔充血、出血。

发病或死亡鹌鹑的腺胃乳头及黏膜出血，心肌内膜、心冠脂肪出血，盲肠扁桃体肿大、出血，小肠有斑状和枣核样坏死灶，泄殖腔出血。

发病或死亡鸵鸟亦呈现全身广泛性出血病变。喉头、食道、心内膜、心冠脂肪出血，肝肿大、硬化，腺胃乳头和肌胃肌层出血，胸黏膜和脑膜出血，泄殖腔黏膜有出血点。

二、组织学病变

新城疫病毒感染后引起的组织病理学变化随其临床症状和剖检病变而异。除病毒毒株和宿主外，感染方式也非常重要。而气雾感染缓发型或速发型毒株的气管组织学病变相似。

神经系统：中枢神经系统为非化脓性脑脊髓炎，可见有神经元变性、形成胶质细胞灶、血管周围淋巴细胞浸润、内皮细胞增生。病变一般发生于小脑、髓质、中脑、脑干和脊柱，呈现非化脓性脑炎，但大脑很少出现病变。

血管系统：许多脏器的血管充血、水肿和出血。其他病变有毛细血管和动脉中层水肿变性和玻璃样变，小血管形成透明栓塞和血管内皮细胞坏死。

淋巴系统：淋巴生成系统出现退行性变化，淋巴组织消失。亚急性感染时各脏器，特别是肝脏单核吞噬细胞增生。整个脾脏有坏死病变。脾脏和胸腺的皮质区和生发中心淋巴细胞破坏及局部空泡变性。法氏囊髓质部明显变性。

肠道：某些新城疫强毒感染可见肠道黏膜淋巴组织出血和坏死性变，小肠黏膜上皮细胞变性、肿胀、脱落、固有膜水肿。其他病变与血管系统损伤有关。

呼吸系统：新城疫病毒感染对上呼吸道黏膜有严重影响，并与呼吸紊乱程度有关。病变可延伸至整个气管。感染两天之内纤毛脱落。上呼吸道黏膜充血、水肿，有大量的淋巴细胞和巨噬细胞浸润，尤其是气雾感染。这一过程似乎很快消失，感染后 6 天检查可能就没有炎症。

Cheville 等用 2 株美国的嗜内脏型分离株- Texas219 和 Florida Largo 感染鸡，都引起明显的肺脏病变，前者引起细支气管充血和水肿，后者的病变更广泛，主要是副支气管肺泡区出血和嗜红细胞作用。鸡还可能出现气囊水肿、细胞浸润、增厚和密度增加。

生殖系统：生殖系统病变差异极大。通常子宫或输卵管蛋壳形成部位功能性损伤最严重。母禽生殖器官病变包括卵泡闭锁并有炎性细胞浸润形成淋巴聚集体，在输卵管也有类似的聚集体。

其他器官：肝细胞呈空泡样变性，中央静脉扩张，肝血窦扩张、瘀血，发病后期肝被膜出现坏死灶，肝细胞严重脂肪变性、线粒体空泡化，胞浆局灶性坏死。胆囊和心脏可见小的局灶性坏死区，有时有出血。胰腺有淋巴细胞浸润。嗜内脏速发型病毒感染时，可能出现皮肤出血和溃疡，冠和肉垂常常有出血和出血斑，肾脏间质淋巴细胞浸润。腺胃集合窦壁有炎性细胞浸润及出血，腺细胞变性、脱落。结膜病变可能与出血有关。

图 5-1　鸡新城疫：神经症状　　　　图 5-2　鹅新城疫：神经症状

图 5-3　鹅新城疫：神经症状

图 5-4　鹌鹑新城疫：神经症状

图 5-5　鸭新城疫：神经症状

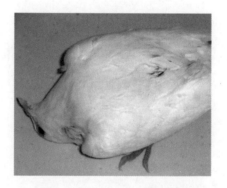

图 5-6　鸽新城疫：神经症状

图 5-7　鸡新城疫：气管出血

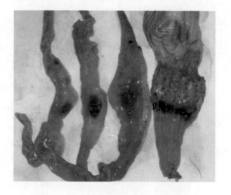

图 5-8　鸡新城疫：腺胃乳头和
十二指肠出血、溃疡

图 5 - 9　鸡新城疫：肠道出血、坏死

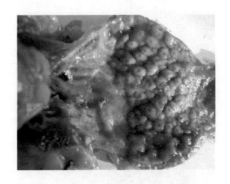

图 5 - 10　鸡新城疫：腺胃出血

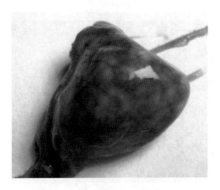

图 5 - 11　鸡新城疫：脾脏出血、坏死

图 5 - 12　鸡新城疫：肠道枣核样溃疡

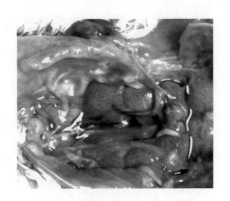

图 5 - 13　鸡新城疫：肾脏出血

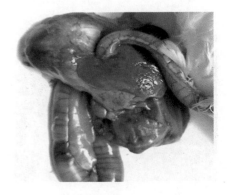

图 5 - 14　鸡新城疫：十二指肠出血，
胰腺出血坏死

图 5-15 鸡新城疫：腺胃出血

图 5-16 鸡新城疫：胰腺坏死

图 5-17 鸡新城疫：肠道弥漫性出血

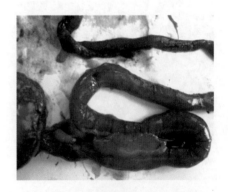

图 5-18 鸡新城疫：肠道出血，
胰腺坏死

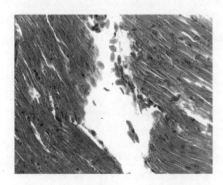

图 5-19 鸭新城疫：心肌纤维断裂

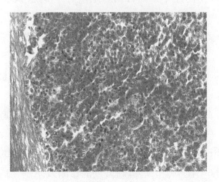

图 5-20 鸭新城疫：脾红髓充血、出血

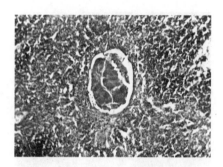

图 5 - 21　鸭新城疫：胸腺小体坏死

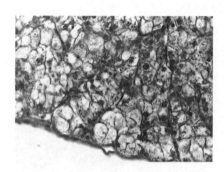

图 5 - 22　鸭新城疫：肝细胞脂肪变性

图 5 - 23　鸭新城疫：小肠绒毛上皮脱落

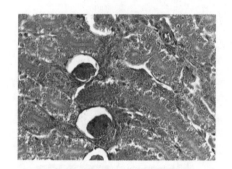

图 5 - 24　鸭新城疫：肾小体萎缩，囊扩张

参 考 文 献

[1] 赵建军，刘自由，刘广祥. 鸽新城疫的诊断与防治 [J]. 中国畜牧兽医文摘，2011
(01)：123 - 124.

[2] 殷明，糜晓霞，陆元进，等. 非典型鸡新城疫的诊断与防制初探 [J]. 畜禽业，2011
(06)：66 - 68.

[3] 杨霞，汪德生，鲜思美，等. 免疫鸡群发生新城疫的诊断 [J]. 贵州畜牧兽医，2011
(04)：14 - 16.

[4] 马佳发，张维耘，张顺力. 一例信鸽感染新城疫的诊治体会 [J]. 养殖技术顾问，
2008(04)：65.

[5] 郑玉洁，李修强，王辉. 信鸽新城疫的诊治 [J]. 山东家禽，2004(5)：34 - 35.

[6] 桂法金. 信鸽新城疫的诊断及防制 [J]. 四川畜牧兽医，2002,29(11)：47 - 47.

[7] 张国瑞，封兴民. 信鸽新城疫的诊断和防制 [J]. 中国兽医科技，1999,29(8)：33 - 34.

[8] 前田稔，缪佃祥. 信鸽感染新城疫的组织病理学变化 [J]. 动物检疫，1989(1)：

30 – 31.

[9] 黄明信，孙素岩．信鸽新城疫病的诊断报告 [J]．辽宁畜牧兽医，1989(5)：27 – 28.

[10] 许海飞，崔建山，王培永，等．鹅新城疫的临床诊治 [J]．畜牧兽医科技信息，2010
(08)：108 – 109.

[11] 刘梅，周生，戴亚斌，等．不同禽源新城疫病毒强毒株对鹅的致病性研究 [J]．中国
家禽，2010(04)：26 – 29.

[12] 张伟，季艳菊，陈芳艳，等．鹅副黏病毒病的诊断与防控 [J]．中国动物检疫，2009
(02)：63 – 64.

[13] 苏飞，陆化梅．鹅新城疫的诊断 [J]．湖南畜牧兽医，2003(5)：31 – 31.

[14] 马步君，李丽，周俊娥，等．鹌鹑新城疫的诊断与防治效果分析 [J]．黑龙江畜牧兽
医，2010，(24)：112 – 113.

[15] 刘江禹．鹌鹑新城疫的诊断与防制 [J]．养殖与饲料，2010(11)：42 – 43.

[16] 包金宝，张雨民，王敏，等．鹌鹑病的诊治 [J]．赤峰学院学报（自然科学版），
2009，(02)：76.

[17] 张云霞，沈强兵，陆淑华．雏鹌鹑新城疫的诊治 [J]．中国家禽，2008(09)：55.

[18] 李忠显，刘洪敏，欧阳龙．鹌鹑新城疫的诊断与防制 [J]．中国兽医杂志，2004，40
(7)：23 – 23.

[19] 钟友苏，徐红，等．鹌鹑暴发新城疫的诊断报告 [J]．中国动物检疫，2002，19(9)：
40 – 40.

[20] 杜子明．鹌鹑暴发新城疫的诊治 [J]．甘肃畜牧兽医，1999，29(6)：26 – 27.

[21] 王廷富，房海．鹌鹑新城疫的病理形态学观察 [J]．中国兽医杂志，1993，19
(12)：14.

[22] 张倩，王志亮，单虎，等．鹅源新城疫的生物学特性分析 [J]．中国兽医学报，2006，
(06)：606 – 609.

[23] 尹燕博，蒋金书，王建琳，等．鸵鸟新城疫的病理形态学观察 [J]．中国兽医学报，
2010(12)：1668 – 1671.

[24] 李吉达，尹燕博，王建琳，等．鸵鸟新城疫临床病理变化观察 [J]．中国家禽，2008
(11)：44 – 45.

[25] 彭广能，刘长松，周东，等．鸵鸟新城疫的诊断及防制 [J]．中国兽医杂志，2003，39
(12)：15 – 16.

[26] 逄奎春，肖成蕊．鸵鸟新城疫的诊断 [J]．中国动物检疫，1998，15(6)：10 – 11.

[27] 陈立功，翟文栋，锡建中，等．鸭新城疫的病理观察 [J]．中国兽医杂志，2009(08)：
52 – 53.

[28] 陈立功，万洪全，吴力力，等．鹅源新城疫病毒感染鸡的临诊症状及病理变化 [J]．
中国兽医科技，2003，33(7)：51 – 53，F003.

[29] 刘宝岩，成军．实验性新城疫雏鸡免疫器官的病理学研究 [J]．中国兽医学报，

1996,16(2)：160－165.

[30] 王廷富，房海. 鹌鹑新城疫人工发病及其病理形态学观察 [J]. 河北农业技术师范学院学报，1992,6(2)：1－7.

[31] Susta L，Miller PJ，Afonso CL，et al. Clinicopathological characterization in poultry of three strains of Newcastle disease virus isolated from recent outbreaks [J]. Vet Pathol，2011,48(2)：349－60.

[32] Saif YM，Barnes HJ，Glisson JR，et al. Disease of poultry [M]. 11ᵗʰ ed.，Iowa：Iowa State University Press，2002.

[33] 蔡宝祥主编. 动物传染病诊断学 [M]. 南京：江苏科学技术出版社，1993.

[34] 董彝主编. 实用禽病临床类症鉴别 [M]. 北京：中国农业出版社，2004.

[35] 林永祯主编. 畜禽传染病学 [M]. 成都：四川科学技术出版社，1999.

[36] 张秀美主编. 禽病防治完全手册 [M]. 北京：中国农业出版社，2005.

第六章

诊 断

新城疫在临床上主要表现有典型性和非典型性两种症状，其中典型新城疫的临床症状和病理变化与高致病性禽流感十分相似；非典型新城疫与 H9 亚型禽流感、传染性支气管炎等禽传染病在临床上也很难鉴别，因此，依据本病的临床症状和病理变化仅可作出可疑的初步诊断，经实验室 PCR 检测呈阳性方可确定为疑似，确诊则需要经国家指定的参考实验室通过病毒分离和鉴定来实现。

第一节　临床诊断

新城疫发生后，一般可根据主要的临床症状和剖检病理变化进行初步诊断。但近年来由于混合感染、免疫后发病等多种因素的影响，该病经常不表现明显的临床症状，甚至表现非典型新城疫。因此，通过临床症状进行确诊难度较大，一般根据临床症状和病理变化仅能做出可疑的临床诊断。

一、主要临床症状

新城疫主要表现为：精神委靡，采食减少，呼吸困难，饮水增多，常有"咕噜"声，排黄绿色稀便；部分病禽会出现转脖、观星、站立不稳或卧地不起等神经症状，多见于雏禽和育成禽；产蛋鸡会出现产蛋量下降或停产、软皮蛋、褪色蛋、沙壳蛋、畸形蛋增多、卵泡变形、卵泡血管充血、出血等。

二、主要剖检病理变化

新城疫病禽的主要剖检病理变化包括：嗉囊内充满硬结饲料或气体和液体；腺胃乳头出血，腺胃与肌胃交界处及腺胃与食道交界处呈带状出血，肌胃角质膜下出血；十二指肠以至整个肠道黏膜充血、枣核状紫红色出血；喉气管黏膜充血、出血；心冠沟脂肪出血；输卵管充血、水肿。

第二节　鉴别诊断

　　新城疫与某些常见禽传染病在流行病学、临床症状以及病理变化方面有一定的相似性，所以需要辅以实验室诊断来对新城疫进行确诊。在实际工作中，应注意本病的临床症状和病理变化与其他表现相似的禽病的鉴别诊断。如引起高致死率的情况应与高致病性禽流感、喹乙醇中毒等病相区别；引起神经症状应与禽脑脊髓炎、马立克氏病等相区别；引起呼吸道症状应与鸡传染性支气管炎、鸡传染性喉气管炎感染等病相区别；引起产蛋下降应与 H9 亚型禽流感、产蛋下降综合征等病相区别；引起肠道炎症应与鸡球虫病、盲肠肝炎等病相区别；引起出血性变化应与鸡传染性法氏囊病、鸡住白细胞原虫病等病相区别。

一、与常见高致死率禽病的鉴别诊断

1. 高致病性禽流感

　　家禽感染高致病性禽流感发病时，死亡率与新城疫急性发病的相近。临床表现与新城疫相近，同时内脏尤其是在心外膜、肌胃和腺胃部位也会出现与新城疫相似的大面积浆膜与黏膜出血。但与新城疫相比，高致病性禽流感以全身器官出血为特征，包括肿头、眼睑周围浮肿、鸡冠和肉垂肿胀、发紫、出血和坏死、腿及爪鳞片出血等；而没有明显的呼吸困难和神经症状，嗉囊内无大量酸臭味积液，潜伏期也较短。然而，在实际生产中，很难依据临床症状和病理变化将二者区分，必须依靠实验室诊断方法进行鉴别。

2. 禽霍乱（禽巴氏杆菌病）

　　二者均有体温升高，低头闭目，翅膀下垂，冠、髯紫红，口鼻分泌物多，呼吸困难，拉血色稀便，站立不稳等相似临床表现。但新城疫主要侵害鸡，抗生素治疗无效。而禽霍乱可侵害各种家禽，多发生于 16 周龄的产蛋鸡群；最急性型病程短，数分钟至数小时发生死亡，且病死率高，无任何临床症状；急性型病鸡，鸡冠和肉髯发紫，剖检时全身出血明显，肝有散在性或弥漫性针头大小的坏死点，心包常有纤维素性渗出物。广谱抗生素和磺胺药对禽霍乱有紧急预防和治疗作用，不表现新城疫特有的神经症状，也没有腺胃乳头及肌胃角质层下出血和肠道的枣核样出血等病变。另外可以通过涂片染色及细菌分离鉴定来确诊禽霍乱，也可以通过 RT-PCR 和荧光 RT-PCR 等分子生物学诊断技术对新城疫进行快速诊断。

3. 喹乙醇中毒

二者都有精神沉郁，不愿运动，食欲下降，腹泻，死亡快，产蛋下降，死前痉挛、角弓反张等相似临床表现，消化道和生殖道的出血性炎性变化也极为相似，但是与新城疫相比，喹乙醇中毒的皮肤、肌肉发黑，心冠状脂肪和心肌表面有散在出血点；肝、脾、肾的明显肿大更具特征性，而在呼吸道方面的症状和病变新城疫更具特征。临床上有喹乙醇用药史，结合临床和病理学变化可与新城疫区分，结合新城疫实验室诊断技术可做出最终鉴别诊断结论。

二、与引起神经症状禽病的鉴别诊断

1. 马立克病

二者的共同特点是都表现神经症状，但与新城疫相比，马立克病仅发于育成鸡（多在 80～120 日龄），剖检可见特有的内脏器官肿瘤变化。而新城疫可发于各种年龄鸡，新城疫会出现呼吸困难、腹泻、产蛋下降等临床表现及在呼吸道、消化道、生殖道的出血性炎症等病理变化，而马立克病则无此症状。

2. 禽脑脊髓炎

二者在雏鸡上表现相似的神经症状。禽脑脊髓炎存活鸡可见一侧或双侧眼的晶状体浑浊或浅蓝色褪色眼球增大及失明等特异性临床症状。雏鸡新城疫常有呼吸困难、呼吸啰音；剖检时见喉头、气管、肠道出血；这些与禽脑脊髓炎不同，另外新城疫可发于各种年龄的鸡。

3. 细菌感染

主要包括大肠杆菌和沙门氏菌感染的细菌病，此类细菌侵害脑部后，引起脑炎，其典型症状多呈偏瘫状，95%以上的病例发生于 20 日龄前后的雏鸡，仅有极少量成年母鸡有瘫痪症状。剖检变化突出的病变是严重的小脑水肿，呈点状或弥漫性脑髓质血管出血，而无新城疫的其他病理变化。

4. 常见营养代谢病

(1) 雏鸡维生素 B$_1$ 缺乏症　主要引起雏鸡发病，表现为头颈扭曲、抬头望天"观星"的角弓反张状，而不表现新城疫其他典型的临床症状和病理变化。

(2) 维生素 B$_2$ 缺乏症　主要引起雏鸡发病，足趾向内蜷曲，不能行走，以跗关节着地，依靠翅膀维持身体平衡，两腿肌肉萎缩和松弛引起瘫痪；成年鸡也表现相似的瘫痪症状。同新城疫相似的临床症状是产蛋率下降，但呼吸道和消化道无病理变化。

(3) 维生素 E 和硒缺乏　发病日龄多在 3～6 周，出现头颈扭转前冲、后退、转圈等神经症状，有时可发现胸腹部皮下有紫蓝色胶冻状液体。但呼吸道和消化道无病理变化。

(4) 钙磷代谢障碍引起神经症状的疾病　幼禽易发，表现喙和爪易弯曲、肋骨末端呈串珠状小结节、跗关节肿大；全身骨骼都有不同程度肿胀、疏松、骨折。但缺乏新城疫其他典型临床症状和病理变化。

5. 常见中毒病

(1) 聚醚类抗生素中毒　如马杜拉霉素、盐毒素等，表现与新城疫相似的神经症状、呼吸困难及呼吸道和消化道出血变化。但临床上有此类药物错误使用史，且不表现头颈震颤现象。

(2) 氟中毒　病鸡表现钙磷代谢障碍类似的症状，如瘫痪、骨骼软、病鸡腿骨变粗、骨膜、腱鞘钙化，无头颈震颤现象，也缺乏新城疫其他典型临床症状和病理变化。

(3) 呋喃类药物中毒　如痢特灵，多为蓄积中毒，鸡死亡之前无采食、粪便等异常症状，仅仅在濒临死亡的短暂时间里表现与新城疫相似的神经症状，剖检能见到肝充血肿大、肾肿及输尿管沉积大量黄色痢特灵代谢物。而缺乏新城疫特征的呼吸道和生殖道症状和病变。

(4) 有机氯中毒　表现神经症状，呼吸困难，呼吸道、消化道出血等与新城疫类似的临床和病理学变化，通常之前有此类药物使用或接触史，且实质器官的出血更具特征。

(5) 有机磷中毒　表现与新城疫相似的神经症状、腹泻和消化道及呼吸道的出血变化，通常之前有此类药物使用或接触史，且实质器官的出血更具特征。

（6）砷及砷化物中毒 表现与新城疫相似的神经症状、腹泻和消化道的出血变化，但通常之前有此类药物使用或接触史，且实质器官的出血更具特征。

（7）食盐中毒 表现与新城疫类似的神经症状、呼吸困难、腹泻及消化道和呼吸道的出血性变化，但运动兴奋神经症状不明显，血液凝固不良，剖检可见皮下组织水肿和肺脏的水肿及实质器官的出血较特征。

（8）一氧化碳中毒 轻度中毒时，表现精神沉郁，不爱活动。严重时则表现烦躁不安，呼吸困难，运动失调，呆立或昏迷，头向后仰，易惊厥，痉挛，甚至死亡。症状上与新城疫表现相近，但剖检可见血液、脏器、组织黏膜和肌肉等均呈樱桃红色较为特殊。

三、与引起呼吸道症状禽病鉴别诊断

1. 传染性支气管炎

鸡传染性支气管炎表现的呼吸道症状、产蛋下降及产畸形蛋等，以及肾型传染性支气管炎表现的消化道炎症与新城疫相似。但与新城疫相比，本病主要侵害雏鸡，以咳嗽、喷嚏等呼吸道症状为特征，死亡率较低。剖检可见气管、支气管、鼻腔和鼻窦内有浆液性、卡他性和干酪样渗出物，无出血。肾肿大出血，多数表面红白相间呈"花斑肾"变化，有尿酸盐沉积。无神经症状，消化道病变较轻，没有全身出血性变化及腺胃乳头和盲肠扁桃体出血等新城疫典型病变。接种鸡胚后所呈现的鸡胚病变不一样，传染性支气管炎可出现侏儒胚、蜷缩胚，72 h 内死亡数量少；新城疫则出现全身出血，鸡胚多数在 72 h 内死亡。病毒的血凝性差异，新城疫病毒能够凝集鸡红细胞，传染性支气管炎病毒需经胰酶处理后才表现血凝性。另外，可以通分子生物学诊断技术对两种病进行快速鉴别。

2. 传染性喉气管炎

鸡传染性喉气管炎会导致鸡出现呼吸困难、咳嗽等症状，剖检可见喉头水肿、充血、出血，与新城疫有一定的相似性。与新城疫相比，该病发病率高、死亡率低，成年鸡多发，临床表现为张口伸颈喘息，咳出混有血液的分泌物；剖检时，病鸡喉头多见黄白色假膜和糜烂病灶，无神经症状，消化道无病理性变化，没有全身出血性及腺胃乳头和盲肠扁桃体出血等新城疫典型病变。同时，在发病初期取气管组织固定，经姬姆萨染色，可见上皮细胞有核内包涵体，具有很高的鉴别诊断价值。接种鸡胚后所呈现的鸡胚病变不一样，新城疫强毒常出现全身出血，鸡胚多数在72 h内死亡；传染性喉气管炎病毒可在鸡胚绒毛尿囊膜上出现清晰可见的痘斑。病毒的血凝性也存在差异，如新城疫病毒能够凝集鸡红细胞，而传染性喉气管炎病毒则无血凝性。另外，可以通分子生物学诊断技术对两种病进行快速鉴别诊断。

3. 禽痘

呼吸困难和产蛋下降的表现与新城疫相似，但禽痘临诊上表现为皮肤型、黏膜型及混合型。当发生黏膜感染时，口腔、喉头及气管黏膜出现溃疡性黄白色病灶，伴有严重的呼吸道症状，不少病禽都是因为呼吸道假膜太厚而引起采食和呼吸困难，可用镊子将其剥离，剥离后出现溃疡面。另外禽痘不表现新城疫其他典型症状和病变。

4. 鸡白痢

凡患白痢的雏鸡，绝大多数具有呼吸道症状，这点与新城疫表现类似，排白色糊状粪便是雏鸡白痢的特征症状，但缺少新城疫其他典型症状和病理变化。

5. 大肠杆菌病

与新城疫表现类似的咳嗽、腹泻、呼吸困难、气囊炎及肠炎等症状和病变。但大肠杆菌病的病型复杂，在不同病型下出现与新城疫相似的临床表现，只有在家禽患气囊炎时，才出现呼吸道症状，较具特征的变化是心包炎、肝周炎，而缺乏新城疫典型的呼吸道和消化道出血变化。

6. 鸡慢性呼吸道病（鸡支原体病）

该病与鸡新城疫表现相似的呼吸道症状，但与新城疫相比，本病只感染鸡和火鸡，与新城疫表现的全群鸡急性发病，症状明显，消化道严重出血，并且会出现神经症状等较易区别。鸡新城疫可诱发慢性呼吸道病，而且其严重病症会掩盖慢性呼吸道病，往往是新城疫症状消失后，慢性呼吸道病的症状才逐渐显示出来。由于鸡支原体感染无典型临床症状或病理性变化，多依靠病原分离鉴定、血清学方法结合分子生物学诊断技术与新城疫进行鉴别诊断。

7. 传染性鼻炎

本病主要是传染快，病初病鸡咳嗽，仔细观察鼻孔流白色或淡黄色的鼻液，使料黏在鼻孔上。脸部及眼下的三角区先鼓起、肿胀，严重的整个眼周围肿胀，呈浅红色的浮肿，并且颈部皮下不出现白色纤维素样病变。和新城疫不同，本病不出现明显的鸡只死亡，也没有新城疫典型的神经症状和胃、肠出血等病理变化。

8. 曲霉菌病

多见于雏禽，感染后病程稍长时，可见与新城疫类似的呼吸困难症状，本病有时可发生曲霉菌性眼炎，眼睑肿大、凸出，下眼睑有干酪样物，严重时可失明。还有一个重要的鉴别要点，即肺脏的曲霉菌结节较为特殊。

9. 禽衣原体病

表现与新城疫类似的腹泻和呼吸困难，单侧或双侧性结膜炎，眼睑肿胀和鼻炎是本病有别于新城疫的地方，同时缺少新城疫其他典型症状和病变。

10. 中毒性疾病

甲醛中毒：急性中毒时，鸡精神沉郁，食欲、饮欲均明显下降，眼流泪、怕光、眼睑肿胀。流鼻液、咳嗽、呼吸困难，甚至张口喘息，严重者产生明显的狭窄音。排黄绿色或绿色稀便，往往窒息死亡。本病通常有甲醛带鸡消毒史，缺少新城疫其他典型病变。

四、与引起产蛋下降禽病的鉴别诊断

1. H9 亚型禽流感

H9 亚型禽流感对产蛋鸡影响较大，可使产蛋率下降 30%～70%，甚至停产。剖检见气管黏膜充血出血，有黄色干酪样阻塞物，特别是与大肠杆菌混合感染时可导致严重的气囊炎，气囊膜增厚，其上附有多量的黄色干酪样物。产蛋鸡输卵管炎，常见蛋清样分泌物或干酪样栓塞。非典型新城疫成鸡主要表现为产蛋量下降，幅度为 10%～30%。青年鸡发病神经症状较突出。剖检喉头及气管充血、出血，有少数鸡可见腺胃乳头有少量出血和肠道枣核样出血溃疡。

2. 产蛋下降综合征（EDS - 76）

产蛋下降综合征和非典型新城疫都能引起产蛋下降、产软壳蛋，但新城疫发病鸡群中会同时出现发病和病死鸡，部分病鸡有典型的神经症状，剖检可见腺胃、肠道黏膜有出血。

3. 营养原因导致产蛋下降

钙、磷、维生素 A、维生素 B_2、维生素 D 缺乏症也可引起产蛋下降，产无壳蛋、软壳蛋等，当缺乏的营养成分补充后产蛋可很快恢复，且不表现新城疫的其他症状和病变。

4. 磺胺类药物中毒引起产蛋下降

产蛋下降、消化道出血的变化与新城疫相似，但是皮下、肌肉广泛出血，尤以胸肌、大腿肌更为明显，骨髓褪色黄染，肝、脾、心脏有出血点或坏死点，肾肿大，输尿管增粗，充满尿酸盐，且缺乏呼吸困难、神经症状等新城疫症状。

5. 应激引起产蛋下降

天气突变、饲料变更、惊吓等应激因素皆可引起产蛋下降，但一般无软壳蛋，产蛋下降幅度小。也不表现新城疫的其他症状和病变。

五、与引起肠道炎症禽病的鉴别诊断

1. 坏死性肠炎

本病的病原是魏氏梭菌，腹泻表现与新城疫相似，本病主要表现为病鸡排出黑色间或混有血液的粪便，病死鸡以小肠后段黏膜坏死为特征，而缺乏新城疫呼吸困难、神经症状及呼吸道和生殖道的出血性变化。

2. 弧菌性肝炎

弧菌性肝炎是鸡的一种以肝肿、出血和坏死为特征的疾病，其发病率高，呈慢性经过。该病以腹泻、鸡冠萎缩、产蛋量下降，肝脾肿大、坏死为特征。腹泻和产蛋下降表现与新城疫相似，但缺乏新城疫呼吸困难、神经症状及呼吸道和消化道的出血变化。

3. 球虫病

多发于高温高湿的春秋季节，冬季大棚养殖发病率也较高，肉鸡多发，蛋鸡发病较轻。病鸡排胡萝卜样粪便，剖检可见肠道内有针尖大的出血点，肠道内容物发红。缺乏新城疫呼吸困难、神经症状及呼吸道和生殖道的出血性病变。

4. 盲肠肝炎

盲肠肝炎是由组织滴虫感染引起的，又称"黑头病"，该病以潮湿环境下的地面养殖多发，网上养殖较少发生。组织滴虫的持续存在与异刺线虫和蚯蚓密切相关，蚯蚓是其中间宿主。本病表现与新城疫相似的腹泻症状，但病变主要是肝灶状坏死，盲肠坏死，实变、粘连。而缺乏新城疫其他典型症状和病变。

5. 蛔虫和绦虫病

腹泻症状与新城疫相似，但患鸡消瘦，生长发育不良，粪便稀薄，粪便中含有许多虫节，且缺乏其他新城疫典型症状和病变。

六、与其他引起出血性变化禽病的鉴别诊断

1. 传染性法氏囊病

传染性法氏囊病可造成腺胃和肌胃处的黏膜和浆膜出血，特别是腺胃和肌胃交界处的出血，与新城疫相似。但与新城疫相比，本病病毒的自然宿主仅为雏鸡和火鸡，3～6周龄的鸡最易感。法氏囊病变具有特征性：病鸡法氏囊严重出血肿大，呈紫黑色，如紫葡萄状，切开后法氏囊浆膜有黄色胶冻样水肿液。而缺少新城疫伴有的呼吸道和神经症状。另外，可以通过分子生物学诊断技术对两种病进行快速鉴别。

2. 住白细胞原虫病（白冠病）

病鸡会出现胸肌出血，腺胃、直肠和泄殖腔黏膜出血，这与新城疫相似，但住白细胞原虫病发病缓慢，病鸡鸡冠苍白，肾脏出血，肌肉以及肠系膜、心肌、胸肌、肝脏、脾脏、胰脏等器官有灰白色小结节。

第三节　实验室诊断

一、常规病原学诊断

(一) 病毒分离及鉴定

选择发病初期的病禽，可采集脑、肺、心、脾、肾和肝等组织样品，病料要求新鲜、无菌，也可采集发病禽的气管和泄殖腔棉拭子样品。病料需要进行研磨处理，加入含抗生素的磷酸盐缓冲液 (PBS) (pH 7.0～7.4)，制成 10%～20% (W/V) 的悬浮液。抗生素的浓度依据实际情况定，例如处理好的组织样品中应含青霉素 (2 000 U/mL)、链霉素 (2 mg/mL)、而粪便和泄殖腔拭子保存液抗生素的浓度应提高 5 倍。处理好的样品，在室温下静止 1～2 h 或置于 37 ℃作用 30～60 min，1 000 r/min 离心 10 min，吸取上清液 0.2 mL/枚，经尿囊腔接种 9～11 日龄的 SPF 鸡胚。接种后，35～37 ℃孵育 3～4 天，每天照蛋 1 次。收集死胚、濒死鸡胚和培养结束时存活的鸡胚，首先置 4 ℃制冷，随后收获尿囊液测其 HA 活性。HA 阳性的样品，须做血凝抑制 (HI) 进行病毒鉴定；HA 阴性的样品，需至少盲传 3 代。

血凝试验 (HA) 和血凝抑制试验 (HI) 详细操作步骤见附件《新城疫诊断技术》(GB/T 16550—2008)。

(二) 毒力鉴定

根据 OIE 对新城疫的诊断要求，新城疫的毒力分型必须进行生物学试验，即依据鸡胚平均致死时间 (MDT)、1 日龄雏鸡脑内致病指数 (ICPI)、6 周龄鸡静脉致病指数 (IVPI) 来鉴定 (数值标准见表 1)。

1. 鸡胚平均死亡时间 (MDT)

(1) 将新鲜的感染尿囊液用灭菌生理盐水连续 10 倍稀释成 10^{-6}～10^{-9}；

(2) 每个稀释度经尿囊腔接种 5 枚 9～10 日龄的 SPF 鸡胚，每枚鸡胚接种 0.1 mL，置 37 ℃培养；

(3) 余下的病毒稀释液于 4 ℃保存，8 h 后，每个稀释度接种另外 5 枚鸡胚，每枚鸡胚接种 0.1 mL，置于 37 ℃培养；

（4）每天照蛋 2 次，连续观察 7 天，记录各鸡胚的死亡时间；

（5）最小致死量是指能引起所有用此稀释度接种的鸡胚死亡的最大稀释度。

（6）MDT 是指最小致死量引起所有鸡胚死亡的平均时间（h），计算方法见公式（1）。

$$MDT = \frac{N_X \times X + N_Y \times Y + \cdots\cdots}{T} \cdots\cdots\cdots\cdots (1)$$

式中：

N_X：X 小时死亡的胚数；N_Y：Y 小时死亡的胚数；$X(Y)$：胚死亡时间（小时）；T：死亡的总胚数。

2. 1 日龄雏鸡脑内致病指数（ICPI）

（1）HA 滴度高于 1：16 新鲜感染尿囊液（不超过 48 h，细菌检验为阴性），用无菌等渗盐水作 10 倍稀释；

（2）脑内接种出壳 24～40 h 的 SPF 雏鸡，共接种 10 只，每只接种 0.05 mL；

（3）每 24 h 观察 1 次，共观察 8 天；

（4）每天观察并给鸡打分，正常鸡记作 0，病鸡记作 1，死鸡记作 2（每只死鸡在其死后的每天观察中仍记 2）；

（5）ICPI 是每只鸡 8 天内所有每次观察数值的平均数，计算方法见公式（2）。

$$ICPI = \frac{\sum_s \times 1 + \sum_d \times 2}{T} \cdots\cdots\cdots\cdots (2)$$

式中：

$\sum_s$：8 天累计发病数；$\sum_d$：8 天累计死亡数；T：8 天累计观察鸡的总数。

3. 6 周龄鸡静脉致病指数（IVPI）

（1）HA 滴度高于 1：16 的新鲜尿囊液（不超过 48 h，细菌检验为阴性），用无菌等渗盐水作 10 倍稀释；

（2）静脉接种 6 周龄的 SPF 小鸡，接种 10 只，每只鸡接种 0.1 mL；

（3）每天观察 1 次，共 10 天，每次观察要记分，正常鸡记作 0，病鸡记作 1，瘫痪鸡或出现其他神经症状记作 2，死亡鸡记 3（每只死鸡在其死后的每天观察中仍记3）；

（4）IVPI是指每只鸡10天内所有每次观察数值的平均值，计算方法见公式（3）。

$$IVPI = \frac{\sum_s \times 1 + \sum_p \times 2 + \sum_d \times 3}{T} \qquad (3)$$

式中：

$\sum_s$：10天累计发病数；$\sum_p$：10天累计瘫痪数；$\sum_d$：10天累计死亡数；T：10天累计观察鸡的总数。

表6-1　新城疫病毒分离株毒力判定标准

试验方法	强毒株/速发型毒株	中强毒株/中发型毒株	弱毒株/缓发型毒株
MDT(h)	≤60	61～90	>90
ICPI	1.5～20	1.0～1.5	0.0～0.5
IVPI	2.0～3.0	0.0～0.5	0.00

二、血清学诊断

1. 血凝与血凝抑制试验

详见GB/T16550—2008《新城疫诊断技术》。在进行新城疫抗体检测时，由于鸡群普遍接受疫苗接种，难对单份血清的血凝抑制滴度进行评价，因此，应以双份血清中恢复期血清滴度比急性期血清高4个滴度以上者作为阳性指标。

2. 琼脂扩散试验

琼脂扩散试验（Agar gel precipitin test，AGP）是使可溶性抗原和相应抗体在含有电解质的琼脂凝胶中扩散相遇，特异性地结合形成肉眼可见的线状沉淀物的一种免疫血清学技术。该法操作简便，不需要特殊设备，且有较好的特异性和检出率。

李维义等采取病死鸡和免疫鸡的组织器官分别制成乳剂，然后以新城疫病毒高免血清为抗体在PEG琼脂平板进行琼脂扩散试验，结果病死鸡样品中均能检出新城疫病毒，而免疫鸡除在首免后第4、5天外，其余均为阴性。这一结果说明琼脂扩散试验检测新城疫病毒抗原是可行的，具有一定的推广价值。

若用纯化后的 IgG 来代替高免血清作为抗体，预计可进一步提高试验的敏感性。

3. 中和试验

中和试验（Neutralization tests，NT）既可用已知抗新城疫病毒的血清来鉴定可疑病毒，又可用已知的新城疫病毒来测定待检样品中是否含有新城疫病毒特异性抗体。中和试验可以选择鸡胚、细胞、雏鸡等多种试验介质。其试验方法十分简便：在新城疫病毒免疫血清（或待检血清）中加入一定量的待检病毒（或已知病毒），两者混匀后，注射 9～10 日龄的 SPF 鸡胚（或鸡胚成纤维细胞、SPF 雏鸡），并设立不加血清的对照组。若注射后血清混合物的鸡胚存活（或雏鸡存活、细胞无病变），而对照组死亡或出现细胞病变，即可确定待检病毒为新城疫病毒。

4. 免疫荧光技术

免疫荧光技术（Immunofluorescence technique，IF）是将一类荧光染料结合于抗体免疫球蛋白上形成荧光标记抗体，抗体与相应抗原可发生特异性结合形成抗原-抗体复合物。该复合物在紫外线照射下会产生荧光，可在荧光显微镜下观察到。本法简便、快速且敏感度高。

荧光抗体的样品以脾脏最佳，也可取肝、肺。首先将样品冷冻切片按常规方法制成标本，然后将新城疫病毒荧光抗体稀释为工作浓度，滴加在已固定的切片标本上，37 ℃染色 30 min，取出立即用 pH＝8.0 的 PBS 冲洗 3 次，滴加 0.1％伊文思蓝，作用 2～3 s，再用 PBS 冲洗。最后用 9∶1 的缓冲甘油封固，镜检，在荧光显微镜下见荧光者为新城疫病毒所在部位。该方法主要适用于新城疫病毒野毒株以及新城疫病毒早期感染的快速检测。

5. 酶联免疫吸附试验

酶联免疫吸附试验（Enzyme - linked immunoadsordent assay，ELISA）是以物理方法将抗体或抗原吸附在固相载体上进行的免疫酶测定试验，是目前应用最广泛的一种免疫血清学方法，已应用于大多数动物传染病的检测与诊断。在新城疫病毒上，ELISA 检测新城疫病毒抗原是研究最多进展最快的技术，各种 ELISA 方法在新城疫病毒抗原和抗体检测中得到了广泛应用。

郑世军等（1992）成功地建立了间接法 Dot - ELISA 检测新城疫病毒，并对新城疫病毒发病鸡群口咽、泄殖腔拭子进行了检测，抗原阳性检出率分别为58.33%（91/156）、62.50%（90/144），两者没有显著差异（$P>0.05$）。

黄仕霞等（1990）用鸡红细胞凝集解脱法提纯新城疫病毒抗原用于包被酶标板，建立了检测新城疫病毒抗体的 ELISA 方法，最适包被浓度为 0.1～8 μg/孔，通过与 HI 比较，灵敏度高于 HI，且两者具有较好的平行关系。

于圣青等（1993）从 10 株抗鸡特异性单克隆抗体（McAbs）中筛选出 2株单抗，分别用作包被抗体和酶标抗体而建立的 McAbs 夹心 ELISA 试验，对提纯新城疫病毒的最小检出量为 25 ng/mL，并从临床疑似新城疫的 724 只病鸡的口腔棉拭子样品中共检出阳性 502 只，其中 200 个样品与病毒分离试验结果完全一致。在此基础上，丁铲等（1997）研制了鸡新城疫酶联免疫诊断试剂盒，先后制备 18 个批次，用于全国 9 个省的 29 个大型鸡场或兽医诊断站，检测血样 3 628 份，其中阳性 2 959 份，取得了较好效果。

卢建红等（1994）以抗新城疫病毒单抗夹心 ELISA 试验为基础，在酶标抗体稀释液中加入 4%（W/V）聚乙二醇（PEG）6000，建立了 PEG - ELISA法，使用此法检测临诊样品，与单抗夹心 ELISA 相比，时间缩短 70 min 且提高了 OD(490) 值，易于识别，检出率较单抗夹心 ELISA 提高了 3%。

吴保成等（1994）以 SPF 鸡抗细胞培养物纯化毒 IgG 为第二抗体（1∶200～600），酶标羊抗兔 IgG(1∶500) 为指示抗体，建立了检测新城疫病毒的间接夹心 ELISA，阻断试验表明，夹心 ELISA 诊断新城疫病毒是特异的。

黄小波（2003）用提纯的新城疫病毒和自制的酶标抗体建立了检测鸡新城疫病毒抗体的 Dot - ELISA 方法。Dot - ELISA 检出的抗体滴度比 HI 高 2～4个滴度，初步确定了该方法的临界保护值为 1∶64。本法检测抗体 2.5 h 内即可完成，结果客观，肉眼容易判定，不需要特殊仪器，有很高的敏感性和特异性。适合基层单位用于新城疫抗体监测、诊断和疫病普查。黄艳艳等（2007）建立了检测鸡新城疫抗体的 Dot - ELISA 方法，并与 HI 方法进行了比较研究，初步确定了该方法的感染保护临界值为 1∶128。

韦栋平等（2004）用新城疫病毒 $F_{48}E_8$ 株作为包被抗原，建立了检测由鸡痘病毒载体介导表达的新城疫病毒融合蛋白（F）抗体的间接 ELISA 方法。应用该 ELISA 方法对表达新城疫病毒 F 基因的重组鸡痘病毒免疫鸡群进行了血清抗体检测，结果表明，血清的 ELISA 抗体效价与相应血清中和试验的抗体效价高度相关。攻毒保护试验的结果显示，ELISA 抗体效价与机体的保护力表现一定程度的相关性。

ELISA 法虽然存在着试剂纯度和酶结合物的特异性、阳性结果判定标准的确定等问题有待提高和解决，但本方法具有敏感性好、特异性强、操作简便、检测量大等优点，因此特别适合于基层兽医部门和鸡场对新城疫的血清学诊断和流行病学普查。并随着单克隆抗体技术、标准化技术的成熟和温度保护剂的研究深入，ELISA 已成为临床上新城疫病毒检测的一个重要发展方向。

6. 乳胶凝集试验

乳胶凝集试验（Latex agglutination test，LAT）是利用具有良好的吸附蛋白等大分子物质的乳胶颗粒作为载体，吸附某种可溶性抗原，检测其相应的抗体。邱德新等（2000）用硫酸铵沉淀、透析浓缩的鸡新城疫病毒抗原致敏乳胶，制成了新城疫病毒乳胶抗原，由此建立了乳胶凝集试验。用所建立的LAT 和 HI 同步检测 69 份鸡血清，两者的总符合率为 94.2%。该法具有简便、快速、敏感性高、特异性好的优点，是一种适合基层单位用来检测鸡新城疫病毒血清的一种新方法。

7. 免疫组化技术

免疫组化技术（Immunohistochemistry，IHC）是以辣根过氧化物酶或碱性磷酸酶标记抗体，直接浸染组织标本印片或冰冻切片的免疫检测方法，具有快速、准确等特点。马吉飞等（1993）应用间接免疫酶组化法诊断鹌鹑新城疫，在人工感染和自然感染病例的肝、肾、脾、十二指肠中检出新城疫病毒抗原，取得满意结果。张静（2009）建立了检测新城疫病毒的 ABC 免疫组化方法，可用于新城疫病毒抗原在鸡体内的定位。

8. 免疫胶体金技术

新城疫免疫胶体金技术（Immune colloidal gold technique）是近几年兴起的将单克隆抗体金标、多克隆抗体、金离子结合在一起和纸上免疫层析等进行组合而成的新技术。该技术最早是 Faulk 等（1971）报道的应用于电镜检查技术的一种示踪技术。与传统方法比较，由于胶体金具有肉眼可观察的红色，因此，以这种技术为基础开发的检测试剂盒有快捷、准确、高特异性、高敏感性的特点，灵敏度可达 0.5~1 ng/mL。戴荣四等（2004）采用柠檬酸钠还原法制备胶体金颗粒，标记纯化的鸡新城疫抗体，并包被在玻璃纤维素膜上，另外将纯化的鸡新城疫抗体和纯化的兔抗鸡抗体包被在硝酸纤维素膜上，组装成鸡新城疫快速诊断试纸条。用该试纸条检测收集的 24 份样品，其结果与 HA 结果一致，符合率 100%；当病毒 HA 效价在 1∶40 以上时，试纸条均能检测为阳性，且保存 6 个月后重复性 100%。李希友等（2006）利用柠檬酸钠还原氯金酸，形成胶体金颗粒，应用直径 20 nm 的胶体金颗粒标记新城疫抗原，制作了半定量快速测定新城疫抗体的免疫胶体金试纸条。用试纸条检测 60 份样品，检测结果与血凝抑制试验（HI）法测得结果的符合率为 93.8%，最小检测 HI 滴度为 1∶16。彭伏虎等（2009）还建立了禽流感病毒和新城疫病毒免疫层析快速检测及鉴别诊断试纸条。研究证明胶体金试纸条能够满足广大基层兽医和一般家禽养殖场在进行新城疫流行病学调查、快速检测与诊断时的需要。

9. 单克隆抗体技术

Russell，P. H. 等（1983）最早以 Ulster2C 弱毒株为抗原研制出针对新城疫病毒不同多肽成分的 9 株单克隆抗体，将 40 株新城疫病毒毒株分为 A～H 8 个群，同一群病毒与这些单抗的反应谱相同，大多数具有共同的生物学和流行病学特征。随后，国内外许多学者分别研究出了针对新城疫病毒不同抗原位点的单抗，用于病毒抗原差异的研究。Meulemans G. 等（1997）用两种单抗混合物进行 HI 试验，发现它们能够高度抑制所有新城疫病毒被检株，且与其他血清型的禽副黏病毒代表株不发生交叉反应。Alexander D. J. 等（1997）用 26 株单克隆抗体对 1526 株禽副黏病毒 I 型（APMV - 1）进行了检测，根据检测结果对被测毒株进行了分群。国内在应用单克隆抗体诊断新城疫上也取得了一定成就。曹殿军等（1997）初步选到 4 株单克隆抗体，这些单克隆抗体对黑龙江地区分离的新城疫病毒强毒株有特异性反应，而且能与常用 La Sota 和 V4 弱毒株区分。徐秀龙等（1998）以 3 种不同毒力型的新城疫病毒为免疫抗原，获得 21 株单克隆抗体，应用这些单克隆抗体与国内外的 27 株参考毒株和 8 株野外分离毒株进行中和试验、血凝抑制试验和溶血抑制试验，结果有 15 株单克隆抗体能与所有被试的新城疫病毒毒株发生反应，其中 6 株单克隆抗体能鉴别新城疫病毒毒株的抗原差异，根据试验结果将 35 株新城疫病毒分为 7 个群，同一群内新城疫病毒的重要流行病学特征和生物学特性极其相似。温贵兰等（2005）通过单克隆抗体技术筛选出 3 株抗新城疫病毒单克隆抗体，并对 9 株新城疫病毒分离物进行了分群研究，结果 A 群系速发型强毒株，B 群包括缓发型弱毒与中等毒力株，C 群新城疫病毒分离物的毒力介于速发型强毒株与中等毒力株之间。

三、分子生物学诊断

随着新城疫病毒分子结构、分子结构与致病性关系、强弱毒株分子结构差异等的研究进展，为新城疫分子水平上的特异性诊断技术，特别是为从病原体检测角度建立特异性诊断技术奠定了基础。

1. 核酸序列测定

核酸序列测定技术（Nucleic acid sequencing）有 2 种，分别是 Sanger 等（1977）提出的酶法及 Maxam 和 Gilbert（1977）提出的化学降解法。近年来，随着各类酶制剂和设备的广泛应用，核酸序列测定已经从一种繁琐费力的手工工作变成自动化过程，且测序结果越来越准确，时间越来越短，效率越来越高。同时，由于新城疫病毒 F 蛋白裂解位点序列已经被认同为病毒毒力评定的指标之一，基于这些理论和技术的进展，Collins 等（1993）众多学者开始将核酸序列测定技术用于新城疫的研究，在毒力分析和核酸变异分析方面应用最为广泛，还有一些人甚至利用此工具进行病毒致病性分型，台湾家畜卫生试验所已将其列入实验室诊断标准中。

2. 反转录 PCR

反转录 PCR（Reverse transcription‐polymerase chain reaction，RT‐PCR）是目前最常用的检测新城疫病毒的分子生物学诊断方法，具有特异、快速、灵敏、简便等优点，消除了常规血清学诊断方法中非特异性因素的干扰及敏感性问题，得到了 OIE 的认可。国内外已建立许多成熟的 RT‐PCR 检测体系，并进一步研究出了可以用于区分强弱毒株的 RT‐PCR 方法，在实际应用中取得了良好的效果。

新城疫病毒 F 蛋白基因差异较大，很难用 1 对引物和 1 条（甚至几条）探针检测出所有中、强毒力的新城疫病毒。强毒株 F 蛋白在裂解位点附近有 2 对成双存在的碱性氨基酸，即赖氨酸（Lys）或精氨酸（Arg）；而弱毒株在相应位置只有 2 个单个存在的碱性氨基酸。因此，根据强、弱毒株此处不同的核苷酸序列，可以设计 RT‐PCR 引物分别扩增强毒株和弱毒株的相应片段将它们区分开。

谢芝勋等根据新城疫病毒、传染性支气管炎病毒（IBV）、败血支原体和传染性喉气管炎病毒（ILTV）的基因文库，设计并建立了 2 种三联 RT‐

PCR，即新城疫病毒-IBV-MG 三联 RT-PCR 和 NDV-IBV-ILTV 三联 RT-PCR，能够快速准确地对 NDV、IBV、MG 和 ILTV 进行鉴别诊断，其敏感度可达到 1 pg 的 NDV、10 pg 的 IBV、10 pg 的 ILTV。

黄庚明等（2001）选择新城疫病毒保守的编码区域，设计合成一对外引物和一对内引物，建立并优化了检测新城疫病毒的套式 RT-PCR，该方法最低可检出 0.3pg 的新城疫病毒 RNA。

王泽霖等（2004）设计了 3 对引物（A+B，A+C，A+D）。引物 A+B 能从 La Sota、B_1、Ⅰ系疫苗株和强毒 $F_{48}E_8$ 的含毒尿囊液中扩增出 362 bp 的核酸片段，引物 A+C 仅能从强毒 $F_{48}E_8$ 的含毒尿囊液中扩增出 254 bp 的片段，引物 A+D 仅能从 La Sota、B_1 和Ⅰ系的含毒尿囊液中扩增出 254 bp 片段。利用 A+C 和 A+D 两对引物扩增包括标准株在内的 7 株新城疫病毒毒株，检测出 3 个分离株 HE2、HE3、HE11 均为新城疫病毒强毒株，检出结果与传统的生物学试验鉴定结果完全一致。

多重 RT-PCR 和套式 RT-PCR 等也开始应用于新城疫病毒的快速鉴别检测。刘华雷等（2011）根据 F 基因的部分序列设计出了多重 RT-PCR，能够快速鉴别出Ⅰ和Ⅱ系新城疫病毒。用此法对 67 株新城疫病毒野毒进行检测，鉴定出 27 株为Ⅰ系、40 株为Ⅱ系，与实际相符，证明了其可行性。

RT-PCR 技术虽然为检测新城疫病毒提供了多种快速、特异、准确的方法，但并不能完全替代常规生物学试验，且要求检测人员具备较高的操作水平。

3. 荧光 RT-PCR

荧光 RT-PCR 技术（Real-time RT-PCR）是近几年发展起来的一项新技术，该技术借助于荧光信号来检测 PCR 产物，提高了灵敏度，实现了真正意义上的 DNA 定量。鉴于其快速、敏感、特异的优势，荧光 RT-PCR 法主要是用于新城疫病毒中强毒株的鉴别检测。其原理是在比对新城疫病毒 F 基因序列的基础上，设计针对 F 基因的特异性引物和特异性的荧光双标记探针进行配对。探针 5′端标记 FAM 荧光素为报告荧光基因（用 R 表示），3′端标记 TAMPA 荧光素为淬灭荧光基因（用 Q 表示），它在近距离内能吸收 5′端荧光基因发出的荧光信号。PCR 反应进入退火阶段时，引物和探针同时与目的基因片段结合，此时探针上 R 基因发出的荧光信号被 Q 基团所吸收，一起检测不到荧光信号；而反应进行到延伸阶段时，Taq 酶的 5′-3′的外切核酸酶功能将探针降解。这样探针上的 R 基团游离出来，所发出的荧光不再为 Q 所吸收而被检测仪所接受。随着 PCR 反应的循环进行，PCR 产物与荧光信号的增长呈现对应关系。目前该技术在国内外已广泛应用到检验检疫及相关工作。

谢芝勋（2008）根据禽流感病毒和新城疫病毒的基因保守序列，设计了禽流感病毒和新城疫病毒的 2 对特异性引物和 2 条用不同荧光基团标记的 Taq-Man 探针，建立了能够同时检测禽流感病毒和新城疫病毒的二联荧光定量 RT-PCR方法。经验证，该方法特异性好，对禽流感病毒和新城疫病毒的检测敏感性均达到 2 000 个模板拷贝数，比常规 RT-PCR 敏感性高 100 倍；抗干扰能力强，对禽流感病毒和新城疫病毒不同模板浓度进行组合，仍可有效地同时检测 2 种病毒。

曹军平等（2009）根据 M 基因的保守序列设计了引物与 TaqMan 探针，该方法对 500 份临床样品检测的结果中，阳性检出率和阴性检出率分别为 90.0％和99.8％。

S. W. Tan 等（2009）根据新城疫病毒强毒株和弱毒株的 NP 基因的保守区域设计了 2 对引物，以 SYBR I Green 为探针建立了荧光 RT-PCR 检测方法，对新城疫病毒的强弱毒株进行鉴别。随后以此方法检测了 150 份样品，检测结果与病毒分离及 F 基因酶切位点分析结果一致，说明该方法准确可行。

Fuller 等（2010）基于 L 基因设计出另一种荧光 RT-PCR 检测方法，通过对 350 份临床样本检测验证，其检测敏感性和特异性分别达到了 96.05％和 98.18％，同比略高于传统生物试验检测。

同样以 SYBR I Green 为探针，Nidzworski 等（2011）则根据 F_0 基因的酶切位点序列设计并建立了荧光 RT-PCR 来对新城疫病毒中强毒株和弱毒株进行鉴别检测，其敏感度可达到强毒株 $100EID_{50}$，弱毒株 $1000EID_{50}$。

4. 环介导等温扩增技术

环介导等温扩增技术（Loop-mediated isothermal amplification，LAMP）是一种新颖的恒温核酸扩增方法，其特点是针对靶基因的 6 个区域设计 4 种特异引物，利用一种链置换 DNA 聚合酶在等温条件（63 ℃左右）保温 30～60 min，即可完成核酸扩增反应。与常规 PCR 相比，不需要模板的热变性、温度循环、电泳及紫外观察等过程。LAMP 是一种全新的核酸扩增方法，具有简单、快速、特异性强的特点。该技术在灵敏度、特异性和检测范围等指标上能媲美甚至优于 PCR 技术，不依赖任何专门的仪器设备实现现场高通量快速检测，检测成本远低于荧光定量 PCR。

H. M. Pham 等（2005）根据新城疫病毒的 F 基因设计出了 LAMP 检测方法，仅需水浴加热 2 h 即可扩增得到目的基因片段。然后以此方法与套式 RT－PCR 同时检测 38 株新城疫病毒毒株，并将检测结果进行比对。比对结果显示所有的 LAMP 阳性结果与套式 RT－PCR 的阳性结果一致，检测的敏感度为 0.5 pg。但 LAMP 检测的效率、耗费和操作简便性要优于套式 RT－PCR。该项研究说明 LAMP 技术是一种高效、敏感的新城疫病毒检测手段。

5. 核酸探针

核酸探针技术（又称基因探针，Gene－probe）是在已获得的病毒特异片段上标记放射性同位素或生物素作为探针而建立的一种分子杂交诊断方法。随着对新城疫病毒各段基因序列和功能研究的深入，对该病毒基因中的保守区、可变区、强弱毒株特异的碱基序列等已经有了明确的认识，这为人工合成特异性检测新城疫病毒核酸探针的应用创造了条件。

贺东生等用光敏生物素标记鸡新城疫 cDNA，制备核酸探针，经斑点杂交和碱性磷酸酶显色后，探针同该 cDNA 的 PCR 产物、PCR 产物重组子和新城疫强、弱毒株呈现阳性反应，与 IBV、ILT、MG 和正常尿囊液等均呈阴性杂交反应，田间病料的杂交试验也表明该 cDNA 探针的敏感性和特异性。

Y. P. Li 等（2004）设计了一对探针 VC22 和 NC22 并用 DIG 进行标记，前者可特异性识别新城疫病毒中强毒的毒株，后者则是识别新城疫病毒弱毒株。经过测试，该方法完全可在 24 h 内检测出是否有新城疫病毒存在，试验结果准确、可靠。

核酸探针杂交技术在实际应用中也存在一些问题，即同位素标记的核酸探针具有放射性，对人体有危害；生物素标记的核酸探针受紫外线照射易分解等。但该技术具有高灵敏度和高特异性的特点，探针可大量合成，检测速度快，结果可靠，同时可避免扩散病毒，更适用于临床诊断和进出口检疫。

6. 基因芯片

基因芯片（Genechip）又称 DNA 芯片、DNA 微阵列等，伴随人类基因组计划而产生，是近年来分子生物学及医学诊断技术的重要进展。该技术的突出特点在于其高度的并行性、多样化、微型化、自动化，被认为是生命科学研究中继基因克隆技术、基因自动测序技术、PCR技术后的又一次革命性的技术突破。该技术是近年来发展起来的一种生物新技术，可应用于基因表达谱分析、基因位点突变分析和疫病检测等方面。

曹三杰等（2006）首次构建制备了新城疫病毒、传染性支气管炎病毒（IBV）、禽流感病毒（AIV）和传染性法氏囊病病毒（IBDV）等禽类主要疫病的基因检测基因芯片，该试验分别设计和克隆鉴定了新城疫病毒、IBV、AIV和IBDV的靶基因重组质粒，以克隆的靶基因重组质粒为模板，分别进行PCR扩增制备靶基因并纯化；以基因芯片点样仪将制备的靶基因点制在氨基化的基片上，经干燥、水合、紫外线交联和洗涤后，成功制备了NDV-IBV-AIV-IBDV诊断基因芯片，并应用CY3荧光标记制备的探针进行芯片的检验。结果表明，制备的NDV-IBV-AIV-IBDV诊断基因芯片质量好，对NDV、IBV、AIV和IBDV的检测具有同步检测和鉴别诊断的功能，同时具有灵敏性好、特异性高和芯片可重复检测的优点。

石霖等（2009）分别纯化了AIV和新城疫病毒的蛋白抗原，用点样缓冲液稀释后点于醛基修饰的片基上，制备蛋白芯片；将芯片与待检血清杂交后，再与胶体金标记的二抗杂交，银染显色后根据灰度值判定结果，从而建立了2种禽病的可视化蛋白芯片鉴别诊断方法。采用该方法对18份现场血清样品进行初步检测，结果显示该芯片可特异性地与相应的抗体杂交，无交叉反应，而且呈现较强的杂交信号。用该芯片方法和琼扩（AGP）抗体检测方法对18份样品进行符合率检测，结果表明该可视化蛋白芯片具有很好的特异性，并且检测灵敏度是AGP方法的400倍以上。

该技术敏感性强、准确性高、特异性强、重现性好，且操作简单，成本较低，完全适用于新城疫病毒的大规模筛检和快速检测，对出入境动物检验检疫工作具有重大意义。

7. 免疫PCR

免疫PCR（Immuno PCR，Im-PCR）是利用抗原抗体反应的特异性和PCR扩增反应的极高灵敏性而建立的一种微量抗原检测技术。免疫PCR是在ELISA的基础上建立起来的新方法，用PCR扩增代替ELISA的酶催化底物显色。PCR具有很强的放大能力，可以定量地检测DNA和RNA，具有非常高的敏感性和特异性，因此，将与抗原结合的特异抗体通过连接分子与DNA结合，再经PCR扩增，由此定量检测抗原使敏感性高于ELISA和PCR。

M. J. Deng等（2011）利用抗新城疫病毒/F单抗和胶体金颗粒建立了一

种免疫 PCR 检测方法，条件优化后其检测敏感度可达到 $10^{-4}\,EID_{50}$。然后用 H_5N_1/AIV、H_9N_2/AIV、H_7N_2/AIV、NDV、IBDV 和 IBV/H_{120} 等感染鸡只的拭子样品进行验证，取得了理想的效果。同时依照此方法，还可进一步建立新城疫病毒与其他禽类病毒性传染病的多联免疫 PCR 鉴别方法，具有极高的实际应用价值。

8. RNA 指纹图谱

指纹图谱技术（Fingerprinting）是用限制性内切酶或一些特定的酶对细菌或病毒的基因组 DNA、RNA 或质粒 DNA 进行酶切，然后利用凝胶电泳或放射自显影技术对其图谱直接进行分析，或利用特异性的探针杂交，然后再进行分析。本技术自发明以来，已从各个环节进行了改进和完善，大大简化了此技术的操作性和条件，将指纹技术的应用推向了一个新阶段。McMillan 等（1980）首先应用 RNA 指纹图谱法对新城疫病毒 RNA 进行了分析。其方法是将纯化的病毒 RNA 用 T_1 RNA 酶降解，产生大小不同的寡核苷酸片段，放射性同位素标记后进行垂直双向电泳，再通过放射自显影得到特征性 RNA 指纹图谱，不同的毒株 RNA 组成和序列有差异，可通过指纹图谱反映出来，随后他们又对多株新城疫病毒进行了指纹图谱分析，确定了其图谱和同源性，并利用本方法区分了本土新城疫毒株和外来新城疫毒株（1982）。由于该方法放射性污染较大，Palmieri 等（1989）对此法进行了改进，原来是在病毒培养过程中掺入同位素，而改进后的方法是在 RNA 抽提后，即用 T_1 RNA 消化，然后用聚核苷酸激酶及同位素在各片段的 $5'$ 末端进行标记，这样减少了放射污染的机会，但该法由于操作复杂，所需设备昂贵且可重复性不高，因而后来很少有人应用。

国内外许多学者对新城疫诊断方法的研究还在不断地进行中，但由于近几年来新城疫呈现不断增加的趋势，越来越多的非典型病例在不断增加，常规的诊断方法大都不再适合，随着科技的发展，诊断速度快、敏感性高、操作更简便的方法必将应运产生，将为我国有效控制和消灭新城疫提供强有力的保证。

第四节　新城疫检测实验室的质量管理

新城疫检测实验室应按照 ISO/IEC17025：2005《检测和校准实验室认可准则》的要求，进行实验室质量管理，这是科学管理实验室的基础，也是保证实验室检测结果质量的根本。从事新城疫研究的实验室也可以依据《检测和校准实验室认可准则》的要求建立实验室质量管理体系，以实现对试验结果质量的有效控制和易于追溯分析。

一、质量管理体系文件

实验室应结合实际情况建立与其相适应的质量管理体系，并形成质量管理体系文件，此体系应覆盖实验室所有场所和相关人员，与实验室的职能、项目等活动范围相适应。质量管理体系文件是实施质量管理的依据，有利于体系的运行保持持续性和有效性。管理体系文件范围之广、内容之细，可以用一句话来体现——"在实验室中，做任何工作必须依据程序或规范"。

实验室质量管理体系文件的制订应依据相关政策、法律法规、方针目标、实验室的管理制度和计划等，从而全面指导和标定工作，并确保实验室检测和研究工作的客观性、可靠性和有效性。从事新城疫检测或研究的实验室在建立实验室质量管理体系文件过程中，应特别注意涵盖与新城疫检测和研究相关的技术标准和规范。质量管理体系文件应传达至实验室所有相关人员，使其能方便获取、正确理解和主动执行。

体系质量负责人及技术负责人应定期组织相关人员审查体系文件，必要时及时进行修订，以保证其持续适用，同时确保满足实际工作开展的要求。

二、有效管理的人力资源

实验室的主要活动是开展检测或研究实验，最终获得的是检测或实验结果，检测或研究过程中，人员、仪器设备、材料、标准方法、设施环境五大环节缺一不可，但最根本的、起决定作用的还是人员。实验结果的准确可靠与否，与操作人员的责任心、技术水平及是否严格按体系文件要求工作密不可分，人员的综合素质决定工作质量，因此，以人为本，通过组织、协调、控制和改进，充分调动和发展员工的积极性和创造性，不断提高人员素质是搞好实验室质量管理、增强整体实力的首要因素。

ISO/IEC17025：2005"人员"要素中，要求实验室对从事特定工作的人员按要求，依据所受的教育、培训、经验和技能进行资格确认，确认合格方可上岗，并在以后的工作中，进行必要的监督，根据实验室的预期目标和满足员工自身发展的需要，定期或不定期提供参加培训的机会。

实验室人员包括管理人员和技术人员，体系文件中应明确规定所有人员的岗位及岗位职责。实验室主任应赋予每位员工相应的权力和资源，以便于更好地履行岗位职责。要结合实验室自身情况建立适宜的沟通机制和奖惩制度，调动员工的主观能动性，使每位员工乐意积极主动地识别工作中的偏离，从实际工作出发，研究制定并实施可靠的预防或纠正措施，以保证实验室质量管理体系的有效运行。

从事新城疫检测和研究的实验室人员，除了熟悉质量管理体系外，还应具备兽医病毒学和传染病学等学科的基本知识，加强新城疫专业理论知识和技术的培训，熟练掌握本实验室所用新城疫相关技术标准的基础知识和新城疫病毒生物安全操作的基本技能。

三、设施和仪器设备

实验室设施，包括通风系统、能源、照明和环境条件。实验室应确保其环境条件符合实验的要求。从空间上对不相容活动的相邻区域进行有效隔离，对结果有影响的区域实行限入制度。

实验室应配备检测和研究所需要的仪器设备。对结果有重要影响的仪器，应制定检定计划，需要校准的测量仪器设备，只要可行，应使用标签、编码或其他标识表明其校准状态，包括上次校准的日期、再校准或失效日期。

对于处置不当、给出可疑结果，或超出规定限度的设备，均应停止使用，并加添标签。直至修复并通过实验表明能正常工作为止。

四、材料

首先要明确所需各种试剂耗材的重要技术参数，形成采购文件，根据采购文件的描述，选择符合试验要求的材料，那些对检测和研究结果有重要影响的试剂和消耗材料，只有在经检查、小批量试验或其他方式验证符合要求之后，才可以使用。

做好材料的验收、登记的标准物质的期间核查工作，并制定相关验收和期间核查作业指导书，以保证在材料环节不影响试验结果的质量。对于危险品的管理，包括新城疫病毒毒株的管理都严格按管理规定执行，以防危险物质泄露。

对于实验过程中用到的需要配制的化学试剂，严格按照作业指导书的规定进行配制，同时填写配制记录，对于配置好的试剂，贴好标签，注明名称、浓度、配置时间、配置人及有无灭菌等信息。

五、国际国内标准的查新

根据程序性文件的要求，安排专人定期跟踪新城疫标准规范的更新或修订，及时验证和使用新方法，以保证本实验室所使用依据的现行有效。

六、培训

培训的目的是使实验室人员持续具备或提高新城疫相关的理论知识和技术技能。

培训的主要内容：学习和掌握与所从事的工作相关的专业知识、技术标准、方法、规范、操作技能和仪器设备的使用；了解相关的法律法规和政策要求，加强职业道德、行为规范和安全保密等方面的学习和教育；质量管理体系文件宣贯，质量管理体系文件有修订或更新，必须先通过学习、宣贯后，才能实施，使所有人员熟悉与之相关的质量管理体系文件，并在工作中执行；还有质量管理相关准则、要求等。

培训的 4 个基本环节：其一，每年年初，总结上一年的工作情况，结合实验室当前和预期的任务，年初制定切合实际的培训目标和年度培训计划，使各专业技术人员能够适时更新专业理论知识和技能；其二，按计划实施培训工作，外部培训包括上级部门组织或者质量监督管理机构的培训班，以及参观考察学习等形式；内部培训在体系培训中比重更大，培训方式也更丰富，包括外聘专家培训、集体学习讨论、互相切磋、师徒传授和自学等；其三，培训考核及效果评价，目的是保证培训的有效性；其四，保存好培训记录。

七、记录控制

执行过的工作必须有记录，这句话充分体现了记录的重要性。

记录包括质量记录和技术记录，质量记录包括人员培训、仪器设备校准、内部审核、管理评审的记录；技术记录是实验所得数据和信息的累积。

对于记录的整体要求是及时、准确、完整、客观和清晰明了。每项实验的原始记录应包含充分的信息，以便在可能时识别结果的影响因素，并确保该检测在尽可能接近原条件的情况下能够重复。实验过程要边做边记。每份记录都要有操作人员和结果校核人员的签字及日期。

记录要求应予安全保护和保密，存储形式可以是纸质也可以是电子文本，每年按程序性文件规定进行记录的收集、索引和存档，并根据规定的保存期保管好记录。

八、文件档案管理

实验室的文件，诸如专业参考书籍、法规标准、其他规范化文件、管理体系文件等，要有专人管理，专柜存放，所有文件要有翔实记录。文件档案借阅应按规定执行。

管理体系文件需要受控，需要有发放和回收记录，有利于确保在使用的都是有效文件，同时便于撤回无效或作废文件。

九、质量控制

实验室质量是控制实验室检测结果有效性、客观性和准确性的一种手段。可以采用内部质量控制和外部质量控制两种方式开展：一是借助外部力量实施针对本实验室能力范围相关新城疫标准的实验室间比对和能力验证活动，以助于实验室检测能力的提高。二是内部质量监控。包括盲样检测、留样检测、方法比对、人员比对、设备比对，以及定期使用标准物质对人员进行考核和仪器设备的期间核查等，以验证检测工作的可靠性。

第五节　新城疫检测实验室生物安全管理

新城疫是由新城疫病毒强毒感染引起的以感染禽类为主的一种高度接触性传染病。世界动物卫生组织（OIE）将其列为须报告的传染病（2005 年之前将其列为 A 类传染病），我国农业部在 2008 年颁布的动物疫病病种目录中将其列为一类动物疫病。该病属高致病性病原微生物。据农业部 2008 年发布的《农业部关于进一步规范高致病性动物病原微生物实验活动审批工作的通知》和《动物病原微生物实验活动生物安全要求细则》，在实验操作涉及新城疫病毒的分离培养以及新城疫强毒感染的动物试验应在 BSL－3 或 ABSL－3 实验室内进行；对于未经培养的感染性材料实验或灭活材料实验在 BSL－2 实验室操作即可，但对于组织病料或棉拭子样品等感染性材料的处理需要在Ⅱ级生物安全柜中进行。

生物安全从广义理解，包括安全（Biosafety）和安保（Biosecurity）两层含义。生物安全是避免危险生物因子造成实验室人员暴露、向实验室外扩散并导致危害的措施，涉及为防止病原体的泄露和意外释放而采取的防护措施的各个方面；而生物安全保障是为防止病原体的偷盗、误用或故意释放而采取的保障措施。安全处理传染性病原体不仅需要良好的生物安全程序，而且要有生物安全保障计划。

对于新城疫实验室的生物安全而言，重点在于能否严格按照规范操作病原。

一、新城疫病毒特性

1. 感染性

病鸡和隐性感染鸡是主要传染来源，感染鸡出现呼吸道症状，可以通过呼吸道、消化道等途径排出含有病毒的大小雾滴、尘埃、颗粒。易感鸡吸入或接触而引起感染，环境中感染性病毒的存活能力较强，其存活时间长短与许多环境因素有关。大多数禽类在感染新城疫病毒的过程中，从粪便中排出大量病毒。新城疫病毒不能垂直感染。新城疫病毒存在于病鸡的所有组织器官、体液、分泌物和排泄物中，以脑、脾、肺含毒量最高，骨髓含毒时间最长。分离病毒时多采集脾、肺或脑乳剂为接种材料。新城疫病毒在鸡胚内很容易生长，无论是接种在卵黄囊内、羊囊内、尿囊内或绒毛膜上及胎儿的任何部位都能迅速繁殖。

2. 致病性

（1）对禽 不同新城疫病毒毒株对鸡的致病性差别很大，根据新城疫病毒感染后的临床症状，分为急性型、亚急性型、慢性型和无症状型，也可根据感染所引起的临床症状将新城疫病毒毒株分为5种致病型：一是Doyle氏型（即内脏速发型），可致所有年龄鸡急性感染，常见消化道出血性损害；二是Beach氏型（即嗜神经速发型），常引起所有年龄鸡急性感染，以出现消化道症状和神经症状为特征；三是Beaudette氏型，是致病较弱的嗜神经速发型，常感染幼禽；四是Hitchner型，表现为不明显的呼吸道症状；五是肠型，主要肠道感染，不明显发病。速发型病毒株多属于野外流行的强毒株及国际上用于人工感染的标准毒株；中发型病毒株和缓发型病毒株多为用做疫苗的病毒株。

(2) 对人 人有易感性，主要发生于禽类加工厂工人、兽医和实验室工作人员，常因接触病禽和病毒乃至活毒疫苗而被感染。人类感染新城疫病毒，可引起急性结膜炎，多在接触病毒或处理病禽时所感染，不需治疗，一般 7～10天能自行康复。大多数病例的病程为 7～10 天，不经治疗自行康复，而且人与人之间不相互传染。

3. 传播途径

在自然条件下，新城疫病毒侵入宿主的途径主要是呼吸道和眼结膜，但也可以经消化道和破损的皮肤侵入。

本病通过健康禽直接接触病禽或间接摄入被病禽呼吸道分泌物、粪便污染的垫料、饲料或饮水而传播。病禽的肉尸、内脏和下脚料处理不当，可传播本病，污染的运输工具和禽舍也是重要的传染来源。

推测人的感染主要通过与病禽的密切接触，多在接触病毒或处理病禽时含有病毒的样品溅入眼睛造成结膜感染。

4. 潜伏期

(1) 禽新城疫 新城疫自然感染的潜伏期一般为 2～15 天，平均 5～6 天，人工感染潜伏期为 2～5 天。

(2) 人新城疫 人类感染新城疫病毒，可引起急性结膜炎，偶尔也侵害角膜，也有报道发生轻微流感症状的患者，潜伏期约为 48 h，多在接触病毒或处理病禽时所感染，不需治疗，一般 7～10 天能自行康复。

5. 剂量效应关系

新城疫病毒对鸡致病的主要因素由病毒株决定，但感染剂量、感染途径、鸡的年龄、环境条件等也有影响。在我国分离出的病毒一般都很强，以 10^{-6}-10^{-8} 稀释的鸡胚毒液 1 mL 就可使鸡发病死亡，0.1 mL 可致死鸡胚。

6. 变异性

新城疫病毒为 RNA 病毒，由于 RNA 病毒在复制过程中 RNA 聚合酶缺乏校对功能，在复制时容易出现差错，此外，我国对于新城疫采取了全面免疫的政策，环境中的选择压力也会造成新城疫病毒发生变异。

7. 宿主范围

新城疫病毒的宿主范围很广，几乎对所有禽鸟易感，鸡、火鸡、珍珠鸡、鹌鹑及野鸡对本病都较易感，其中以鸡最易感，野鸡次之。幼雏和中雏的易感性较高，水鸟抵抗力最强，群居鸟最敏感。

8. 在环境中的稳定性

新城疫病毒对各种理化因素抵抗力强，对热抵抗力弱。在 60 ℃ 30 min，55 ℃ 45 min 或在直射阳光下经 30 min 灭活。4 ℃经数周、−20 ℃下经几个月、−70 ℃经几年，其感染力仍不受影响。对乙醚和其他脂类溶剂敏感，大多数去垢剂能迅速将其灭活。对酸性或碱性敏感。鸡屠宰后其骨髓和肌肉中的病毒在−20 ℃条件下感染力可保持 6 个月，在冷藏条件下能保持 4 个月。感染母鸡所产蛋中的病毒在室温下可存活数月，4 ℃时甚至可存活一年以上。总的来说，新城疫病毒对理化因素的抵抗力相当强，能在自然界中顽强生存。

9. 对消毒剂的敏感性

病料中的病毒煮沸 1min 即死，经巴氏消毒法或紫外线照射即毁灭。常用消毒剂如 2％氢氧化钠、1％来苏儿、10％碘酊、70％酒精等 30 min 即可杀死病毒。

10. 预防和治疗措施

(1) 对禽 目前对新城疫尚无有效的治疗方法。由于本病发生后传播快、病死率高，往往给鸡群以毁灭性打击，因此对于养鸡业来说，预防是一切防疫工作的重点。预防该病最有效的方法是进行疫苗接种。

(2) 对人 无需免疫和治疗。

二、实验室实验活动及其危险性和预防措施

1. 样品处理

对于携带新城疫病毒的样品，样品处理是发生新城疫病毒泄露的一个重要环节。

(1) 研磨 研磨过程中，如操作不慎，易发生玻璃研磨器破裂，样品液从

玻璃研磨器中溢出，导致实验台面污染，甚至发生破裂的玻璃研磨器割破操作人员的手部皮肤，不及时处理可造成病毒在实验室内的扩散甚至逸出实验室。弃去的拭子、使用过的研磨器如果不及时放入消毒袋中经高压处理或没有及时放入消毒液中浸泡后再高压处理，随意放置在实验台上，也会污染实验台面，进而造成病毒在实验室内的扩散甚至逸出实验室。主要预防措施包括：在研磨前，先仔细检查所用研磨器是否完好无损；在研磨过程中要尽量避免将研磨器与其他器械碰触和过度用力，研磨要匀速、缓慢进行；及时将废弃物进行高压或消毒液浸泡等消毒处理措施；为避免气溶胶的产生，所有操作应在生物安全柜中进行，实验人员着三级个人防护用品。

（2）样品的离心 在样品的离心过程中，如离心管有裂纹，离心管质脆，耐压力差，离心时不平衡、离心管装得过满、离心管口未密封等，均可造成样品溶液从离心管中溢出，污染离心机内腔，如不及时进行认真消毒、清洗处理，均可发生病料的泄露，造成实验室环境污染和实验人员感染。主要预防措施包括：离心前仔细检查离心管，尽量采用塑料制品；准确配平；离心管内液体不能超过其容积的 2/3；拧紧盖子。如遇到玻璃离心管在离心过程中破碎，玻璃碎片应用镊子轻轻夹取，污染区应用消毒剂擦拭干净。

（3）易产生气溶胶的操作 在样品研磨、捣碎和离心等操作中均可产生气溶胶，用移液器向含有病毒的样品溶液中吹入气体，对病毒溶液用移液管反复吹吸混合，以及将液体从移液管内用力吹出等，也可产生气溶胶。主要预防措施包括：对于易产生气溶胶的环节必须在生物安全柜内操作，采用移液器时吹吸速度不宜过快，吸取液体最好不要超过最大量程的 2/3。

2. 病毒分离

新城疫病毒的分离主要采用鸡胚接种方法。在采用鸡胚接种方法进行病毒分离试验时，如下一些实验室操作环节存在导致病毒泄露的风险。

（1）鸡胚接种 在用注射器进行样品接种时，实验操作人员操作不规范、动作紧张，有注射针头意外刺伤皮肤的可能性，导致实验人员发生感染。在用注射器进行样品接种，当出现针头阻塞、针头固定不紧时，强力推压易发生样品液泄露，污染实验台面，在空气中推压注射器中样品液，易溢出或产生气溶胶，造成污染。主要预防措施包括：在进行病毒接种时必须集中精力，接种时充分固定针头和针管，接种速度不宜过快，对于用过的注射器，直接放入含有消毒液的锐器盒内，禁止重新套上针头帽。

（2）鸡胚掉落、破碎 观察鸡胚病变、死亡情况和收集鸡胚时，如果动作不慎，发生鸡胚掉落、破碎，则可造成鸡胚尿囊液泄露，导致实验室台面等内环境的污染，如不及时进行认真消毒、清洗处理，可造成实验室环境更大范围的污染和病毒扩散。主要预防措施包括：生物安全柜操作台面须预先铺一层防水的材料，发生溢洒时需严格按照程序及时进行处理。

3. 病毒鉴定

新城疫病毒的初步鉴定，目前主要采用血凝（HA）和血凝抑制（HI）试验。在进行血凝（HA）和血凝抑制（HI）试验过程中主要存在的风险有：待鉴定的鸡胚尿囊液可能含有高致病性的新城疫病毒，故吸取、移液等操作，如有不慎，可造成鸡胚尿囊液滴落，污染实验台面。主要预防措施包括：采用移液器移液时速度不宜过快，吸取液体最好不要超过最大量程的 2/3；生物安全柜操作台面须预先铺一层防水的材料，上面再覆盖一层吸水的纸巾，在溢出时可喷洒消毒液。

在试验过程中吹吸混匀、震荡摇匀等操作均可产生气溶胶，如不加以适当防护，易增加实验人员吸入感染的可能性，并使病毒扩散到实验室环境中。主要预防措施包括：操作平稳，尽量避免气溶胶产生。

4. 致病性试验

新城疫病毒分离株的致病性试验涉及实验动物的攻毒、饲养、观察和处理，是最容易导致新城疫病毒泄露和感染实验人员的环节，在整个致病性试验过程中的各个操作环节都有导致新城疫病毒发生泄露和感染实验人员的风险。

使用注射器对实验鸡进行病毒接种时，如实验鸡保定不牢，出现挣扎现象，加之实验操作人员情绪紧张，易发生注射器意外刺伤事故，导致实验人员通过刺伤直接感染。主要预防措施包括：在进行攻毒时必须精力充分集中，确保实验动物固定牢固。

病毒接种鸡体后，在鸡体内迅速增殖，导致鸡全身组织、器官含有大量病毒，并通过粪便等各种排泄物和分泌物将病毒排出体外，整个饲养内环境存在大量病毒，如果动物饲养器具密封不严、不处于负压状态，病毒很容易随空气流动在实验室广泛扩散，并存在从实验室逸出的高风险性。主要预防措施包括：每天定期检查隔离器的密闭状况，尤其是在饲喂试验动物时要注意操作手套和隔离器连接处的密闭情况，操作完成后将手套推回隔离器里面，防止试验动物钻入袖套造成脱落的情况出现。

在隔离、观察期间，如实验人员不注意防护，接触病鸡，很容易通过直接接触和空气感染病毒，成为传播媒介，并随实验人员活动，造成病毒在实验室中更大范围的扩散。主要预防措施包括：在进行动物试验尤其是攻毒后，必须严格遵守实验室的相关规定，注意做好个人防护，发生意外及时进行报告。

实验动物及其粪便等各种排泄物和分泌物等废弃物处理不当，可能会造成病毒在实验室的扩散，并存在从实验室逸出的高风险性。主要预防措施包括：接毒的实验动物及其粪便等各种排泄物和分泌物，必须经过严格可靠的清洗和消毒进行处理。

5. 病毒 RNA 制备

聚合酶链反应（PCR）可用于扩增诊断材料中新城疫病毒的基因组片段。在进行 PCR 过程中可能产生的主要风险来自于病毒 RNA 提取过程，在加入 RNA 提取试剂后，可消除新城疫病毒的感染性，RT - PCR 和测序过程不会发生新城疫病毒的泄露事件。病毒 RNA 制备过程中存在的主要风险还包括：在研磨、处理和吸取病死禽组织、分泌物或粪便样品溶液时，造成样品溢出。主要预防措施包括：在研磨过程中要尽量避免过度用力，研磨要匀速、缓慢进行；及时将废弃物进行高压或消毒液浸泡等消毒处理措施。转移含有感染性的样品上清液时还有可能造成溢洒或产生气溶胶，主要预防措施包括：所有操作应在生物安全柜中进行，实验人员着三级个人防护用品；操作平稳，尽量避免气溶胶产生。

参 考 文 献

[1] 王泽霖，王丽，姚惠霞，等．应用 RT - PCR 对新城疫病毒分离株毒力的快速鉴定[J]．中国兽医学报．2004,04：317 - 320.

[2] Liu H. L. ，Zhao Y. L. ，Zheng D. X, et al. Mutiplex RT - PCR for rapid detection and differntiation of class I and class Ⅱ Newcastle disease viruses [J]. J Virol Methods 2011，171：149 - 155.

[3] 黄庚明，辛朝安．应用逆转录套式 PCR 检测新城疫病毒核酸 [J]．中国预防兽医学报，2001,04：56 - 60.

[4] 谢芝勋，谢志勤，庞耀珊，等．应用三重聚合酶链反应同时检测鉴别鸡 3 种病毒性呼吸道传染病的研究 [J]．中国兽医科技，2001,01：11 - 14.

[5] Fuller CM, Brodd L, Irvine RM, et al. Development of L gene real - time reverse - transcription PCR assay for the detection of avian paramyxovirus type 1 RNA in clinical

samples [J]. Arch Virol 2010,155(6)：817－23.

[6] 曹军平，胡顺林，吴双，等．基于 M 基因的新城疫病毒实时荧光定量 RT－PCR 的建立及其对临床样品中新城疫病毒检测的研究 [J]. 畜牧兽医学报.2009,07：1120－1125.

[7] Tan SW, Ideris A, Omar AR, et al. Detection and differentiation of velogenic andlentogenic Newcastle disease viruses using SYBR GreenIreal－time PCR with nucleocapsid gene－specifi c primers [J]. J Virol Methods. 2009,160：149－156.

[8] Nidzworski D，Rabalski L，Gromadzka B，et al. Detection and differentiation of virulent and avirulent strains of Newcastle disease virus by real－time PCR [J]. J Virol Methods. 2011,173：144－149.

[9] 谢芝勋，谢丽基，刘加波，等．禽流感和新城疫病毒二重荧光定量 RT－PCR 检测方法的建立 [J]. 生物技术通讯.2008,03：410－413.

[10] Pham HM, Nakajima C, Ohashi K, et al. Loop－Mediated isothermal amplification for rapid detection of Newcastle disease virus [J]. J Clin Microbiol. 2005,43(4)：1646－1650.

[11] Deng M，Long L，Xiao X，et al. Immuno－PCR for one step detection of H5N1 avian influenza virus and Newcastle disease virus using magnetic gold particles as carriers [J]. Veterinary Immunology and Immunopathology，2011,141：183－189.

[12] 贺东生，宋长绪．DNA－RNA 杂交法检测新城疫病毒的研究 [J]. 中国动物检疫. 1997,05：8－9.

[13] Li YP, Zhang MF. Rapid pathotyping of Newcastle disease virus from allantoic fluid and organs of experimentally infected chickens using two novel probes [J]. 2004,149：1231－1243.

[14] 曹三杰，文心田，肖驰，等．几种主要禽疫病诊断基因芯片的制备及初步应用 [J]. 畜牧兽医报.2006,04：356－360.

[15] 石霖，王秀荣，杨忠苹，等．禽流感、新城疫可目视化诊断蛋白芯片的制备及初步应用 [J]. 中国预防兽医学报.2009,01：60－64.

[16] 李维义，李媛．应用琼脂扩散试验检测新城疫抗原 [J]. 中国畜禽传染病.1998,03：38－40.

[17] 郑世军，甘孟侯．间接法 DOT－ELISA 检测新城疫病毒的研究 [J]. 畜牧兽医学报. 1992,02：187－192.

[18] 卢建红，张如宽．快速检测鸡新城疫病毒的聚乙二醇单抗夹心 ELISA 试验的建立和应用 [J]. 中国兽医科技.1994,02：3－4.

[19] 韦栋平，徐忠林，张如宽，等．新城疫病毒融合蛋白抗体间接 ELISA 检测方法的建立 [J]. 中国兽医科技.2004,04：3－8.

[20] 甘孟侯主编．中国禽病学 [M]. 北京：中国农业出版社，1997.

[21] 陈溥言主编．兽医传染病学第五版 [M]. 北京：中国农业出版社，2006.

[22] 王志亮主编．现代动物检验检疫方法与技术 [M]. 北京：化学工业出版社，2007.

[23] 徐百万主编．动物疫病监测技术手册 [M]. 北京：中国农业出版社，2010.

［24］殷震主编．动物病毒学［M］．2 版．北京：科学出版社，1996.

［25］FAO（Food and Agriculture Organization）．A technology review：Newcastle disease ［M］．2004.

［26］Russell PH，Alexander DJ. Antigenic variation of Newcastle disease virus strains detected by monoclonal antibodies［J］. Arch Virol，1983，75：243 - 253.

［27］Alexander DJ，Manvell RJ，Lowings JP，et al. Antigenic diversity and similarities detected in avian paramyxovirus type 1（Newcastle disease virus）isolates using monoclonal antibodies［J］. Avian Pathology，1997，26：399 - 418.

［28］徐秀龙，刘秀梵．抗鸡新城疫病毒单克隆抗体及所测定的毒株的抗原差异［J］．病毒学报，1988(1)：39 - 43.

［29］病原微生物实验室生物安全条例（国务院令第 424 号，2004 年）.

［30］实验室生物安全通用要求（GB 19489—2008）.

［31］一、二、三类动物疫病病种名录（农业部公告第 1125 号，2008 年）.

［32］动物病原微生物分类名录（2005 年）.

［33］实验室生物安全手册（WHO，第三版，2004 年）.

［34］兽医实验室生物安全管理规范（农业部公告第 302 号，2003 年）.

［35］新城疫诊断技术（GB/T 16550—2008）.

［36］农业部关于进一步规范高致病性动物病原微生物实验活动审批工作的通知（农医发［2008］27 号）.

［37］动物病原微生物菌（毒）种保藏管理办法.

［38］CNAS—CL01 检测和校准实验室能力认可准则（ISO/IEC 17025：2005）.

［39］CNAS—CL02 医学实验室质量和能力认可准则（ISO 15189：2003）.

第七章
流行病学调查与监测

第一节　基本概念

一、兽医流行病学定义

兽医流行病学是研究动物卫生状况的一门学科，通过研究动物疫病在特定群体的分布和影响因素，并运用相关信息来达到控制疫病的目的。因为大多数动物疫病的发生和流行并不是随机的，造成动物疫病流行具有一定的规律性，与宿主、病原体和环境等多个因素密切相关，疫病流行形式可随时间、地点和不同的动物群体而发生变化。就新城疫来讲，新城疫的流行与家禽的日龄、品种、免疫状况、病毒的致病性、饲养管理水平等多个因素有关。因此，通过研究疫病的流行模式和趋势，可为有效控制疫病提供技术支持。需要注意的是，与公共卫生（人类健康）流行病学研究的对象不同，兽医流行病学的主要研究对象是动物群体，而医学的主要研究对象则是个体。

流行病学研究方法可根据是否存在人为干预因素（如免疫、攻毒等），分为实验流行病学（Experimental study）和观察流行病学（Observational study）。对于实验流行病学，一般是通过实验组和对照组等人为控制某种外界因素（如病毒感染等），来研究疫病的预防和治疗措施。观察流行病学则是按照疫病发生的自然特性，来研究病因和疫病的防控措施。观察流行病学在流行病学调查和监测中更为常用。本章涉及的流行病学研究方法主要为观察流行病学研究的范畴。

常见的观察流行病学研究方法包括描述流行病学（Descriptive study）和分析流行病学（Analytic study）两种。描述流行病学主要是用来研究动物疫病的三间分布，即动物疫病在时间、群间和地区间的分布规律，而分析流行病学则主要是通过研究影响动物疫病发生和流行的决定因素，来确定病因，分析疫病发生发展规律等。

二、流行病学研究的目标任务

流行病学调查和监测的最终目的都是为了控制动物疫病。就新城疫来讲，根据目前新城疫在我国的流行现状和养禽特点，短时间内控制和净化本病比较困难，控制本病可能需要很长一段时间。为了达到控制本病的目的，要从区域控制、全国控制最终达到净化，而且可能还要分区域、分禽种。国务院在2012年5月颁布的《国家中长期动物疫病防治规划（2012—2020年）》中提出，新城疫作为国家优先防治病种，到2015年部分区域要达到控制标准，到2020年全国达到控制标准。

疫病控制与流行病学研究的内容和方法密切相关。一般来讲，流行病学研究可分为4个阶段，不同阶段具有不同的研究内容和方法。第一阶段主要是为了了解新城疫在特定种群的三间分布特点，属于描述流行病学研究范畴；第二阶段旨在研究新城疫的发展规律和流行趋势并作出解释，属于分析流行病学研究范畴，主要是了解感染来源、易感宿主和传播方式等；第三阶段旨在根据前两个阶段获得的信息，制定并实施新城疫控制策略和措施，在这一阶段，流行病学方法运用到新城疫实际问题研究中，为科学决策提供技术支持，使实施的控制措施达到最佳效果；第四阶段则是对新城疫控制计划的实施效果进行评估。

三、常用术语

1. 流行率（Prevalence rate）

流行率也称现患率，指某一观察期内特定动物群体中某病病例（包括新旧病例）所占群体的比例，现患病例包括调查时新发生的病例和调查时尚未痊愈的病例。

2. 发病率（Incidence rate）

发病率指一定观察期内，特定动物群体中某病新病例所占的比例，体现的是在特定时间内新发病例在特定动物群体中的变化情况，因此是一个动态的概念，可反映动物群体中某种疫病的活动水平或变化速度。

3. 感染率（Infection rate）

感染率指在某一时间内在实施检查和检测的动物样本中，某病现有感染者所占的比例。某些病原感染动物后不一定导致发病，但可通过病原学或血清学等方法证实动物群体处于感染状态。

4. 死亡率（Mortality rate）

死亡率表示在一定时期内，特定动物群体中死于某病所占的比例，是一定时间内某群体动物死亡数与同期该群动物平均数的比值，是测量动物群体死亡风险最常用的指标，通常用于描述其危害程度。

5. 病死率（Fatality rate）

病死率表示一定时期内，患某病的所有动物因该病死亡的比例，是某时期因某病死亡动物数与同期患该病的动物数的比值，可用于表示某病的严重程度。

6. 流行病学调查（Epidemiological survey）

流行病学调查是通过询问、信访、问卷填写、现场查看、测量和检测等多种手段，全面系统地收集与疾病事件有关的各种资料和数据，并进行综合分析，得出合乎逻辑的病因结论或病因假设的线索，提出疫病防控策略和措施建议的行为。流行病学调查属于描述流行病学的范畴，是进行其他流行病学研究的基础。

7. 流行病学监测（Epidemiological surveillance）

流行病学监测是在科学设计监测计划基础上，长期、连续、系统地收集疫病动态分布及其影响因素资料，获取疫病发生现状和规律，为决策者采取干预措施提供技术支持的系统。

8. 抽样（Sampling）

抽样是一种推论统计方法，它是指从目标总体（Population）中抽取一部分个体作为样本（Sample），通过观察样本的某一或某些属性，依据所获得的数据对总体的数量特征得出具有一定可靠性的估计判断，从而达到对总体的认识。

四、流行病学研究的主要方法

1. 病例对照研究（Case control study）

病例对照研究是选择一组患病的群体，另选择一组没有该病的群体作为对照，分别调查其既往暴露于某个或某些危险因子的情况和程度，以判断暴露于危险因子与动物疫病有无关联及其程度大小的一种观察性研究方法。这种研究方法以确诊的患病群体作为病例，以不患该病但具有可比性的群体作为对照，通过测量并比较两组间各因素的暴露比例，并经统计学检验该因素与疾病间是否存在统计学上的关联。病例对照研究一般是一种回顾性调查，是由果→因的研究，是一种观察方法，不能验证病因。

2. 横断面研究（Cross - sectional study）

横断面研究又称现况研究，是按照事先设计的要求，在某一时间点或短时间内，通过普查、筛检或抽样调查的方法，对某一特定群体的疫病及有关因素进行调查，从而描述疫病的分布及其相关因素的关系。横断面研究是一种常用的流行病学调查方法，适用于暴露因素不易发生变化的研究和暴露因素后期累积作用的观察，可用于描述疫病分布、发现病因线索、评价疾病的防治效果、进行疾病监测和评价一个国家或地区的健康水平等。

3. 队列研究（Cohort study）

队列研究是将不同的畜禽群体按是否暴露于某可疑因素及其暴露程度分为不同组，追踪其各自的结局，比较不同组之间结局的差异，从而判定暴露因子与疫病之间有无因果关联及关联大小的一种观察性研究方法。因此，队列研究属于一种观察研究方法，研究中的暴露因素不是人为干涉的，也不是随机分配的，而是在研究之前就已经客观存在的，这也是队列研究区别与实验研究的一个重要方面。与病例对照相同，队列研究也必须设立对照组以进行比较。这是一种由因→果的研究分析方法，一开始（疫病发生之前）就确立了研究对象的暴露状况，而后探求暴露因素和疫病的关系，即先确知其因，再纵向前瞻观察而究其果，这一点与实验研究方法是一致的。队列研究能确定暴露因素和疫病的因果联系。可用于检验病因假设、评价防控效果和研究疫病自然史，按照时间可分为前瞻性队列研究和回顾性队列研究。

4. 生态学研究（Ecological study）

生态学研究是一种描述性研究，其特点是以群体为观察和分析单位，通过描述不同群体中某因素的暴露状况与疾病的频率，分析该暴露因素与疾病之间的关系。生态学研究大体可分为探索性研究、多群组比较研究、时间趋势研究和混合研究等，可用于提供病因线索、对已存在的疾病病因假设提供佐证、评价干预实验或现场实验的效果、群体中变异较小和难测定的暴露研究和疫情监测。

第二节　新城疫流行病学调查

一、调查目的

新城疫流行病学调查的目的是为了描述某一禽群在某一时间点的疫病状况，或描述该病的时空进展情况等。新城疫的流行病学调查是一项最基本的流行病学研究行为，最主要的目的是为确定防治新城疫策略和措施提供必要的信息，调查所得的数据将为新城疫防治计划的设计、管理和评估提供支持，以及形成病因假设。具体来讲，包括以下 3 个方面的任务：

（1）控制措施的选择：对新城疫预防、控制措施的选择，要基于流行率的变化，显然，染疫动物占 30% 时与占 1% 所采用的防治计划是不同的。此外，新城疫筛检的间隔期，也取决于疫病流行率的变化，流行率越高，筛检的间隔期越短，流行率越低，筛检的间隔期将越长。

（2）控制措施与效果的评价：对新城疫防治计划的评估需要掌握疫病状况及其发展变化，控制措施是否有必要调整？是否达到了制定的目标？是否达到了预期的收益—成本比？要回答以上问题，必须了解疫病状况。

（3）在特定时间内，调查家禽中新城疫发生和流行现状，描述新城疫在时间、地理和群体等三间的分布规律和动态传播过程，提供新城疫病毒、环境和宿主因素的病因线索，为进一步研究病因因素和制定防控策略提供依据。

二、调查的分类

根据不同的标准，新城疫流行病学调查可分为不同类别。根据流行病学调查实施范围的不同，新城疫流行病学调查可分为抽样调查和疫病普查。根据调查时间的先后顺序，可分为纵向调查（Longitudinal survey）和横断面调查（Cross‐sectional survey）。根据工作性质的不同，可分为病例调查（个案调查）、暴发调查、专题调查等。

（一）根据时间进行分类

1. 横断面调查

横断面调查是在短时间内对新城疫的流行分布情况给出快速图像。鉴于这种调查是在短时间内完成的，其研究的主要对象是现有病例数，由此产生的是流行率而非发病率，因此横断面调查也称为新城疫流行率调查。此类调查可针对整个禽群，也就是所谓的普查，但大多是针对样本进行抽样调查。

新城疫横断面调查所产生的是新城疫的静止图像，无法对其时间和空间的动态发展过程进行描述。但如果对禽群进行系统反复的横断面调查，当调查达到一定频率时，可得到新城疫在不同时间和不同地区动态变化的一些信息。

2. 纵向调查

纵向调查可以通过定期观察，对一个或多个群体的新城疫流行情况进行一段时间的监视监测。这种方法尤其适合于对发病率的研究，因为发病率是反映新城疫动态变化的一个基本信息。通过对一系列不同映像的描述，从而得到新城疫流行动态（时间及空间）方面的有用信息。

（二）根据工作性质进行分类

（1）个案调查　对新城疫在单个禽群进行调查，统计新城疫的三间分布和影响因素。

（2）暴发调查　新城疫在某个地区暴发或流行时，为查明疫情发生的时间、空间和群间分布、疫源地范围、传播途径及其影响因素等开展的调查。通过调查提出控制措施建议，以控制疫情进一步扩散和防止以后疫情再次发生。

（3）专项调查　即根据需要开展的专项调查，可分为现状调查、回顾性调查和前瞻性调查。

个案调查和暴发调查在调查内容和程序方面类似，是发生疫情后紧急开展的调查，属于紧急流行病学调查。抽样调查、疫病普查则是对特定时间内新城疫流行情况及其影响因素进行调查，收集的资料局限于特定的时间断面，故又称为横断面调查，属于现状调查。

三、调查的基本步骤

流行病学调查是一项复杂的系统工程，尽管不同类型的流行病学调查过程有所差异，但基本程序是一致的，总体分为资料收集和数据分析两个阶段，步骤主要包括：明确调查目的和类型、研究制定科学可行的调查方案、组织开展调查、进行数据整理分析、完成调查报告并提出防控措施建议等。

（1）制定调查设计方案 包括资料搜集、整理和分析的计划。搜集资料的计划在整个设计中占主要地位。

（2）制定调查实施方案 包括参与调查的人员、需要资金和调查表等，要对调查人员进行培训，明确调查问题、统一调查方法。最好开展预调查，积累经验，从而进一步完善调查方案。

（3）正式调查 调查时把好质量关，保证收集的资料完整、准确、及时。

（4）写出调整报告 整理、分析资料，写出调查报告。

四、流行病学调查方案设计

流行病学调查方案设计是根据调查目的对调查工作的内容和方法进行计划，以保证调查的准确性和科学性，使调查研究结果能够反映真实情况。流行病学调查一般涉及的范围比较广，规模较大，调查多在田间进行，许多因素人为控制不了，因此预先的精心设计是保证调查成功的前提。设计调查方案所涉及的人员包括：调查负责人、兽医流行病学专家、实验室专家、养殖户等不同层面的相关人员，集体设计调查方案。

（一）调查方案涉及的基本内容

一份完善的新城疫流行病学调查方案，应包括调查目的、调查范围、调查内容、所需要的数据、调查对象和方法等主要内容。此外，还涉及质量控制方法、数据录入及统计分析方法、组织分工、调查要求、注意事项、时间与进度安排、经费预算等方面。

（二）设计原则

结合不同的调查目的、有限的资金和人力资源等因素，在设计新城疫流行病学调查方案时要把握以下 3 个基本原则：

1. 可行性

设计的调查方案必须跟现实相结合，充分考虑方案实施的可行性。如果方案涉及的范围过大，抽样数量太多，实验室条件无法满足样品检测需要，现有的人力和资金无法满足开展流行病学调查的需要，在以后具体实施的过程中就会导致无法进一步实施的问题。因此，对于在调查过程中可能出现的问题要提前考虑。

2. 科学性

设计调查方案时，必须结合新城疫的基本流行特点和流行规律，必须符合流行病学基本原理，在保证可行性的前提下，在病例定义、抽样范围、抽样方法、检测技术等方面具有科学性。

3. 可靠性

任何流行病学调查不可避免地会带来误差，即调查值与真实值之间存在差异。误差主要来自 2 个方面：一是随机误差，多是由于抽样而导致的差异，主要取决于设计过程中对某些因素，如样本量大小、统计学特征等；二是系统误差（偏倚），指在研究或者推论过程中所获得的结果系统地偏离其真实值。

（三）设计步骤

1. 明确调查目的和类型

根据不同的调查目的，如了解新城疫分布特征、发现新城疫病例、描述新城疫的三间分布、评估控制措施效果等，确定合适的调查设计方法，如个案调查、暴发调查、抽样调查等。需要指出的是，调查所制定的目标多数情况下应是纯描述性的，总体目标应限定于对疫病事件在三间上的量化。

2. 确定调查内容和所需要的数据

根据调查目的，分析需要搜集的基本信息并进行归类，明确调查内容。

3. 确定调查对象和范围

根据调查目的、新城疫本身特征和具体实际来选择调查对象和范围。其中"病例"定义非常关键，必须对"病例"进行明确定义，按照临床或实验室检测等尽量标准化、量化，合理界定调查所涉及的范围、时间和群体等。

4. 确定资料搜集方法

问卷调查是收集资料最常用的方法，一般是通过设计调查问卷，内容涉及进行疫病描述和分析的所有要素，然后由相应的调查人员根据调查问卷的内容到现场选择相关人员（如场主、饲养工人等）进行调查。在进行现场调查过程中，根据实际情况可采集部分样品开展实验室检测。

5. 明确数据分析方法

根据调查目的和数据特点，确定数据输入方法和分析方法，可结合相应的流行病学统计和分析软件进行分析。

6. 调查研究中的质量控制

在调查过程中尽量减少系统误差和随机误差，严格按照预定的方案开展调查，做好组织和培训，统一标准，保证数据的真实性和有效性，数据输入时要进行复核，注意混杂因素控制等。

五、暴发调查

对某养殖场或某一地区在较短时间内集中发生较多同类病例所做的调查，称为暴发调查。新城疫是一种危害严重的烈性传染病，传播途径广泛，一旦发生，往往发生多起病例，造成暴发。

（一）暴发调查的目的

1. 核实疫情报告，确定暴发原因

暴发调查首先需要对报告的疫情进行核实，确定具体暴发原因，或者寻找病因线索及危险因素，为进一步调查研究提供依据。

2. 追溯传染源，确定暴发流行的性质、范围和强度等

暴发调查要对传染源进行详细的追溯调查，同时为该起暴发提供病因佐证。通过调查疫病的三间分布、传播途径和方式、疫情传播范围和流行因素，确定流行的性质、范围和强度，预测暴发或流行的发展趋势。

3. 确定危害范围和程度，进行防控需求评估

通过了解新城疫疫情发生后所产生的实际危害和可能的继发性危害，分析暴发导致的直接和间接损失，提出控制疫情所需的人、财、物等方面的需求。

4. 提出防控措施建议，控制疫病进一步发展

通过调查疫情流行的范围和规律，提出有针对性的防控措施建议，迅速控制疫情蔓延，终止疫病暴发或流行。后期要结合经济学评价开展防控措施效果评估。

5. 总结经验教训，防止疫病再次发生

通过系统的暴发调查，可以为新城疫的诊断、流行病学特征、临床特征以及疫情应急处置提供数据资料，获得更多关于新城疫的信息，便于总结新城疫暴发规律，针对现有的监测系统中存在的问题，加强和完善疫情报告和监测体系，建立长效机制，积累经验，防止今后新城疫的再次发生，为科学防控提供依据。

6. 培训现场流行病学调查人员

鉴于流行病学调查工作在我国起步较晚，整体水平尤其是基层防疫人员对流行病学调查的程序不是很清楚，因此通过系统的暴发调查可以培训各级流行病学调查队伍，增强流行病学调查能力，逐步树立流行病学调查意识。

（二）暴发调查基本步骤

整个暴发调查过程主要包括准备和确认、描述性研究、假设及其验证、应答和行动4个阶段，大致可分为以下10个步骤：

1. 组织准备

向当地了解疫情发生的有关情况，阅读关于新城疫的有关背景信息，准备必要的物资和设备，如调查表、照相机、GPS、采样器具、防护用品等。组成联合调

查组，明确调查目的和调查任务，指定负责人。调查组必须包括流行病学、临床诊断、实验室检测等领域的专业技术人员，必要时还需要从事生态学和从事野鸟等监测和研究的专家。明确职责分工，做到协调有序、职责明确、分工合理。

2. 暴发核实

要考虑以下因素，如观察的病例数是否确实超过预期？是否存在任何可能导致虚报的因素？确定是单纯新城疫感染还是存在其他混合感染？是否有必要开展暴发调查等。要考虑到病例增加的一些人为原因，如报告方式的改变、病例定义的改变、诊断水平的提高、错误诊断和重复报告等因素。

3. 核实诊断

目的是为了排除诊断错误和实验室检测错误。主要方式有：访问养殖户、查阅疫情报告，收集病例的基本特征；查阅实验室检测结果，收集样品采集、包装、运输、检测方法和结果，以及检测过程中的质量控制方法等信息对疫情诊断进行核实。

4. 建立病例定义

在病例定义中，要包括至少四个基本要素，即临床和（或）实验室检测信息、具体时间范围、地点位置信息和禽群信息。对于临床症状和病例变化要进行科学描述，同时考虑到新城疫在免疫状态下的发病特征，必要时可结合实验室检测结果，如 RT－PCR 等。病例定义要做到简单、易用、客观。在不同的调查阶段，应用不同级别的病例定义（分层次）。

(1) **疑似病例**　有少数或非典型的临床表现，敏感性高，多用于调查初始阶段，以发现更多的病例，描述疫情分布特征，目的是控制疫情。

(2) **可能病例**　有疾病典型的临床表现，无实验室检测结果，相对严格、特异性高，主要用于病因研究。

(3) **确诊病例**　疑似或可能病例，同时实验室检测呈阳性，特异性高，多用于监测的目的。

5. 病例搜索

为查明疫情波及范围，要主动、系统搜索病例并进行核实，利用多种信息源，努力找到所有可能的病例，排除非病例。同时，对于一些特殊病例，如最早或最晚发病、在疫情范围内新出现的病例、出现新的流行特点病例等要进行现场调查。

6. 描述三间分布特征

通过调查，要确定新城疫在时间、地区和群间的分布特征，科学绘制流行曲线，结合潜伏期和首起病例确定暴露日期，区分暴露的类型，预测病例数量。结合GIS等地理信息系统，确定流行范围和特征。

7. 建立假设

假设是基于前期调查的事实、数据和信息中产生的可测试的病因推断，假设的质量取决于数据的宽度和准确性，最终调查是否成功取决于假设的质量。假设要能解释大部分病例，结合病例的临床表现、三间分布特征、特殊病例的现场调查等，推测可能的暴露因素，找出致病的危险因素。

8. 验证假设

建立假设之后，要根据病例对照研究和回顾性队列研究等不同的分析方法，分别采用OR(Odds Ratio，比值比)或RR(Risk Ratio，风险比)结合置信区间（95％CI）以及统计学差异相关性（P值）进行验证暴露因素和疫病的关联性。

9. 实施控制措施

在调查过程中调查和控制处理要同时进行，开展暴发调查开始不仅要收集和分析资料，寻求科学的调查结果，而且应当采取必要的控制措施，尤其在调查初期可根据经验或常识现提出简单的控制和预防措施，只顾调查寻找致病原因而不及时采取控制措施，会延误控制疫情的时机，造成疫情进一步扩散。因此在调查中要考虑如何控制本次暴发？如何防止该养禽场和其他养禽场发生类似的暴发？该调查有什么启示？同时及时采取措施并观察其效果，这也是认识疫病传染、传播机制的重要内容。如果措施有效，采取措施后一个平均潜伏期发病率应下降，一个最长潜伏期流行应终止。如果采取措施后立即下降，或措施开始时，发病已下降，则不能说是采取措施的作用和效果，而可能是流行的自然终止。

10. 调查结果进行交流和反馈

调查结束后必须撰写书面调查报告，记录调查情况、分析调查结果以及有关合理化建议。调查报告必须与相关人员，如兽医主管部门、动物疫病防控技术支撑部门、养殖户等进行交流和反馈。此外，结果还可以通过公告文章、新闻发布、会议报告、汇报交流和发表论文等方式进行沟通和交流。

开展暴发调查通常包括上述几个步骤，但这并不意味着在每一次暴发调查中这些步骤都必须具备，而且开展现场调查的步骤也可以不完全按照上述顺序进行，这些步骤可以同时进行，也可以根据现场实际情况进行适当调整。

第三节　流行病学监测

一、概念

兽医流行病学监测是在科学设计监测计划基础上，长期、连续、系统地收集疫病动态分布及其影响因素资料，获取疫病发生现状和规律，为决策者采取干预措施提供技术支持的系统。新城疫监测是降低新城疫发病风险、制定和采取有效防控措施所必须做好的工作。

二、一般原则和方法

建立新城疫监测体系是兽医主管部门的职责。根据 OIE 关于新城疫监测的相关条款，新城疫监测应该建立高效、系统的监测体系，具体包括：

（1）专门制定新城疫规范的监测体系。

（2）按照《陆生动物诊断试验和疫苗手册》中所描述的可疑病例样品进行快速采集并运送到诊断实验室的程序进行有关采样工作。

（3）建立记录、管理和分析诊断和监测数据体系。

（4）建立科学、具有可操作性的新城疫监测方案。

三、监测的目的

与流行病学调查的目的在于发现疫病发生、发展和传播规律不同，新城疫监测工作的目的主要在于发现疫病并进行防控，具体包括：

(1) 现状监测　监测疫病感染情况、动态变化等，以确定疫病感染、发生情况及分布。具体包括确定新城疫病毒抗体水平、地方流行方式、提供数据研究新城疫传播趋势和暴发调查。

(2) 无疫监测　在未感染新城疫地区为证实无疫开展的监测。

（3）传播和扩散规律监测　通过系统、常规监测，发现新城疫传播和扩散规律，判断疫病发展趋势。

（4）防控效果评估　用以评估防控措施执行效果和经济学效果。

四、监测分类

新城疫监测和其他动物疫病监测类似，是一种系统深入的资料记录形式。是对新城疫长期、系统、完整、连续和定期的观察，收集、核对、分析新城疫动态分布和影响因素资料的过程，具体可以分成以下几类。

1. 被动监测和主动监测

按组织方式可分为被动监测和主动监测。被动监测是指由相关个人和机构报告新城疫感染、发生情况，兽医主管部门或疫控机构接收相关信息，用以分析疫情状况。主动监测是指兽医主管部门或疫控机构根据监测计划和抽样方案，组织相关个人或机构有目的地收集相关数据的工作。

2. 常规监测和哨点监测

常规监测是指国家和地方的常规报告系统开展的新城疫监测。哨点是指有代表性地选择在全国不同地区设置监测点，按照监测方案和程序开展的监测。

3. 传统监测和风险监测

传统监测是指定期在家禽或野禽群体中抽样监测。风险监测是指在风险分析基础上，在风险较高的家禽或野禽群体中进行抽样检测，以提高检测效率。

4. 专项监测

专项监测是指为了实现某种特殊监测目的，对研究家禽或野禽群体实施的监测。专项监测在兽医流行病学监测中具有特殊的地位，可以灵活、高效地实现特殊监测目的。

五、监测内容

新城疫是以家禽和野禽为监测对象，科学、系统、长期地对新城疫发生和发展情况、养殖环境、社会环境和自然环境进行监视和监测的工作。监测内容具体包括：

（1）自然环境 通过对气候气象、传播媒介分布、养殖场（户）周边自然环境的调查和检测，收集相关数据，用以判断相关疫病发生风险。

（2）社会环境 通过收集社会生产和消费习惯、动物和动物产品调运趋势和方向、与养殖场（户）有关人员的活动状况和规律等方面的数据，了解相关社会发展信息，用以判断疫病传播和扩散风险。

（3）经济环境 通过收集经济发展状况、畜牧业生产、养殖方式、动物和动物产品进出口价格数据，用以判断疫病风险。

（4）免疫情况和抗体水平 通过收集免疫密度、免疫工作实施情况和动物群体抗体水平数据，用以分析动物疫病传播和扩散风险。

（5）感染情况 通过实验室检测、调查等方式，了解感染情况和疫病发生情况。

六、监测体系的组成

新城疫监测体系一般由以下 5 个部分组成：

（1）监视系统 发现疫情，养殖场、屠宰场、兽医诊所、市场、隔离场、进出境检疫机构，以及其他饲养、接触家禽和野禽的单位和个人，都属于动物疫病监视系统的组成部分。我国法律规定，任何单位和个人发现新城疫疫情都应上报。

（2）检测实验室体系 诊断疫情，各级各类兽医检测（诊断）实验室都是这一体系的组成部分。

（3）流行病学分析系统 收集、整理监测到的信息，分析新城疫发展趋势，提出防控措施建议，开展风险交流。

（4）决策机构（信息发布系统） 依据风险分析报告，制定防控政策，发布疫情信息和预警信息。

（5）法律法规支持体系 也是监测体系的重要组成部分，如《动物防疫法》《重大动物疫情应急条例》《动物疫情管理办法》《国家动物疫情测报体系管理规范》分别对疫病监测活动作出了专门规定。

七、监测步骤

新城疫的监测过程包括数据的采集、整理和分析，信息的表达、解释和发送，以及监测资料的利用。

1. 数据采集

监测的数据采集应系统、全面、连续，一般包括下列几方面：发病及死亡报告资料；流行或暴发报告；实验室调查数据（如血清学调查、病原体抗原检测或分离鉴定）；现场调查数据；暴发或流行的流行病学调查数据；药物和疫苗的使用数据；家禽或野禽群体和环境资料包括暴露地区和监测地区的数据。

2. 数据整理和分析

监测数据必须整理、归纳和简化，一般情况下还必须作某种程度的初步分析。经过这样初步处理的资料可以供将来更为详细的分析和研究使用。

3. 信息的表达、解释和发送

新城疫监测是否成功的一个重要方面是将经过整理和归纳分析的信息，连同问题的解释和评价，迅速发送给相关的机构或个人，主要包括：提供基本数据的机构或个人、必须知道有关信息或参与新城疫防控行动的其他人、在一定范围内的公众等。

4. 疾病监测数据的利用

新城疫监测数据主要用于鉴定病因因素，预防、治疗疾病和其他疾病控制试验，预测新城疫未来的发生，输入控制决策模型以便为制定合理防控对策提供依据，评价防控措施实施效果和经济效果等。

八、监测活动中的质量控制

新城疫监测结果直接服务于防控决策，必须强化全过程质量控制。以下几个因素尤其需要重视：

（1）监测数据的完整性 设计监测方案时，必须围绕监测目的，合理设定监测指标，有用的项目一个不能少，无用的项目一个不能要。只有这样，才能保证监测数据的可用性，提高监测活动的资源利用率。

（2）采集样品的代表性 设计监测方案时，还应根据设定的监测目的，合理选择简单随机抽样、系统抽样、分层抽样等抽样方式，合理确定抽样单位数量和抽检样品数量。力争利用给定的经费，使抽样检测结果尽可能的合理，能代表目的群体的真实情况。

（3）检测方法的可靠性　检测活动中，检测方法的敏感性、特异性均应达到规定要求。

（4）病例定义的统一性　在大规模流行病学监测活动中，必须确定统一、可操作的诊断标准。

（5）测量指标的合理性　正确使用发病率、流行率、感染率、死亡率等测量指标，清晰描述新城疫三间分布情况。

（6）分析方法的科学性　选择科学、可行的分析方法，对于减少分析结果的偏差、真实反映实际情况具有现实意义。

（7）信息交流的透明性　监测活动中，组织人员、调查人员、实验室人员应当注重与被调查人员以及该领域的专家的充分交流，及时发现存在的问题，使监测结果贴近实际情况。

九、保障措施

（1）加强领导、部门协作　新城疫监测工作涉及面广、工作量大。兽医行政管理部门和疫控机构应提供必要的工作条件，充实专业技术人员并保持稳定。部门间要密切配合、互通信息，保障监测工作正常开展。

（2）经费、物资保障　各级兽医行政管理部门应对所需经费和物资给予保障，及时稳定地向监测点发放监测补助经费。

（3）加强调查研究，提升监测质量　监测工作开展后，业务部门要按监测方案逐项进行系统完整调查和监测，调查工作要认真负责，严格执行技术操作规程；资料有专人保管，保证资料的系统完整；抽样方法、检测方法和分析方法要不断改进，逐步提升监测质量。

第四节　抽样设计

一、基本概念

抽样设计是开展新城疫流行病学调查和监测的第一步。为了实现既定新城疫调查和监测目标，在需要实施抽样的时候，对抽样范围、抽样方法、抽样精度和数据分析方法进行系统规划的过程。抽样设计需要考虑的因素包括：

（1）研究群体　在进行调查和监测时，首先需要根据调查和监测目的确定研究群体。

(2) 抽样方法　设计抽样方法是监测的关键，需要根据调查目标和调查问题的性质慎重设计抽样方法。抽样方法除了与调查目标和调查问题的性质有关外，还与人员、资金和调查精度有关。

(3) 抽样精度　抽样精度需要根据实际情况确定。抽样精度跟抽样数量和费用有关，抽样精度要尽可能满足实际需要。好的抽样计划，需要做到精度和费用的统一。

二、抽样的必要性

在新城疫流行病学调查和监测中，采用抽样调查的方式是必要的。实际工作中，有人认为监测无非是抓几只动物来检测，为何要遵循一定的抽样方法呢？还有很多人以为无论怎样抽取检测对象都可以叫抽样检测，甚至认为抓典型、抓重点的检测也是抽样检测。上面两种想法都是错误的。

由于所采样本对全体动物群体代表性不同，对养殖状况不同的区域、场获取的样本进行检测，结果会有很大差别。例如，凭经验挑一两个新城疫多发村进行检测，结果就不能够全面反映全县的新城疫感染阳性率。由于难以避免调查者的主观意图，检测的客观性也就很容易受到影响，得出的调查结果不具有说服力。

根据主观判断随意抽取的样本不具有代表性。随意抽取样本无法控制抽样误差，运用这样的数据来判断疫情形势会发生较大误差。虽然随机抽样也会产生误差，但是这种误差可以通过科学的方法进行估算。不同的抽样方法产生的误差不同，用既定的抽样方法（一般指概率抽样方法）可以具体计算出抽样误差的大小，即能够明确地表示出监测结果存在多大的误差，其精度是多少。而不遵循一定抽样方法，随意抽取是无法估计抽样误差的，也就无法确定监测结果能够在多大程度上反映实际情况。

综合以上两点，为了尽量避免主观选择对客观情况的影响，并且能够确定抽样的精度和误差，需要在新城疫流行病调查和监测中采取合适的抽样调查方法。

三、抽样的概念

检测分为全面检测与非全面检测。全面检测可以使人们对检测对象有全面的了解，但也会耗费巨大的人力、物力、财力和时间。例如，想了解某个省家禽新城疫发病状况，如对该省每只家禽进行检测则是不现实的，需要耗费巨大的成本，而且很可能等调查做完了，检测结果也过时了。当检测的对象数量极大，或测试方法具有破坏性时（如对疯牛病的监测），就根本不能采取全面检测这种方式，这时需要采用非全面检测。

非全面检测是仅针对总体部分单元实施的检测。抽样检测是非全面检测中最常用、最重要的一种。抽样检测是从监测对象（总体）中抽取一部分单元（样本）而实施的监测。可根据样本数据对总体特征进行估计和推断。通俗说，就是根据部分推断和估计总体的检测方法。抽样检测省时、省力，广泛应用于监测工作中，然而抽样检测并非十全十美，有其独特的优缺点。

抽样检测方法主要有 3 个优点：一是节约成本；二是时效性强；三是数据质量高。然而，抽样检测只是抽取总体中的部分进行检测，获取的数据作为对总体进行推断的依据，抽样过程会存在抽样误差。另外，抽样检测仅检测了部分总体，因此可能有些信息了解不到。

四、总体、样本、估计值与特征值

检测对象的全体称为总体，总体中每个单元称为个体。例如，在监测某养殖场家禽新城疫发病率的时候，该养殖场所有家禽就是总体，每羽家禽就是个体。监测群体通常是有限的，所包含检测个体的数量称为总体容量，或总体规模，习惯上用大写 N 表示。

抽样检测时，按一定方法和程序从总体中抽取部分个体进行检测，这部分个体称为样本，抽取样本的过程称为抽样。抽样的目的就是想通过样本反映总体，样本是总体的代表和缩影。上述例子中，假如养禽场存栏 1 000 羽家禽，调查时抽取 100 羽，对抽取的家禽进行检测，所得结果代表全部家禽感染情况。

样本中所包含的检测个体数量称为样本容量或样本量，常用小写 n 表示。样本容量与总体容量之比称为抽样比，常用 f 表示：

$$f = \frac{n}{N}$$

抽样检测的目的是通过样本特征估计总体特征。上例中，抽样检测的目的是通过 100 羽家禽样本的感染阳性率估计整个养禽场 1 000 羽家禽的感染阳性率。

　　反映总体数量特征的指标称为总体特征值，又称总体参数。反映样本数量特征的指标称为样本特征值，或样本统计量。常用的总体特征值有下列 4 种：①总体总值是某种总体特征的总量。例如我国家禽总存栏量，某省某年新城疫发病总数等。②总体平均值是某种总体特征的平均值。例如某县蛋禽场平均新城疫感染率。③总体比例是总体中具有某种特定特征的单元在总体中所占有的比例或百分率，例如我国新城疫年总发病率。④总体比值是总体中两个不同指标的总和或均值的比值。

　　总体总值、总体平均值和总体比例三者是统一的，都可以用总体平均值表示，三者在数学意义上等价。最常见的总体特征就是总体平均值，即平均值。总体比值本书暂不讨论。

　　抽样检测的目的是通过样本特征估计总体特征，例如在上述示例中，用抽取的 100 羽家禽的感染阳性率估计全部家禽感染阳性率。实际上，这 100 羽家禽染病率不等于总体 1 000 羽家禽感染阳性率，只是接近总体感染阳性率，是对总体的估计和代表。这种以样本特征为基础，用以估计总体特征值的形式称为估计值。

　　抽样估计包括直接估计和间接估计，直接估计较为常用。直接估计就是用样本特征值直接估计总体特征值。例如，总体平均值的估计值是样本平均值，总体比例的估计值就是样本比例。

　　间接估计是以样本特征为基础，借助辅助变量对总体特征进行的估计。辅助变量必须满足两个条件，一是要与估计变量高度相关；二是其总体信息已知，不需要在本次检测中收集。

五、抽样步骤

　　抽样检测的过程就是一个解决问题的过程，一是需要明确检测目的，就是明确想了解什么问题；二是需要定义检测总体，即要检测哪些家禽或野禽；三是确定如何抽样，也就是抽多少和怎么抽的问题；四是实施抽样检测；五是对检测数据进行分析，并撰写报告，回答最初想要了解的问题。

1. 明确调查和监测目的

　　明确调查和监测目的是解决问题的出发点。通过调查和监测需要达到什么目的？需要搜集哪些数据信息？都是首先需要明确的。目的不明确，调查和监测就是盲目的。

2. 定义总体

为了满足前面确定的、了解养禽场新城疫感染状况的调查目标，需要明确总体范围和界限。养禽场主必须明确自己想检测的是哪些家禽，是某一栏舍，还是全部家禽。这样既可以防止偏差，又能提高调查效率。

在全国新城疫调查和监测中，抽样总体可以从以下几方面特征进行描述：时间特征、地域特征、养殖场种类，或者市场和屠宰场特征。

在抽样实施之前，需要严格考虑某个体是否属于总体。在实际监测中，即使有总体和样本清单，也仍有必要使用过滤性问题识别合格的监测对象。

3. 制定抽样框

确定总体后，需要编制总体单元清单——抽样框。

为了能够等概率地从总体中抽取出个体，同时兼顾抽样的便利性，通常会将总体划分成互不重叠的几个部分，每个部分称为抽样单元。例如，需要调查全县蛋禽新城疫感染状况，可以将蛋禽场（户）作为抽样单元。

包含所有抽样单元的清单就称是抽样框。监测中常见的抽样框有养殖场（户）名册、家畜耳标号和屠宰场名录等。在没有现成抽样框的情况下，监测人员需自己编制。利用现有抽样框时，需要检查、核对，避免重复、遗漏情况发生，以提高样本对总体的代表性。

有了抽样框才能保证每个单元被抽中的概率相等。例如，需要调查养禽场进行生物安全措施状况，就应该把养禽场的名单编纂成册，不重不漏，否则就会造成误差。目前，我国畜禽规模化养殖程度不高，养殖户较为分散，完整的抽样框较难编制。完整无缺漏的抽样框关系到对基层各个养殖、屠宰单位是否能够全面掌握，关系到调查的准确性和代表性。抽样框编得好，调查结果就会更准确。抽样框本身有误差和缺漏，样本准确度就会不高。由于抽样框不准确导致的误差，称为抽样框误差。

4. 选择抽样方法

根据不同的研究目的、研究经费、时间限制和问题性质等，需要采取不同的抽样方法。抽样主要分为概率抽样和非概率抽样两种，概率抽样包括简单随机抽样、系统抽样、分层抽样、整群抽样和多级抽样等5种。非概率抽样主要有便利抽样、判断抽样、滚雪球抽样和配额抽样等4种。

5. 确定样本量

抽样方法确定后，就要计算样本量。从理论上来讲，抽取的样本量越大，对总体的估计就越准确。但是样本量的大小直接关系着调查成本和费用，样本量越大，检测所需的时间、人力、物力等也越多。样本量的确定需要综合考虑估计精度和客观约束条件。

6. 制定抽样计划

明确上述问题后，就需要制定详细抽样计划。抽样计划内容包括目的、任务、精度要求、经费预算、抽样方法、计量方法及标准等，抽样计划必须详细、清晰。在抽样调查实施之前，还要先对抽样计划进行讨论研究。这一步很重要，讨论内容包括检查、确定是否要根据拟好的详细程序来实施计划。

抽样计划一旦确定，实施人员必须严格遵循调查计划实施调查，以保证抽样调查始终按照预先确定的方案执行，避免产生不必要的误差。

7. 抽样的实施

抽样的实施阶段也就是取得样本数据的过程。为确保调查质量、保障原始数据准确，应事先进行抽样人员培训，并制定各种质量控制措施。

8. 数据整理和分析

抽样实施完成后，需要对原始数据进行整理、编码、录入。分析数据前，要按一定规则检验、处理原始数据中存在的异常数据。

数据分析的目的就是回答最初调查目的中提出的问题。研究人员通过对样本数据的分析估计总体特征值，如总值、均值、比例等。此外，抽样误差估计也是必不可少的步骤，应对数据质量进行评估，以便判断数据有效性。数据质量评估包括调查方法描述、误差来源和度量指标。最后根据数据分析结果撰写调查报告。

六、两种抽样方法

抽样可分为概率抽样和非概率抽样。概率抽样遵循随机原则和严格抽样程序，使总体中的每一个体被抽取的概率已知。非概率抽样是根据研究任务性质和对研究对象的分析，主观选取样本。

（一）概率抽样

概率抽样是根据概率均等的随机原则，运用恰当工具和方法从抽样总体中抽选调查单元。由于准确性和随机性具有密切联系，所以随机抽样得到的样本具有准确性，通过随机抽样得到的样本可计算抽样精确度。例如，想了解蛋禽新城疫在某地的分布状况，可通过随机抽取该地区蛋禽养殖场进行检测，来推断该地区新城疫感染情况。抽样监测虽然具有省时、省力的优点，但抽样监测的设计相对复杂，出现重复或遗漏不易发现。

常用的概率抽样方法有简单随机抽样、系统抽样、分层抽样、整群抽样和多级抽样等。其中，简单随机抽样、分层抽样和系统抽样可以直接从总体中抽取抽样单元，整群抽样和多级抽样需要对总体进行多次抽样，首先进行一级抽样，在得到了一级样本后再抽取基本抽样单元，或抽取下一级样本。

1. 简单随机抽样

简单随机抽样也称单纯随机抽样，是一种最简单的概率抽样方式。对于大小为 N 的总体，随机抽取 n 个样本，称为简单随机抽样。简单随机抽样是最基本的概率抽样方法，其他几种概率抽样方法都要以简单随机抽样为基础。

什么是随机呢？随机就是要保证总体里的每个样本被抽中的概率是均等的，避免任何先入为主的倾向性，防止出现系统误差。就好比掷骰子，投掷质地均匀的骰子，每一面向上的概率都是一样的。

确定样本量就是估算抽多少样本。样本量的大小一般直接影响抽样估计结果。一般来说，样本量越大，误差就越小、成本越高。实际工作中，样本量的确定就是在多种约束条件下的折中过程。

2. 分层抽样

简单随机抽样不适用于大规模监测，特别是监测对象结构比较复杂的情况。我国家禽养殖情况比较复杂，地区差异和养殖模式差异都很大，从现代化的规范化饲养到一家一户的庭院养殖广泛存在。监测过程中，面对结构比较复杂的总体，需要分层抽样检测。

分层抽样又称为分类抽样，是指按总体各部分的特征，把总体划分成若干个层或类型，使总体中的每一个个体仅属于某一个层，而不属于其他的层，然后在各层中分别进行简单随机抽样。

分层随机抽样是科学分层与随机抽样的有机结合，科学分层是指将属性比较接近的个体划分在同一个层里面。要求层内的个体属性越接近越好，以减少个体之间的变异程度，层间个体属性差别越大越好，这样有利于提高精确度。因此，在抽样数量相同的情况下，分层抽样一般比简单随机抽样和系统抽样更为精确，能够通过对较少的样本，得到比较精确的推断结果。特别是当总体数目较大、内部结构复杂时，分层抽样常能取得令人满意的效果。

分层随机抽样也称为分层抽样，分为分层概率抽样和分层非概率抽样两种方法。分层随机抽样是指在合理分层后，对每一层实施随机抽样，分层非随机抽样是指在分层后，运用非随机抽样的方法进行抽样。分层非概率抽样属于非概率抽样中的配额抽样。

分层抽样中，如果分层合理，分层抽样能够提高精度。在实际抽样工作中，分层是比较复杂的问题。监测过程中，通常按照个体某个特征或标识进行分层。而常用的分层标准有以下几个：

(1) 按行政区划分层　为了抽样组织实施方便，可按行政管理机构设置进行分层。监测过程中，就经常以各级兽医主管结构管辖区域作为分层标准。例如，以县级界为标志分层。

(2) 按监测对象类型分层　按照监测对象类型分层，层间有较大差异，层内个体具有相同性质。例如，按不同家禽品种进行分层。

(3) 按个体标志值进行分层　有的监测对象没有自然属性或行政类别，就可以将标志值作为分层标准。例如，以养殖规模和养殖数量为标准进行分层。

总而言之，合理分层的根本原则，一是层间各单元之间差异尽可能大；二是层内各单元之间差异尽可能小。根据总体单元的哪种属性进行分层，需要根据实际情况来确定。如果按行政区域来分层，就需要各个行政区之间的情况差异较大。由于我国各地区畜牧业情况差异较大，例如农区和牧区、平原和山区养殖情况差异相对较大，甚至在畜牧业生产特点和地形地貌相似的情况下，各个不同的行政区的养殖规模、养殖方式或主要家禽种类都有所不同。这时，按照行政区域分层是合理的，而且按照行政区域组织实施调查也容易实施。如果各行政区域情况类似，就可以考虑按调查对象其他标志值分层，如按照养殖规模、家禽种类等进行分层。

3. 整群抽样

简单随机抽样和分层抽样的抽样对象都是总体中最基本调查单元——养殖场（户）或个体。在实际工作中，常常为了检测抽到的偏远地区的养殖场（户）

跑很远的路。为了提高工作效率，有时候可以采用整群抽样方法。

整群抽样又称群团抽样，是把总体单元按照规定形式分成若干部分，每一部分成为一个群。在兽医流行病学调查中，常常是某养禽场（户）为一群，然后从总体中随机抽取若干个群作为样本，对抽取的群内不再进行抽样，而是对群内的所有调查单元进行普查。

整群抽样是实际抽样检测中常用的抽样方法，可以用于缺乏抽样框的情况。应用整群抽样时，要求群内各单位差异大，群间差异小。这种方法便于组织，节约人力、物力，多用于大规模监测。缺点是当不同群之间的差异较大时，抽样误差大、分析工作量大。一般来说，如果在群间差异性不大而抽样基本单元差异比较大的时候，或者不适宜单个地抽选样本的情况下可采用这种方式。

表面看来，分层抽样与整群抽样都是对总体的划分，两者有些相似，但实际上"层"与"群"是截然不同的。在分层抽样中，一"层"是总体的一个相对独立的部分，通过分层把相似个体分到一层中，抽样对象仍然是个体。

例如，某县进行新城疫监测，在养禽场层面进行分层抽样。分层后还需要在各层内养殖场饲养的家禽再次进行抽样，最终抽样对象还是家禽个体。

而在整群抽样中，"群"是扩大了的总体单元，最终抽取对象是群。在上例中，该县若采用整群抽样进行调查，以各养殖场为群，那么只需要随机抽取几个养殖场，然后对抽到的养殖场内家禽进行普查，无需再在群内进行抽样。

整群抽样中，群与群之间的差异越小越好，群内个体之间的差异越大越好。这一点与分层抽样恰好相反。

整群抽样根据群内所含单元数不同，可分为两类：一是等群抽样，即将总体分为若干群后，各群所含单元数相同的称为等群抽样。二是不等群抽样，在实际调查中，多利用已有的行政区或养殖场划分，而各行政区和养殖场的养殖量都不相等，各群内单元数不相等的情况称为不等群抽样。

4. 系统抽样

系统抽样也称等距抽样，是从总体中随机确定一个起点，作为第一个样本点，然后按照预先规定间隔和规则依次抽取其余抽样单元，最终形成样本的方法。例如，要对某屠宰场流水线上的家禽新城疫感染情况进行检测时，可先确定一个起点，然后每隔一定数量的家禽抽取一只进行检测。这种抽样方法之所以被称为系统抽样，是因为抽样的规则和间隔不是随机的，是事先规定好的、固定的。这样，抽出了第一个样本点时，整个样本就完全确定了，这种"牵一发而动全身"的整体性就是所谓的"系统"。

5. 多级抽样

前面介绍的抽样方法有一个共同特点，就是都只需要进行一次抽样，属于一步到位的单阶段抽样。我国幅员辽阔、家禽养殖量巨大，对于全国或地区性监测的抽样，实现一步到位的抽样难度很大。解决这个问题的方法之一是采用多级抽样。

多级抽样又称多阶抽样，是指抽取样本不是一步完成的，而是通过两个或两个以上的阶段分步完成。

二级抽样是把总体划分成若干部分，称为初级单元，而每一个初级单元又包括很多二级单元。先从初级单元中抽取一部分作为样本，这个过程为第一级抽样。再从抽中的初级单元中抽取若干个二级单元，这个过程为第二级抽样。整个过程就称为二级抽样。

对于二级抽样，若总体由 N 个初级单元组成，先抽取 n 个初级单元，再从每个抽中的 n 个初级单元中各抽取 m 个二级单元。

三级抽样就是在抽中的二级单元中再抽取若干三级单元作为样本，以此类推，可得出四级抽样、五级抽样等。各级样本的抽取方法可以灵活选取，既可以采用简单随机抽样、分层抽样，也可以采用系统抽样。多阶段抽样多用于大规模监测，在实际使用多阶段抽样时，各级单位一般是根据行政管理级别确定，这样能够使多阶段大型监测易于组织和管理。

例如，我国 1984 年全国农作物产量调查，采用的就是五级抽样。全国为总体，全国抽省，省抽县，乡抽村，村抽地块，再从农作物地块中抽取样本进行测量。其中，省为初级单元，县为二级单元，乡镇为三级单元，自然村为四级单元，地块为五级单元。

我国现阶段家禽存栏量调查，也运用多级抽样方法。首先把全国所有省份作为对象，再在每个抽中省份抽取县级单位，然后在县级单位抽取乡镇，在乡镇抽取村，在村中抽取养禽场（户）进行实地抽样检测。

（二）非概率抽样

抽样分为概率抽样和非概率抽样两种。前面介绍的简单随机抽样、分层抽样、整群抽样、系统抽样和多级抽样都属于概率抽样。概率抽样有严格的理论和程序，每个个体被抽中的概率是已知的。非概率抽样则是主观选取样本。在监测中，一般应该采用概率抽样方法。但非概率抽样具有对抽样框要求低、操作方便、省时省力等优点，检测中也经常运用。

不是按照概率均等的原则，而是根据人们的主观经验或其他条件来抽取样本的一种抽样方法，称作非概率抽样。非概率抽样是根据研究任务的要求和对研究对象的分析，调查者根据自己的方便或主观判断抽取样本的方法，每个抽样单元进入样本的概率是未知的。正因为它不是严格按随机抽样原则来抽取样本，很难排除调查者的主观影响。因此，虽然通过非概率抽样的样本也可在一定程度上说明总体性质和特征，但无法确定抽样误差，无法准确说明样本结果在多大程度上与总体情况一致。

由于非概率抽样主要依靠主观判断，抽样精度很大程度上取决于监测人员对调查总体和调查对象的了解程度。如果能够准确把握监测对象实际情况，就能抽出代表性很高的样本，抽样的效率也就相应提高。例如，研究人员清楚了解本地散养禽对于新城疫的易感性、养殖密度和养禽场（户）生物安全措施等情况，那么在新城疫易发季节，就可以有针对性地实施监测，并采取风险预防措施。这样，无需大规模抽样就能初步掌握疫病情况，简便快捷，灵活方便。

非概率抽样有许多不同方法，究其本质都可以归纳为以下 4 种，即便利抽样、判断抽样、配额抽样和滚雪球抽样。

1. 便利抽样

便利抽样，又称就近抽样、偶遇抽样、方便抽样。具体来说，是根据研究者方便与否来抽取样本的一种非概率抽样方法。操作上，研究者根据实际情况，以自己方便的方式抽取偶然遇到的抽样单元，或者选择离自己最近、最容易找到的抽样单元。这种抽样方法事先不确定样本点，样本点是随意抽取的。

在监测中经常采取便利抽样。例如，在对家禽进行抽样检测时，调查人员经常会抓最近的、最易抓到的禽采样，这种抽样方式就是典型的便利抽样。

便利抽样与简单随机抽样都排除了主观因素的影响，只是便利抽样是纯粹依靠客观机遇来抽取对象，个体被抽取的概率是未知的。然而，根据统计学原理，如果对总体参数分布一无所知，那么与假定为均匀分布没有多大差异。因此，如果在便利抽样中不是故意避开一些样本，在实践中，可以把便利抽样当作简单随机抽样来看。但理论上，随机与随便有本质上的差异，不可混淆。在某些对精确度要求不高的监测工作中，不方便做随机抽样的时候，只要不是故意避开某些个体，例如主观避开较为瘦小或易染病的家禽，是可以用便利抽样代替简单随机抽样的。

便利抽样简单易行，能够及时取得所需数据，省时、省力、节约经费，能为非正式探索性研究提供很好的数据来源。例如，养殖场需要初步判断养殖的家禽中是否存在新城疫时，就可以进行便利抽样。特别是当个体间差异不大时，便利抽样的可信度就更高。例如，某个湖泊的湖水是否受到污染，只需取一个样本就能判断。在大型养殖场，动物圈养在一起，相互之间密切接触，在某些情况下，可以认为个体之间差异不大。监测中，对于类似新城疫这种流行迅速、传染性极强的疫病，就可以先采取便利抽样初步判断疫病是否存在。这时采用便利抽样也具有一定的说服力。

在监测过程中，真正的随机抽样受到很多因素的影响，比如抽样框经常变化，家禽频繁出栏，野禽捕捉难度较大，以及在对家禽或野禽个体进行检测抽样的时候，较小的动物不像大家畜，没有可识别的标志。以上因素都是实地调查的时候不容易采用真正随机抽样的原因。此时，采用便利抽样更加有可行性。

2. 判断抽样

判断抽样，又称目的抽样、主观抽样、立意抽样、专家抽样。它是一种凭研究人员主观意愿、经验和知识，从总体中选择具有典型代表性个体构成调查样本的一种非概率抽样方法。

简单说，判断抽样就是研究者觉得哪些个体有代表性就抽取哪些作为样本。操作上，判断抽样是人为"有目的"地选择样本，抽取哪些个体作为样本，甚至抽多少，完全靠的是研究者的"判断"。重点调查和典型调查就属于判断抽样。

由于判断抽样选取样本方式完全是靠研究者主观"判断"，就要求抽样人员在抽样前对调查对象有相当程度的了解。判断抽样多适用于研究总体规模小，涉及范围较窄、人力和经费有限的小规模调查。例如，防控人员为了初步判断是否有新城疫存在，选取几个风险较高的养殖户进行检测，这种情况就比较适合运用判断抽样方法。或者，对于重点监测的养殖场（户）、畜禽交易市场等，时时需要对了解情况的重点监测环节，由于调查涉及的范围窄，为了减少成本、快速获取调查结果，也可以采用判断抽样。

判断抽样也适用于问卷及探索性研究之中，以便用来迅速发现问题。

3. 滚雪球抽样

滚雪球抽样，又称链式抽样、网络抽样、辐射抽样、连带抽样，是指研究人员不了解、或者无法找到研究对象时，以一些个体为"种子"样本，然后以滚雪球的方式，获取更多样本的抽样方法。

滚雪球抽样的最大特点是便于找到样本，而不至于在调查时找不到可以调查的样本。调查员可以先选定一个或多个"种子"样本，然后根据物以类聚的原理，如滚雪球般获取更多样本。在家禽新城疫监测中，不太适合用滚雪球抽样方法。

4. 配额抽样

配额抽样又称定额抽样，是按照总体特征配置样本的非概率抽样方法。首先将总体中所有单元按一定特征分为若干类（与分层抽样的分层十分相似），然后对各类中的抽样数量进行配额，然后再运用其他方法抽取样本。

配额抽样分类的步骤与分层抽样的相同之处在于，都是将研究对象按某些特征，如畜种、饲养方式、行政区等，分为几类，然后再实施进一步的抽样。不同之处在于，一是第一阶段分类时运用主观判断，二是在第二阶段对基本抽样单元进行抽取时运用主观判断。而分层抽样在第二阶段可运用概率抽样在内的多种抽样方法。

如果方法运用得当，抽样设计人员非常了解实际情况，调查人员严格按照抽样实施方案进行抽样，运用配额抽样获取的数据分析结果，精度可能与分层抽样不相上下，而且更经济、更节省时间。

配额抽样与分层抽样的适用情况基本相同，都适用于总体数目较大、总体内部结构复杂的调查，如多畜种或多类型养殖场的监测。但配额抽样不需要精确的抽样框和辅助信息，可以说是一种简便的分层抽样。

以上抽样方法的选用在新城疫的监测过程中根据目的和情况选择使用或联合应用。

参 考 文 献

[1] S. 伯恩斯坦，R. 伯恩斯坦著，史道济译. 统计学原理 [M]. 2 版. 北京：科学出版社，2004.

[2] 陈继明，黄保续主编. 重大动物疫病流行病学调查指南 [M]. 北京：中国农业科学技术出版社，2009.

[3] 方积乾，孙振球主编. 卫生统计学 [M]. 6 版. 北京：人民卫生出版社，2008.

[4] 黄保续主编. 兽医流行病学 [M]. 北京：中国农业出版社，2010.

[5] 寇洪财. 新版抽样检测国家标准 [M]. 北京：中国标准出版社，2005.

[6] 罗德纳·扎加，约翰尼·布莱尔著. 抽样调查设计导论 [M]. 沈崇麟，译. 重庆：重

庆大学出版社，2007.

[7] 金勇进，杜子芳，蒋妍. 抽样技术 [M]. 2 版. 北京：人民大学出版社，2008.

[8] 陆元鸿主编. 数理统计方法 [M]. 上海：华东理工大学出版社，2005.

[9] 里斯托. 雷同能，厄尔基. 帕金能著，复杂调查设计与分析的实用方法 [M]. 王天夫，译. 重庆：重庆大学出版社，2008.

[10] 王劲峰，姜成晟，李连发，等，主编. 空间抽样与统计推断 [M]. 北京：科学出版社，2009.

[11] 严士健，刘秀芳，徐承彝著. 概率论与数理统计 [M]. 北京：高等教育出版社，1993.

[12] 宇传华主编. Excel 统计分析与电脑实验 [M]. 北京：电子工业出版社，2009.

[13] 宇传华主编. SPSS 与统计分析 [M]. 北京：电子工业出版社，2007.

[14] 李立明，詹思延主编. 流行病学研究实例 [M]. 北京：人民卫生出版社，2006.

[15] 李晓林主编. 风险统计模型 [M]. 北京：中国财政经济出版社，2008.

 第八章

预 防 与 控 制

　　动物疫病防控是关系到畜牧业能否持续稳定发展的一个关键问题。目前，动物疫病严重影响我国畜牧业的发展，给畜产品出口及公共卫生安全带来严重影响。研究表明，70％的动物疫病可以传染给人类，75％的人类新发传染病来源于动物或动物源性食品，因此动物疫病防治与公共卫生安全密切相关。在国务院 2012 年颁布的《国家中长期动物疫病防治规划（2012—2020 年）》中明确指出："动物疫病防治工作关系国家食物安全和公共卫生安全，关系社会和谐稳定，是政府社会管理和公共服务的重要职责，是农业农村工作的重要内容"。新城疫作为一种长期严重危害养禽业的重大疫病，是我国乃至全球十分关注和重点控制的动物疫病，目前我国将新城疫列为国内优先控制的重大动物疫病。选择科学、合理的防控策略，对于有效控制本病具有重要意义。

第一节　防控策略

　　熟悉新城疫的流行史、地域分布、病原学、流行病学规律等知识将有助于该病防控策略的制定。然而，新城疫的防控策略取决于我国对该病控制的总体目标。策略一般是指：可以实现目标的方案集合或根据形势发展而制定的行动方针和斗争方法。"策略"就是为了实现某一个目标，预先根据可能出现的问题制定的若干对应的方案，并且在实现目标的过程中，根据形势的发展和变化来制定出新的方案，或者根据形势的发展和变化来选择相应的方案，最终实现目标。WHO、FAO 和 OIE 等近年来提出了"One World, One Health"的人类和动物健康目标。为了实现这个目标，则需要制定相应的全球疫病防控策略，而新城疫防控策略的制定也需要与全球疫病防控策略相适应。

一、全球动物疫病防控基本策略

(一) 有关概念

净化 (Clean up)：指在某一限定地区或养殖场内，根据特定疫病的流行情况和和监测结果，及时发现并淘汰各种形式的感染动物，使限定动物群中某种疫病逐渐被清除的疫病控制方法。

控制 (Control)：指将一种疫病的发病率或患病率降低到一定水平，不再产生严重的健康或经济问题，而维持达到的控制状态往往需要持续的免疫等措施。

扑灭 (Elimination)：指在一个国家或特定的地理区域内，通过采取防控措施，使某种疫病发病率降为零，但由于传染源在区域之外存在仍需继续采取防治措施，否则疫病仍会回升和蔓延。维持扑灭状态往往也需要实施免疫等策略。此外，监测的作用十分关键，可用来证明是否在某个地区疫病已经扑灭或发现新发病例。

根除 (Eradication)：通过采取防控措施，全球范围内某种特定病原体引起的疫病发病率永久降为零。当达到某种疫病根除时，由于没有风险故不需要实施免疫。根除需要几个条件：明确的、可接受的病原体的储存宿主；具有可针对病原体、宿主或传播途径的有效控制措施；监测体系可监视并最终证实传染性病原体的消失。

消除 (Extinction)：指特定病原体引起的疫病不再存在，包括实验室和自然环境中病原体都已经消灭。这一阶段往往较难实现。

(二) 动物疫病全球防控策略框架

动物疫病的防控问题由于全球经济、科技、文化和贸易的发展等变得更加复杂，已经成为全球共同面对的问题。在全球范围内一般认为，联合国粮农组织 (FAO) 是全球重大动物疫病防控工作的领导机构，WTO 是促进动物及其产品自由、安全贸易的平台机构，世界动物卫生组织 (OIE) 是全球动物卫生状况的评估机构，也是 FAO 和 WTO 的技术咨询机构。FAO、OIE 和 WTO 制定和发布了一系列法规、导则、标准、建议、战略、计划、协议等，规划和规范全球重大动物疫病防控工作。1994 年 4 月 15 日 100 多个国家和地区的代表签署了乌拉圭回合协议最后文件和建立世界贸易组织协议，该协议在 WTO 内设置了动物安全和动植物健康措施协议的基本规则，提供了各个成员国进行贸易的法律基础。OIE 颁布的《国际陆生动物卫生法典》《国际水生动物卫生法典》规定了具体的防范措施。动物疫病的全球防控策略框架主要包括：①提高跨境动物疫病的风险防范水平；②提高动物疫病监测预警能力；③提高突发重大疫病的应急处理能力；④有计划地推进全球重大动物疫病控制和消灭工作。FAO 启动了一系列重大动物疫病区域或全球消灭计划，OIE 实施无疫评估和认证，逐步实现重大动物疫病控制消灭目标；⑤完善动物防疫体系和改善动物防疫条件，改善动物福利，减低疫病发生风险；⑥健全兽医系统质量保证体系，提高兽医体系工作能力，为做好各项工作奠定基础。

按照动物疫病防控工作的主体方向进行划分，跨境传播动物疫病的防范、突发病的应急处置和重大病的控制消灭可以作为重大动物防病防控工作的 3 条主线。改善动物防疫条件、改善动物福利、健全兽医系统质量保证体系、提高监测预警能力从属于以上工作主线中。具体的措施和工作需围绕 3 个方面入手：一是加强过境检疫和国境检疫，防止外来疫情传入；二是快速扑灭国内突发疫情；三是稳步控制和消灭国内常发的流行病。具体到某一种疫病则需要根据该病的流行特征和特点制定具有针对性的防控策略。

（三）动物疫病防控基本策略

传染源、传播途径和易感动物是动物疫病流行过程中的 3 个要素，因此消灭传染源、切断传播途径和保护易感动物是控制动物疫病的 3 种根本途径。重大动物疫病防控措施分为卫生措施（Sanitary measures）和医疗措施（Medical measures）两大类。其中的医疗措施主要包括使用药物和疫苗等，此外的所有措施，包括消灭传染源和避免健康动物感染或暴露的一系列策略或行动，均可纳入卫生措施范畴。从理论上讲，只要达到其中一条要求，就可以有效控制疫情传播从而消灭疫病。但目前，由于病原体在自然界中普遍存在，宿主分布广泛，野生动物传播动物疫病的风险很难控制，动物及其产品贸易日益频繁，因此给动物疫病防控带来很大挑战。特定条件下，两类措施可联合使用，卫生措施可针对三个要素中的任何一种，而医疗措施主要是针对传染源和易感动物，如使用疫苗旨在提高易感动物的特异性抵抗力和减少潜在的传染源。

一般来讲，就动物疫病防控基本策略来讲，主要包括扑杀、扑杀与免疫相结合、免疫以及监测净化等。一个国家对某种动物疫病采取的实际防控策略，与多种因素有关，如：疫病本身的流行特征、疫病流行现状、饲养管理模式和养殖业发展水平、疫病防控技术储备（如诊断技术和疫苗等）、国家动物疫病防控能力（基础设施、报告和监测体系等）以及经济发展水平等。对于没有疫苗的传染病，如非洲猪瘟等，卫生措施是唯一的选择。当存在疫苗时，是否应用疫苗免疫，要根据决策环境而定（种群、时间和空间），疫病不同、决策环境不同，措施自然不同，但总体要考虑两个标准：一是疫病的流行现状，二是疫病的传播速度。

我国在动物疫病防控策略方面，首次提出了"分病种、分区域、分阶段"的防治策略，以及"优先防治病种"的概念。在动物疫病防控策略方面，以消灭传染源和切断传播途径为目的的防控措施才是第一道防线，依靠免疫来保护易感动物仅是一种手段，不能过度依赖疫苗，要建立一整套传染病的监测体系，开展细致严密的疫情监测工作，及时掌握疫情动态，并根据疫情监测结果有针对性地制定科学防控策略，彻底转变以免疫为主到以监测、扑杀为主的综合防控措施。

表8-1　动物疫病阶段性防控策略

疫病流行阶段	基本策略	主要措施
暴发流行	扑杀、免疫	免疫、疫情报告、诊断、扑杀
稳定控制	免疫、扑杀	免疫效果监测、疫情监测（临床病例监测）
免疫无疫	免疫、检疫	免疫效果监测、病原监测（感染监测）
非免疫无疫	净化、生物安全	生物安全隔离区和无规定疫病区

二、国外新城疫防控策略

一般来讲，当大范围暴发新城疫时，有4种策略可供选择：①持续扑杀；②持续扑杀和强制免疫相结合；③强制免疫不扑杀；④放宽所有措施，允许自愿免疫。如果病禽数量超出扑杀能力，或初期的处理措施失败，应根据实际情况合理选择某一策略。所有策略都是以扑灭疫病为最终目标。不同的国家采取的新城疫防控策略各不相同。瑞典是要求全部禽群强制免疫，美国是禁止使用疫苗。大多数国家则是采取扑杀感染发病群体、监测疫情的策略。目前，已有很多国家成功实现了无"新城疫"的状态。由于各个国家的情况不同，在新城疫扑灭过程中采取的措施有所不同，但是阶段性使用疫苗、扑杀发病群体、消毒和无害化处理以及对疫病进行监测是成功消灭该病的主要手段。新城疫防控的目的主要是防止易感禽变为感染禽以及防止疫病在动物个体之间或群体之间传播。《禽病学》（第十二版）将禽病防控策略分为管理和免疫两个大的方面，管理从国际、国家和养殖场水平的控制政策和预防控制措施进行了建议。采用疫苗对易感家禽进行免疫是控制该病的一种重要手段，但是对于疫苗的使用要建立在科学评估的基础上，在防控规划的不同时期其作用也不同。

澳大利亚 2010 年颁布的新城疫防控策略（Version 3.2，2010）是根据《OIE 陆生动物卫生法典》和《OIE 陆生动物诊断试验和疫苗手册》进行修订的。在澳大利亚，新城疫在政府和畜牧业突发动物疫病应急反应费用分摊协议（Government and Livestock Cost Sharing Deed in Respect of Emergency Animal Disease Responses）中被列为三类紧急动物疫病（Category 3 emergency animal disease）。三类动物疫病指可产生一定的国际贸易损失，具有潜在的、造成一定社会经济学后果（通常比较温和）的传染病。这类传染病通常会造成一定的国际贸易损失，但通常对人类健康或环境不产生影响。在分摊协议中规定，政府和行业将各承担 50％的三类疫病控制费用。澳大利亚在控制和扑灭原则中对阻止新城疫扩散和消灭病原的主要措施包括：检疫和移动控制、追踪、监测、感染禽类的治疗、禽类的扑杀、禽产品与副产品的无害化处理、消毒、免疫接种、野鸟和害虫的控制、媒介控制、哨兵禽和重新饲养措施和公共意识等。采取最短时间和最小损失的扑灭政策是主要的防控策略，综合控制策略主要包括以下几个方面：

1. 扑杀（Stamping out）

对感染场中的所有禽类均应扑杀。对于其他场禽的扑杀销毁根据获得的追踪、监测和病毒分离株致病型等信息来确定。需要注意的是澳大利亚兽医应急预案（AUSVETPLAN）对感染场的定义可能是整个农场或其中的一部分。

2. 检疫和移动控制（Quarantine and movement controls）

在新城疫暴发时，应宣布感染场、危险接触场和可疑场，同时宣布以下两个主要的疫病控制区，即：限制区和控制区。其中：

● 限制区：在感染场周围 1～5 km 半径范围，应尽可能划入较多的危险接触场和可疑场，如果可能的话可不包括主要的市场、加工厂和一般服务区，以促进持续的行业积极性。宣布的限制区可超过一个。

● 控制区：边界与限制区相距 2～10 km，形成感染区和无疫区之间的缓冲带。这有助于将疫病控制在限制区内，实施相应的限制措施，继续进行合理的商业活动。控制区最初的分界线可与州/版图或其他地理政治边界一致。随后，应基于获得的流行病学信息进行修正，在符合疫病控制措施的前提下最大限度地继续开展正常的商业活动。

感染场和危险接触场应进行严格的检疫和移动控制。要限制人员和交通工具的移动（禁止移动到其他禽场）。在离开禽场之前必须进行彻底的消毒。

可疑场在调查疫病状态期间要严格实施移动控制，时间范围按照 OIE 描述的潜伏期 21 天。家禽和物品的进出依据定期监视、检查和潜伏期相关的封锁时间。允许已到出售期的禽类在严格的检疫和监测条件下进行加工。

限制区无疫物品的流动控制取决于其所处的位置、涉及的产品、现有孵化场及其位置、加工销售设施和流行病学调查结果。允许限制区内无疫场和可疑场的家禽及其产品在监视、检查和考虑潜伏期因素等条件下进入控制区进行加工和出售。应立即实施禽类的流通控制并防止外来禽进入。在新城疫的控制和根除中最近的 OIE 关于新城疫生物安全隔离区划（Compartmentalisation）的原则对笼养、舍养和散养禽允许采取适当宽松的政策。通常，禽类、禽产品和物品在检疫许可、监测和监视、不断提升加工设施及市场或集散中心的卫生水平和严格遵守标准操作程序（SOPs）等条件下可在控制区内自由移动。一般来说，无疫区的禽类、禽产品和物品可进入控制区，但从控制区运出需经许可。

应定期监测和更新禽场的疫病状态，在条件允许的前提下应放松禽类和禽产品的移动限制。如果在一个宣布疫情地区的家禽数量没有减少，对超过其正常出售日龄的家禽进行保存会使成本大大增加。

任何延误禽产品和初孵禽的供应将导致巨大的经济损失，破坏正常的行业发展。因此，宣布的限制区和控制区的大小在符合良好的疫病控制活动的前提下应尽可能小。

在完成流行病学调查、确定疫病的范围和严重程度后应尽快实施区划（Zoning）。实施区化有一些缺点，保护无疫区家禽避免感染的 OIE 准则要求要限制从感染地区到无疫区的贸易。实施之前要研究这些限制因素可能给行业发展带来的影响。需要在无疫区开展额外的监测工作。如果要达到国际认证从而促进从无疫区或生物安全隔离区出口的目的，需要考虑 OIE 陆生法典关于区划和生物安全隔离区、动物卫生监测和新城疫等有关章节的内容。

3. 追踪和监测 (Tracing and surveillance)

当怀疑为新城疫时，为了确定限制区和控制区的范围应立即启动追溯和追踪。追踪的对象包括禽类、禽产品、饲料、垫料、废弃物、设备和人员。对感染场出现发病和死亡时间之前 21 天内进入所有相关移动及其来源进行追溯（与 OIE 潜伏期一致）。追踪可发现其余的感染场，确定危险接触场和可疑场。应对病毒来源进行追溯，因其仍可能存在威胁。

4. 免疫 (Vaccination)

按照突发动物疫病咨询委员会 (CCEAD) 批准通过的指南，在首席兽医官 (CVO) 的严格控制下，允许对特定的禽群使用疫苗进行免疫。当资源有限时，可使用缓发型毒株制备的疫苗来降低感染群扑杀前的病毒量。免疫可在疫点周围建立免疫屏障，以保护良种群或散养家禽，和（或）笼舍养禽。免疫缓冲带中未感染的家禽经过适当的观察时间后，可严格按照标准操作规范的要求允许进行屠宰和销售。

对于行业推荐的、具有遗传重要性的种禽经突发动物疫病咨询委员会同意后可进行免疫。必须制定种蛋收集和处理的标准操作程序。免疫禽群在暴发直至感染清除期间应保持检疫。如果证实有新城疫强毒感染，必须立即销毁。如果没有，到出栏期按常规加工处理。

5. 感染禽类的治疗 (Treatment of infected birds)

对感染新城疫的家禽没有有效的治疗方法。

6. 禽产品及副产品的处理 (Treatment of poultry products and byproducts)

禽产品处理需要在特定条件下进行。根据产品类型、宣布区域的自然特征和禽场的疫病状态确定所合适的处理方式。可疑场如果建立了合适的卫生程序，符合群检要求，证实血清学阴性，且经过一个最小潜伏期隔离，该场储存和冷冻的产品不需处理。所有的废弃物必须进行消毒处理。

来自感染场和危险接触场以外（除非免疫和感染已经控制）的所有熟制禽产品，在烹制时符合最低时间和温度要求，产品在生产、回收、加工和分发等环节严格按照 SOPs 操作时，可运到各地进行常规商业贸易。需要注意对于不满足这些最低要求的速炸产品（如用于进一步加工的鸡块）需要有控制地分发，确保对这些产品食用时需进行进一步的加工。

7. 动物产品及副产品的销毁（Disposal of animal products and byproducts）

大多数情况下需要对感染场和危险接触场的禽产品进行销毁。销毁的方式包括掩埋、焚烧、焚化和堆肥等。

8. 消毒（Decontamination）

感染禽排泄的粪便当中存在大量病毒，而且病毒在粪便和废弃物中相当稳定。任何被这些材料污染的东西均需进行消毒以消除感染性。

病毒对许多消毒剂敏感，如很多去污剂，但在消毒之前必须进行彻底清洗。场地、物品和人员的清洁和消毒是扑杀策略的一个必不可少的部分，必须严格应用。如果感染场不能进行彻底的清洁和消毒，可对清洁和消毒过程进行调整，需要增加时间来破坏病毒的感染性，时间一般为 6 个月，但在较热的澳大利亚夏季可减少到 3 个月。

9. 野生动物和媒介的控制（Wild animal and vector control）

消毒应涉及昆虫媒介和啮齿动物，从而将病原体机械传播到邻近养殖场的可能性降到最低。为了将野鸟的风险降到最低，需要实施高水平的生物安全。鼓励隔离场和其他禽舍设置防雀网，在疫病根除过程中保护污染点。

10. 公共意识和媒体（Public awareness and media）

媒体应着重宣传生产者如何定期检查易感动物并迅速报告可疑病例和异常死亡的重要性，宣传并向业界详细解释实施流通控制的有关情况，公众不必恐慌禽产品等。虽然人可能被感染，但对公众不会有危险。

11. 公共卫生意义（Public health implications）

新城疫对于没有职业性暴露的人群来说没有公共卫生影响。

三、我国防控新城疫策略

国务院在 2012 年颁布的《国家中长期动物疫病防治规划（2012—2020年）》将新城疫列为国家优先控制的国内动物疫病，提出在 2015 年全国部分地区要达到控制标准，2020 年全国要达到控制标准，即新城疫得到稳定控制。

我国目前对于新城疫的基本防控策略是"以免疫为主，免疫和扑杀相结合"的综合防控策略，而且在未来相当长的一段时间内可能都会以这种防控策略为主。主要原因有以下几个方面：

1. 复杂的养殖模式

我国目前养殖模式复杂，除了少量规模化养禽场之外，农村庭院散养和小规模饲养在我国大部分地区普遍存在，大多生物安全水平较低，养殖从业者大多没接受过系统的教育或培训，专业素质不高。

2. 传统的饮食习惯和生活方式

我国南方地区喜欢购买活禽的习惯决定了活禽市场在未来一段时间在我国部分地区可能广泛存在，大量的活禽运输和交易给疫病的防控增加了难度。

3. 养禽生态环境

部分地区气候温暖潮湿，适宜于疫病的扩散和蔓延；饲养量全球第一的水禽给疫病防控带来巨大挑战；分布广泛的候鸟迁徙给病毒广泛传播提供载体。

4. 目前的动物疫病防控体制还不是十分健全

我国目前的疫情监测和报告体制存在很多弊端，瞒报、漏报或谎报疫情现象可能持续存在，疫情确诊和确认环节有待进一步完善。

5. 疫情状况复杂

新城疫在我国流行已经有几十年的历史，目前该病在全国多个地区已经成为一种地方流行性疫病，病毒污染的面广、病原复杂。

6. 免疫技术相对比较成熟

多年来的经验证明目前使用的疫苗对流行毒株的攻击可产生较好的保护，疫苗生产和运输得到保证，免疫技术基本成熟。

7. 经济发展水平整体不高

我国仍然是发展中国家，目前的经济发展水平和疫病流行特点和现状决定了我国不可能像一些发达国家，仅采取扑杀的手段来控制疫病。

第二节　综合防控措施

新城疫传播迅速，且病毒基因型众多，防治本病要贯彻预防为主和采取综合性的防治措施，即通过加强饲养管理，杜绝传染源，开展经常性消毒，加强检疫，定期免疫接种，建立免疫监测等。下面就新城疫的综合防制原则、措施与有关技术概括如下，以作参考。

一、建立严格的卫生管理制度

在养禽场建立严格的卫生（消毒）管理制度，是认真贯彻"预防为主"原则的最重要的环节之一，如果平时做好消毒工作，就可为预防新城疫打下良好基础。

1. 场址的选择和布局

养禽场应建立在地势较高、气候干燥、便于排水、通风、水源充足、水质良好、供电有保障的地方。既要远离主干公路、居民区和村寨，又要考虑到交通方便和工作人员生活安定。生活区和生产区严格分开，四周建立围墙或防疫沟、防疫隔离带。

2. 加强禽场工作人员管理

禽场及孵化场工作人员不许在场外及自己家中饲养家禽和从事禽群有关的业务，养禽场工作人员所需的蛋和禽产品，必须经过检疫。

3. 严防人员、来访客、饲养用具和杂物传播疾病

对于易从外界带来病原体的媒介物（包括工作人员、推销员、禽产品经销商、运送工人和来访客等人员及其交通运输工具），都应严加管理和监督。所有人员进入生产区前应冲洗、消毒、更换衣帽鞋等。所有的用具和运输工具都须经严格冲洗消毒后，才能进入禽场和禽舍。兽医人员使用的各种诊疗器械，必须经高压消毒后，才可进入禽舍内使用。垫料要经阳光暴晒后或经消毒药熏蒸后使用。

4. 实行专业化生产和全进全出

在条件允许时，最好实行专业化生产，一个养禽场只饲养一个品种的家

禽，更应避免畜、禽混养。从孵化、雏禽饲养到成年禽上市，都应采取全进全出，禽群在一生中都养在一个禽舍内，一批出笼后，禽舍经清洗、消毒后空置1～2周，再引进下一批雏禽。

5. 严格执行卫生消毒管理制度

定期对养禽舍、孵化室及禽群进行消毒，及时清理垫料和粪便，保持清洁卫生。

6. 保持良好的饲养环境，避免和减轻应激反应

养禽舍通风良好，风速宜小。对粪便进行干燥，控制光照，合理设计禽舍和禽笼结构。保持适宜的温度和湿度、保持禽舍空气新鲜。要避免过分拥挤，频繁捕捉、转群、断喙、免疫接种和噪音等应激因素的危害。

7. 合理处理淘汰的病禽和禽尸

对于淘汰的病禽应及时送往指定的屠宰场急宰，在兽医监督下加工处理。死亡病禽、粪便和垫料等，运送指定地点销毁或深埋，然后全场彻底消毒。

8. 防止活体媒介物和中间宿主与禽群接触

搞好环境卫生，消灭蚊蝇孳生地，杀灭体外寄生虫，经常灭鼠，场内禁养犬、猫等，防止飞鸟进入场内。

二、严格执行和完善养禽场经常性生物安全措施

(一) 平时的卫生防疫措施

对养禽场来说，预防本病的发生，重点做好平时的防疫工作，对集约化养禽场更是如此，其主要措施包括：

1. 杜绝病原侵入禽群

控制和消灭新城疫流行，最根本措施是杜绝新城疫病毒侵入易感家禽，这就需要有严格的卫生防疫制度，防止带毒禽（包括鸟类）和污染物品进入禽群，进出养禽场的人员和车辆必须经过消毒，饲料来源要安全，严禁从疫区引进种蛋和雏禽。新购进的家禽需经严格检疫，并严格隔离饲

养 2 周以上,再经新城疫疫苗免疫接种后,证明健康者,方可与原有禽合群饲养,随时观察禽群的健康情况,发现可疑病禽,立即隔离,并采取紧急措施。为了避免传染源传入,有条件的养禽场尽可能做到自繁自养,种禽场、孵化厅、育雏、育成和生产禽群须分区域饲养,加强种禽疫病的监测。

2. 严格执行消毒措施

消毒是防止新城疫传播的一项重要措施,其目的是切断病原的传播途径。特别是大型养禽场,应该有完善的消毒设施,养禽场进出口应设消毒池。饲养员和工作人员进入饲养区要经消毒后,更换工作服和鞋靴方可进入,进入场区的车辆和用具也要经消毒,应该形成一个制度,做到临时性和定期消毒相结合。肉用鸡场可以采用全进全出的饲养法,在进鸡前对禽舍进行 1~2 次严格消毒,待全群鸡出售完毕再进行 1~2 次鸡舍清洁和彻底消毒,这样可减少鸡群疾病的传播机会,但平时对鸡舍周围环境也应定期进行消毒。

3. 合理做好禽群预防接种

免疫接种可增强禽群的特异性抵抗力,使禽群保持良好的免疫状态,防止疫情发生。因此对禽群合理进行疫苗接种,是防制新城疫关键措施之一。做好免疫接种应根据当地疫病流行情况、养禽场卫生防疫制度、饲养类型、家禽的种类、母源抗体效价的高低以及前次免疫的 HI 抗体情况等,来确定采取疫苗的种类、免疫时机和免疫次数。近年来国内对新城疫的免疫程序进行大量研究,积累了许多经验,制定了更加科学合理的免疫程序,对控制和消灭新城疫起着重要作用。

对农村散养的家禽如何做好免疫接种,是值得研究的问题。鉴于其来源广泛、复杂,母源抗体水平差异较大,由于分散饲养给疫苗免疫接种带来一定困难。以前采取春秋两季由防疫员负责进行,这样必定造成免疫接种密度不高,造成新城疫时有发生。有的地区采用在孵坊里对出壳雏禽进行免疫接种,也取得良好的免疫效果,到 2~3 月龄时再用新城疫 I 系疫苗加强免疫一次,这样可以提高免疫接种密度,而且对农村散养鸡控制新城疫有实用价值。在农村开展新城疫免疫接种时,应注意的问题是,做好疫苗的冷藏和保管,禁止使用过期的疫苗,在较短时间内对一个村庄的易感家禽全部接种完毕,免疫接种中特别注意针头的更换和消毒,防止通过针头传播本病。在农村开展免疫时，经常遇到几个散养户共用一只针头，结果免疫后 2～3 天开始流行新城疫。

（二）建立监视和监测系统

流行病学监测是指在较大范围内有计划、有组织地收集流行病学的信息，目的是为净化禽群，为防疫提供依据。流行病学监测是一项长期、系统的工作，包括主动监测和被动监测，二者缺一不可。

加强对禽群的监视，发现异常立即报告并开展调查，确定流行原因，一旦出现新城疫疑似疫情，要逐级上报，按照要求采集病料送国家指定参考实验室进行确诊。疫情确诊后，要立即启动紧急流行病学调查（暴发调查），分析传染来源，了解流行现状，预测流行趋势，立即采取隔离、封锁、消毒等多种控制措施，有效遏制疫情传播，总结经验教训，防止疫情再次发生。养禽场周边如果出现疑似新城疫感染的死鸟，要送实验室进行检测和诊断。

监测包括病原学监测和血清学监测。病原学监测可以早期发现病毒的侵入和感染，进行早期预警，做到"早发现、快反应、严处理"，采取切实有效措施，以减少损失。血清学监测是开展免疫效果评估、确定合理免疫时机最有效的手段。通过定期对禽群中抗体效价的变化规律的监测，可确定适宜的免疫接种时间，减少其盲目性，更有效地预防疾病。在养禽场应建立免疫监测制度，可以保证各次免疫接种获得良好的免疫效果，避免免疫接种工作的盲目性，必须通过免疫监测的方法，检查免疫鸡群中抗体效价。根据抗体水平确定首免和再次免疫时间，是最科学的方法，免疫监测是制订科学免疫程序的依据。此外，免疫监测还能判定该养禽场是否受到新城疫强毒的感染。因为各类疫苗免疫后，正常情况抗体效价保持一定的水平，当发现该禽群 HI 抗体突然上升很高，比原来的抗体效价增加了 3 个滴度以上，说明该禽群可能感染了新城疫强毒，那么必须注意其他禽群防疫措施。

对饲料进行监测，在预防禽病中也是重要的一环，饲料中有些有害物质，如黄曲霉毒素、劣质的鱼粉、添加的食盐和药物是否超量等，检出后少用或不用，或经处理后再用，可以减少中毒病的发生。或因饲料存放不当，时间过长，可能污染致病菌，检出后经消毒后再使用，可以防止传染性疾病的发生。饲料监测更重要的是检查其中营养成分是否合理，如钙磷比例是否适当，蛋白质、氨基酸和糖等物质是否适当，特别是维生素和微量元素的含量是否正常，及时调整配方，可以减少代谢病的发生。

监测过程中的注意事项：

（1）**分级监测**　在明确监测目的前提下，实施分级监测的策略。即：国家级实验室以定点监测、高风险区监测，掌握病原变异情况为主；省级实验室重点是病原学监测，掌握流行率；县级实验室重点是血清学监测，评价免疫效果。对于规模化养禽场，则应该建立免疫监测制度，主要是评价免疫效果、确定合理免疫时机、优化免疫程序等。

（2）**对监测计划要进行优化**　具体包括：

● 优化抽样策略：根据监测目的合理确定抽样方法；

● 优化监测方式：逐步开展免疫群哨兵动物监测方法；

● 优化被动监测：加大病死禽检测量。

（3）**正确认识 HI 抗体效价与免疫保护的关系**　FAO 有专家曾提出 HI 抗体与免疫保护率的关系（表 8-2）。

但在生产实际中，可能情况并非如此。特别是近年来很多专家提出，随着病毒变异等因素的影响，临床上保护新城疫感染所需要的 HI 抗体阈值不断提高。目前，即使抗体在 8log2 以上，仍可能会出现产蛋下降的现象。需要注意的是：如果禽群 HI 抗体离散度大，低 HI 抗体滴度的家禽有可能成为野毒侵入后定居、复制和排毒的场所。此外，HI 抗体不能真正代表禽群对新城疫的抵抗力，因为在生产实际中油苗和弱毒活苗联合使用，可诱导体液免疫和细胞免疫，而 HI 抗体仅仅能反映体液免疫的情况。在免疫监测中亦发现，有些免疫鸡的 HI 抗体效价较低，但是用新城疫强毒攻击后获得保护，这说明新城疫除体液免疫外，细胞免疫可能也发挥一定作用。国内有报道免疫鸡的 T 淋巴细胞和 B 淋巴细胞数量多于未免疫鸡。

表 8-2　**HI 抗体效价与免疫保护率的关系**（Herts'33 攻毒）

HI 抗体效价范围（log2）	攻毒结果（Herts'33）
<2	100％死亡率
2~5	10％死亡率
4~6	无死亡
6~8	连续产蛋下降，无死亡，恢复期效价达 2^{14} 以上
9~11	无产蛋下降，无死亡，恢复期效价在 2^{11}~2^{12}
11~13	6 个月内无产蛋下降风险，无死亡

数据来源：Alan 等，1978，FAO 出版物。

（4）**HI 抗体测定影响因素**　HI 抗体测定，会受到许多因素的影响，同一份抗血清在不同实验室测定其结果不同，为了获得准确结果，一方面对操作人员进行训练，另一方面应设立标准抗血清做对照，从而使 HI 抗体测定标准化。

(三) 做好免疫接种工作

在现代化集约化养禽场，饲养数量大，相对密度较大，随时都有可能受到传染源的威胁。为了防患于未然，在平时就要有计划地对健康禽群进行免疫接种。禽用疫苗种类多，免疫方法各不相同。接种后一定时间（数天至 2 周）可获得数月至 1 年以上的免疫力。此外，还要注意，有一些因素可能会影响免疫效果。如疫苗因素（质量、匹配性、储运等），操作因素（免疫程序、途径、剂量、器械等），个体因素（家禽品种、个体差异、健康状况等），管理因素（设施条件、管理水平和饲养状况等）。免疫接种应注意的事项包括：

选择有资质的企业生产的疫苗，并且要严格依照规定使用。

疫苗必须按规定的条件储存，运输时要有冷藏设备。使用时疫苗不能在阳光下暴晒。

使用前要逐瓶检查瓶子是否有破损、疫苗是否变质、标签说明详尽与否，并记录批号和检验号，若出现事故，可便于追查。

注射疫苗的各种用具要洗净、煮沸消毒方可使用。

活疫苗尽量不要使用饮水免疫，因为饮水免疫效果不确实，免疫质量难以控制，最好使用气雾免疫或者点眼、滴鼻等方式。

免疫接种后要搞好饲养管理，尽量减少各种应激因素。

必须执行正确的免疫程序。由于家禽的日龄、母源抗体水平和疫苗类型不同，需要根据不同的情况，有条件的可结合免疫监测，制定和执行科学合理的免疫程序，使疫苗产生有效的免疫力，达到预防疫病的目的。

对禽群实行科学的饲养管理和卫生管理，提高禽类抗病力。

(四) 认真执行检疫、隔离和封锁

1. 检疫

通过各种诊断方法对家禽及产品进行疫病检查。通过检疫可及时发现病禽，并采取相应的措施，防止疫病的发生与散播。为保护本场禽群，应做好以下检疫工作。

种禽要定期检疫，对新城疫检测呈阳性反应的应及时淘汰，不得作为种用。

从外地引进雏禽或种蛋，必须了解产地的疫情和饲养管理状况，有发病史种禽场的蛋、雏不宜引种。若是刚出雏，要监督按规程接种马立克氏病疫苗。

养禽场要定期抽样采血样进行抗体检测，依据抗体水平高低，及时调整免疫程序。

定期对孵出的死胚、孵化器中的绒毛以及对禽舍、笼具在消毒前后都要采样做细菌学检查，以确定死胚的原因，了解孵化器的污染程度以及消毒效果，便于及时采取相应的措施。

2. 隔离

通过各种检疫方法和手段，把病禽和健康家禽区分开来，分别饲养，目的是为了控制传染源，防止疫情继续扩大，以便将疫情限制在最小的范围内就地扑灭。同时便于对病禽的治疗和对健康家禽进行紧急免疫接种等防疫措施。隔离的方法根据疫情和场内具体条件不同，区别对待，一般可以分为 3 类：

病禽：包括有典型症状或类似症状或经其他特殊检查为阳性的家禽等是危险的传染源。若是烈性传染病，应根据有关规定认真处理。若是一般性疾病则进行隔离，病禽为少量时，将病禽剔出隔离，若是数量较多时，则将病禽留在原舍，对可疑禽群隔离。

疑似感染禽：指未发现任何症状，但与病禽同笼、同舍或有明显接触，可能有的已处于潜伏期的家禽也要隔离。可做药物防治或紧急防疫。

假定健康禽：除上述两类外，场内其他家禽均属于假定健康禽，也要注意隔离，加强消毒，进行各种紧急防疫。

3. 封锁

当养禽场暴发新城疫时，应严格进行封锁，限制人、动物及其产品进出养禽场，对于禽群和环境做彻底消毒，详细记录有关发病信息，同时开展疫情发生时的紧急控制措施，做好疫病报告、实验室检测和确诊工作。若是大型养禽场或种禽场，即使在无疫病流行时也应与外界处于严密封锁和隔离。

三、发生疫情时的紧急控制措施

任何单位和个人发现患有新城疫或疑似本病的禽类，即将病禽（场）隔离，并限制其移动，同时立即向当地动物防疫监督机构报告。动物防疫监督机构要及时派员到现场进行调查核实，诊断为疑似新城疫时，立即采取隔离、消毒、限制移动等临时性措施，同时要及时将病料送国家指定参考实验室进行确诊。新城疫疫情一旦确诊，应按照《新城疫防治技术规范》的有关要求，由当地县级以上人民政府兽医主管部门立即划定疫点、疫区、受威胁区，并采取相应的紧急控制措施，包括立即隔离感染家禽，迅速进行无害化处理，同时控制或扑杀其他可能感染或传播本病的动物或禽类，对感染疫点进行彻底的消毒和无害化处理，感染家禽和污染的有关材料和设备必须进行移动限制（封锁），防止疫情扩散。

1. 扑杀和补偿

疫情确诊后，要按照《新城疫防治技术规范》的要求，扑杀疫点所有的病禽和同群禽只，并对所有病死禽、被扑杀禽及其禽类产品进行无害化处理；对扑杀的家禽按照有关规定给予补偿。

2. 检疫和移动控制

对感染地区所有养殖场实施严格检疫；疫点要限制人员出入，严禁禽、车辆进出，严禁禽类产品及可能污染的物品运出；对疫区进行封锁，在疫区周围设置警示标志，在出入疫区的交通路口设置动物检疫消毒站（临时动物防疫监督检查站），对出入的人员和车辆进行消毒；关闭疫区的活禽及禽类产品交易市场，禁止易感活禽及其产品进出。

3. 疫情溯源、追踪和监测

疫情发生后，要迅速启动紧急流行病学调查，确定传染来源，分析流行现状，预测发展趋势，对疫区和受威胁区要开展系统的病原学监测，发现阳性立即处理；对在疫情潜伏期（21 天）和发病期间售（运）出的禽类及其产品、可疑污染物（包括粪便、垫料、饲料等）等应当立即开展追踪调查，一经查明立即进行无害化处理。

4. 免疫

对疫区和受威胁区的家禽进行紧急接种，确保免疫效果，同时开展免疫效果监测。

5. 感染家禽的治疗

根据有关规定，必须对感染家禽进行扑杀，不适用治疗；国内部分学者建议在紧急发病的养禽场采用活疫苗进行紧急接种后也能减少一部分死亡，或者可以用高免血清或卵黄抗体进行注射以降低损失。

6. 无害化处理

对疫区内病死禽尸体应深埋或焚烧，对禽类排泄物、被污染饲料、垫料、污水等按国家规定标准进行严格的无害化处理。

7. 消毒

对被污染的物品、交通工具、用具、禽舍、场地进行严格彻底消毒，垃圾、粪便和剩余饲料经无害化处理后再进行第二次消毒。

8. 封锁解除

疫区内没有新的病例发生，疫点内所有病死禽、被扑杀的同群禽及其禽类产品按规定处理 21 天后，对有关场所和物品进行彻底消毒，经动物防疫监督机构审验合格后，由当地兽医主管部门提出申请，由原发布封锁令的人民政府发布解除封锁令。

第三节　新城疫疫苗

一、正确认识疫苗的作用

在新城疫防控策略中，疫苗免疫无疑是一种十分有效的预防措施。在 20 世纪 80 年代以来，我国采取了普遍免疫的防控策略，新城疫的流行得到一定的控制，新城疫的流行范围和危害程度有所下降，因此可以说疫苗免疫在我国新城疫的预防和控制中起了十分关键的作用。但要科学认识疫苗的作用，免疫作为一种双刃剑，也有它的不利因素。

首先需要引起重视的是新城疫疫苗并不能提供消除性免疫（Sterilizing immunity）。消除性免疫是指疫苗提供的免疫能消除体内存在的病原体，能阻止病原体的感染和复制。新城疫疫苗免疫不能消除已存在的感染，不能阻止强毒的感染和复制（呼吸道、消化道或其他部位）。

疫苗免疫的真正作用在于：对于易感群体免疫后在强毒威胁时能提供临床保护，即可以保护动物群体不发生明显的临床症状和出现大批死亡（在有效的免疫状态下），可抑制强毒在宿主体内的繁殖，即可有效降低病毒载量，但并不能阻止强毒的感染和复制（消化道、呼吸道或其他部位）。此外，还要正确认识群体免疫和个体免疫的关系。在一个群体中由于个体差异等因素的影响，免疫保护水平不可能达到100％，免疫效果一般呈正态分布，即不可避免地有一少部分个体免疫效果可能不理想。根据流行病学原理，只要群体中个体免疫的合格率达到一定水平，就可以有效控制在个体之间的传播，流行就会有效降低，疫病自然得到控制。

在我国，"手中有苗，心中不慌"、"一针（疫苗）定天下"的错误观念普遍存在，这违反了传染病防控的最基本原则，任何一种传染病的流行必须同时存在3个环节，即传染源、传播途径和易感宿主，对于传染病的控制必须从消灭传染源、切断传播途径和提高易感畜群免疫状态3个环节上形成合力，才能有效控制疫病的流行。疫苗免疫仅仅是针对易感宿主这一个环节方面的措施。因此，要科学合理地使用疫苗，不能滥用，把疫苗免疫只能作为新城疫防控的最后一道防线，要在消灭传染源和切断传播途径方面下功夫。

二、疫苗的种类

新城疫疫苗可分为常规疫苗和基因工程疫苗两大类，其中常规疫苗有两类，一是活疫苗（Live vaccine），二是灭活疫苗（Killed vaccine）。

（一）活疫苗

活疫苗的优点是可以在家禽体内繁殖，能刺激机体产生黏膜免疫和体液免疫，有利于清除呼吸道或肠道入侵的野毒，而且生产成本较低；缺点是免疫维持期相对短。弱毒疫苗种类较多，不同疫苗其免疫性能不一样，免疫方法也不完全相同。一般根据疫苗株的毒力可分为两类：中等毒力和弱毒力。中等毒力疫苗国内应用最普遍的就是Ⅰ系（Mukteshwar株），弱毒疫苗包括Ⅱ系（HB1株）、Ⅲ系（F株）及Ⅳ系（La Sota株）。Ⅰ系和Ⅳ系是我国目前应用最广泛新城疫活疫苗的主导苗种。

1. 中等毒力活疫苗

中等毒力疫苗包括人工致弱的中等毒力毒株（如Mukteswar株、H株和Komorov株等）和田间分离的自然中等毒力分离株（如Roakin株）。在我国主要使用Mukteswar株（即Ⅰ系）。Ⅰ系亦称印度系，是通过鸡胚连续传代致弱的，为基因Ⅲ型。该毒株致病力较强，对雏禽可能致死，适合 2 月龄以上的家禽，但其免疫原性好，产生抗体速度较快，3～4 天即可产生免疫力，维持时间较其他活苗长，常使用肌内注射或刺种，适用于有基础免疫的禽群和成年禽接种，常用于加强免疫或紧急接种。Ⅰ系苗注射后应激反应较大，对产蛋高峰鸡群有一定影响。由于Ⅰ系苗使用后存在毒力返强和散毒的危险性，易使禽群隐性感染，在国外大部分国家已停止使用。按照目前 OIE 关于新城疫的定义，如果分离株 ICPI 超过 0.7，就确定为新城疫，因此在临床上建议逐步取消Ⅰ系苗的应用。哈尔滨兽医研究所从Ⅰ系疫苗毒中，采用空斑技术挑选出 1 株小空斑，制成克隆化疫苗（克隆-83），免疫原性相当，但毒力降低。CS2 株也是从Ⅰ系中 4 次蚀斑筛选出的疫苗株。

H 株（Hertfordshire）是历史上首个被致弱的新城疫病毒毒株，是通过对英格兰 1933 年分离到的强毒株（后来有证据表明该强毒株即 Herts'33，以后成为标准的攻毒毒株）在鸡胚中进行连续传代致弱的，为基因Ⅲ型；Komarov 株是对巴勒斯坦 1945 年分离到的强毒株通过雏鸭脑内连续传代进行致弱的，为基因Ⅱ型；Roakin 株是从美国分离到的自然中等毒力分离株，为基因Ⅱ型。

2. 弱毒活疫苗

弱毒活疫苗主要包括Ⅱ系（B1 或 HB1 株）、Ⅲ系（F 株）、Ⅳ系（La Sota 株）、V4、D10 株及克隆毒株（Clone30、N79 等）。

Ⅱ系弱毒疫苗（HB1 或 B1 株）：该疫苗毒力较弱、安全性好，主要适用于雏鸡免疫。该疫苗适用于滴鼻或点眼免疫，雏鸡滴鼻免疫后，HI 抗体上升较快，但是下降也较快。在雏鸡母源抗体低的情况下，其免疫效果良好，而在母源抗体高时会干扰其免疫效果。

Ⅲ系弱毒疫苗（F 系）：本疫苗也是自然弱毒株，其特性在许多方面与Ⅱ系疫苗相似，也是适用于雏鸡的滴鼻和点眼免疫，其免疫效果与Ⅱ系苗相仿。该苗的毒力比Ⅱ系苗低，在我国尚未广泛使用。

Ⅳ系弱毒疫苗（La Sota 株）：本疫苗的毒力比Ⅱ系及Ⅲ系稍高些。据中国兽药监察所鉴定比较，致死鸡胚平均死亡时间，Ⅲ系为 91.5 h，Ⅳ系为 90 h，Ⅱ系为 98.4 h。对 1 日龄雏鸡脑内注射致病的指数，Ⅲ系为 0.3，Ⅳ系为 0.063，Ⅱ系为 0。用Ⅳ系免疫鸡群，其 HI 抗体效价较Ⅱ系和Ⅲ系疫苗高，而维持时间也较长。据国内免疫试验，也证明Ⅳ系疫苗其免疫力和免疫持续期都比Ⅱ系疫苗好，均可获得良好免疫效果，目前已在我国广泛应用。通常采用滴鼻点眼、饮水方式免疫，也可用作气雾免疫。

V4株疫苗来源于热带新城疫病毒自然弱毒株的克隆株，为耐热性毒株，安全性好，在22～30℃环境下保存60天其活性和效价不变，在56℃6h病毒活性无影响。V4疫苗可以通过饮水、滴鼻、肌内注射等方式免疫，对消化道黏膜有特殊的亲嗜性，为嗜肠道型毒株，也可以产生呼吸道黏膜的免疫效应。目前在国外广泛应用，国内应用相对较少。

VG/GA疫苗是梅里亚推出的新城疫、传染性支气管炎二联液氮疫苗，具有高效价持久稳定的特性，能够在消化道、呼吸道进行繁殖，能够预防新城疫强毒感染，同时对呼吸道也有保护作用。

新城疫VH株活疫苗：是新城疫病毒自然弱毒株制成的低毒力苗，来源于以色列。该毒株毒力温和而稳定，主要适用于雏鸡首免。国内通常与传染性支气管炎、肾型传染性支气管炎制成联苗，即VH+H120+28/86。

表8-3 常用新城疫活疫苗及其特性

种类	基因型	ICPI	优点	缺点
Ⅰ系	Ⅲ	1.4	抗体产生快，免疫维持期长	存在毒力返强和散毒的危险性，易造成隐性感染。
Ⅱ系	Ⅱ	0.21	毒力弱，副反应小	免疫原性较差，易受母源抗体干扰
Ⅲ系	Ⅱ	0.24	毒力弱，副反应小	免疫原性较差，能引起轻微呼吸道症状
Ⅳ系	Ⅱ	0.4	免疫原性好，抗体效价高，	有呼吸道反应
V4株	Ⅰ	0	安全性及免疫原性好，耐热性好	国内应用很少
Clone30	Ⅱ	0.36	免疫原性好，抗体效价高	雏鸡首免
N79	Ⅱ	0.3	免疫原性好，抗体效价高	雏鸡首免
VG/GA	Ⅱ	0.38	免疫原性好，毒力温和，呼吸道反应轻微	雏鸡首免

（二）灭活疫苗

灭活疫苗是以感染性新城疫病毒尿囊液，用福尔马林灭活病毒，然后与矿物油（注射用白油）或蜂胶佐剂进行乳化混合。使用佐剂可延长免疫期、增强免疫效果，目前应用较广泛的是油佐剂灭活苗。灭活苗的特点是产生以体液免疫为主的免疫反应，免疫持续时间长、抗体水平高，至少有 3 个月的免疫期，但缺点是成本较高、操作麻烦、产生抗体速度较慢。实际生产中常同时使用活苗与灭活苗，既可较快产生抗体，又可维持较长时间的高水平抗体。

弱毒株和中强毒株都可以作为毒种，但在制备灭活苗时应加以选择。弱毒株毒力弱，在鸡胚尿囊腔中增殖的病毒滴度高且稳定性好，无散毒的危险，因此目前国产新城疫灭活疫苗大多以 La Sota 株为生产毒种，进口疫苗有的以 Ulster 2C 或 B1 株为毒种。强毒株对鸡胚致死力强，增殖时间短，易造成病毒含量低，病毒含量不稳定，还存在散毒的风险。

目前市售新城疫灭活疫苗以联苗居多，包括二联、三联及四联灭活疫苗。联苗的应用减少了免疫次数，降低了对鸡群的应激反应。

Levy 等（1975）研究表明，2 周龄的试验鸡经肌内或颈部皮下接种灭活疫苗，免疫后 14 天 HI 抗体平均效价为 1∶40，免疫后 20 天抗体达到高峰，效价 1∶496，抗体高峰维持 3 个月才开始下降，直至第 5～6 月仍达 1∶100 左右。新城疫病毒还可以和其他病原混合制备成灭活联苗，彼此间不会出现相互干扰作用。

三、影响疫苗免疫效果的因素

要想产生良好的免疫效果，不仅要有好的疫苗，更要有科学的免疫程序。但免疫程序不是一成不变的，而是要根据各鸡场、地区不同情况而异。影响免疫效果的主要因素有：

1. 母源抗体

母源抗体直接影响疫苗的免疫效果。若母源抗体低，很容易导致雏鸡的早期感染；若高，则可中和疫苗毒，导致免疫效果差。雏鸡母源抗体效价的下降有一定规律，每隔 4.5 天下降一半，如 3 日龄时 HI 效价为 1∶128，则 7.5 日龄时下降为 1∶64，12 日龄时下降为 1∶32，据此可计算出雏鸡在 12 日龄后可进行免疫接种。所以对雏鸡测一次 HI 效价就可计算出它在几日龄时适于作免疫接种。母源抗体的 HI 效价越低，其免疫效果越好，一般要求在 1∶32 以下时进行免疫接种。但若处在新城疫严重污染地区则需在 1∶64 时即进行免疫接种，1∶128 以上时对强毒攻击有抵抗力，同时对疫苗接种基本上不起反应，所以母源抗体在 1∶128 以上时暂不要用苗。当前新城疫免疫失败的原因多数是由于母源抗体过高所产生的干扰所致，应结合母源抗体的抗体消长规律进行合理免疫。

2. 疫苗接种途径

疫苗的接种途径与免疫效果有直接的关系。当鸡作个体接种时，以皮下或肌内注射的效果为最好；滴眼次之，滴鼻又次之。当鸡作群体接种时，气雾免疫效果最好，饮水次之，喷粉和饲喂（V4 弱毒株可混于饲料中）应用较少，效果也较差。

3. 疫苗种类和次数

无论是弱毒苗和灭活苗，二次免疫均能出现强烈的免疫应答反应，抗体水平有较显著提高。对于已接种过活疫苗的鸡，再接种灭活苗，可显著提高抗体水平。杨增岐等发现，在较高母源抗体的情况下，单用活疫苗给雏鸡免疫，效果不理想，而用活疫苗和灭活苗同时接种，可产生较高水平的抗体，且维持时间较长，接种后 60 天仍维持在 $1∶2^6$ 以上，能很好地抵抗新城疫病毒强毒的攻击。

4. 免疫抑制病

一些免疫抑制病，可不同程度地影响新城疫疫苗的免疫效果。Giambrone 等的研究表明，蛋鸡和肉鸡出壳后饲养在有传染性法氏囊病毒（IBDV）污染的环境里，会出现对新城疫疫苗接种的免疫抑制，表现为新城疫 HI 抗体效价降低。28 日龄时免疫新城疫，35 日龄时试验组鸡（有 IBDV 污染）HI 抗体滴度比对照组鸡（无 IBDV 污染）显著降低。鸡传染性贫血可导致灭活的新城疫疫苗二次免疫失败。具有免疫抑制作用的病原还有：马立克氏病毒、淋巴白血病病毒、网状内皮增生症病毒、呼肠孤病毒等。

5. 霉菌毒素的影响

发霉的饲料中含有黄曲霉或棕曲霉毒素时，只需要很小的量就能对鸡的免疫系统产生抑制作用，从而使新城疫疫苗免疫鸡的 HI 效价达不到所要求的水平。

6. 日龄的影响

雏鸡的免疫器官发育不健全，40 日龄前主要靠法氏囊的 B 细胞产生的体液免疫，40 日龄后 T 细胞才参与免疫应答，70 日龄后鸡的免疫器官才发育成熟。因此，雏鸡所表现的免疫应答能力不如成鸡。

四、提高新城疫疫苗免疫效果的措施

1. 减少应激，提高动物机体健康水平，提高免疫效果

动物的机体状况和健康水平直接影响动物免疫的质量。动物机体的免疫功能在一定程度上受到神经、体液和内分泌的调节，在环境过冷过热、湿度过大、通风不良、拥挤、饲料突然改变、运输、转群等应激因素的影响下，机体肾上腺皮质激素分泌增加。肾上腺皮质激素能显著损伤 T 淋巴细胞，对巨噬细胞也有抑制作用，增加 IgG 的分解代谢。所以，当动物处于应激反应敏感期时接种疫苗，就会减弱动物的免疫能力。此外，维生素及许多其他养分都对动物免疫力有显著影响。养分缺乏，特别是缺乏维生素 A、维生素 D、B 族维生素、维生素 E 和多种微量元素及全价蛋白时能影响机体对抗原的免疫应答，免疫反应明显受到抑制。以鸡为例，试验表明，雏鸡断水、断食 48 h，法氏囊、胸腺和脾脏重量明显下降，脾脏内淋巴细胞数减少，网状内皮系统细菌清除率降低，即机体免疫能力下降。

2. 建立免疫监测制度，适时进行免疫

通过定期抽样检测鸡群的抗体水平（HI 抗体），不仅可帮助建立科学的免疫程序，而且可以判定和预见疾病的发生、发展。其中，HI 抗体水平的高低，可反应鸡群是否能够抵抗野毒感染，是否需要加强免疫等。有条件的鸡场，应建立免疫监测手段，定期对鸡群抽样采取血清作血凝抑制试验。实验证明，母鸡血清中的 HI 效价与当时所产种蛋的卵黄 HI 效价以及用此蛋孵出的雏鸡的血清 HI 效价，三者大致相近，故也可通过检测卵黄 HI 效价来了解母鸡和雏鸡血清中的抗体水平，从而确定疫苗接种时机。抽样应根据鸡群的大小而定。1 000 只以下时，不少于 10～20 只；5 000 只以下时，不少于 30～50 只；10 000 只以下时，不少于 50～100 只。商品肉鸡的 HI 抗体水平应保持在 $1:2^7$ 左右，蛋鸡和种鸡的抗体水平在 $1:2^9$ 以上时，才能有很好的保护作用。若抗体突然上升很高，达到 $1:2^{13}$ 以上，表明很有可能发生了野毒感染。

3. 注重生物安全

疫苗免疫是防治新城疫的一个重要手段，但仅仅依赖疫苗免疫控制而忽视建立健全完善的生物安全体系的理念是极其错误的。疫苗免疫只可能减少新城疫病毒可能侵入禽群而带来的经济损失，尽可能降低发病几率，而绝不能阻止

新城疫病毒进入禽群,更不能消灭禽群内已经存在的病毒。禽群如果暴露于强毒包围的环境中,感染率是极高的,即使是免疫禽群,感染和发病也是完全可能的。作为群体免疫应答这一生物学系统,即使是频繁接种各种新城疫疫苗,也不可能产生100%的保护。因为群体中各个体的免疫应答水平是不尽一致的,病毒与禽群之间的相互作用复杂而微妙,出现的结果不一。强毒株感染后,产生良好免疫的家禽可能不发病,这应该占大多数,免疫不良者或说免疫不确实的家禽势必出现非典型性新城疫症状。不可忽视的一个问题是这两种情况下,家禽本身是带毒的,后者还可以排毒。由于个体免疫的差异,现场强毒的毒力和数量与家禽的免疫力之间不断地相互作用,逐渐发生复杂的生物学量和质的变化,在一定条件下,强毒就有可能突破某些免疫力不足的鸡的免疫保护,在体内复制增殖,使鸡出现新城疫典型症状和病变。

正因为如此,建立健全的生物安全管理体系至关重要。首先,要建立科学严格的卫生防疫制度和措施,诸如入场人员的淋浴更衣消毒,车辆用具物品带入生产区时先消毒,生活区和生产区分开,生产区内净、污道分开,粪便垫料及污水的处理,场区和禽舍的消毒,鼠兽的预防,生产区工具专用,谢绝无关人员参观等各项措施真正落实到位,以切断传播途径。其次,要实行场区或栋舍化的全进全出制度,以彻底消除新城疫病毒在禽场内传播。第三,禽舍在进禽前必须彻底清扫、冲刷、消毒,并有适当的空闲期,使禽舍得以净化,进禽前至少消毒2次。

4. 关注病毒变异

新城疫在我国流行已经有60多年的历史,RNA病毒本身易变的特性加上免疫选择压力所造成的病毒变异,造成病毒进化的速率不断加快,目前已经衍化为多个不同的基因型。分子流行病学表明尽管目前在我国存在多种基因型的病毒,但造成近年来新城疫发生和流行的基因型绝大多数为基因Ⅶ型。而且近几年来在许多免疫过的鸡场甚至高抗体水平的鸡场,常有免疫失败的发生,少数还产生较为明显的新城疫典型症状和病变,和以往的非典型新城疫有较大的不同。通过基因分型发现,造成这一现象的大部分病毒属于基因Ⅶ型。因此,国内外多位学者提出,尽管流行毒株(基因Ⅶ型)与常用的疫苗株 La Sota(基因Ⅱ型)同属于一个血清型,但在遗传距离上流行毒株与常用疫苗株存在明显差异,常规疫苗对当前流行毒株的攻击并不能提供理想的免疫保护效力。

Yu 等(2001)进行疫苗株 La Sota 与田间分离株 CH-A7/96 之间的交叉保护试验。CH-A7/96 油乳剂疫苗免疫鸡能完全抗住 CH-A7/96 及 CH-

F48E9 的攻击，不发病，无死亡；La Sota 疫苗株免疫鸡，以 CH－F48E9 攻毒时有 90％的保护率，但用 CH－A7/96 攻毒时的保护率只有 40％。田夫林等（2003）对 11 株新城疫病毒分离株作了致病性和抗原性变异的研究，它们中 HI 值存在明显差异，Liu 株血清抗体对 C30、Lan、F48 株抑制价低 3～4 个滴度，H 株血清抗体与 C30、Lan、F48 株的抑制价也低了 3～4 个滴度，C30 对 F48、Liu 的抑制价低 2 个滴度，说明目前分离株与 F48、早期分离株和疫苗株在凝集原上有明显差异。刘文斌等（2005）对用归属于基因 II 型的 La Sota、Clone30 免疫后具高抗体滴度的 42 日龄鸡用基因 VII 型分离株 JL－II、基因 IX 型毒株 F48E9 攻击，JL－II 株致死率达 28.5％，F48E9 株的致死率 7.14％，表明生产中常用的疫苗并不能完全保护目前流行株的攻击。台湾学者 Lin 采用交叉中和试验对基因 II 型疫苗株与流行毒株的抗原性关系进行了研究，表明流行毒株与 B1 和克隆 30 之间的抗原相关系数 R 在 0.15～0.5，表明流行株与疫苗株存在明显的抗原性差异。秦卓明等（2007）通过 17 株新城疫病毒的 HI 交叉抑制试验、鸡胚中和试验和细胞中和试验证实，尽管三者使用的毒株不尽相同，但结果基本一致，即：La Sota、Clone30 对传统强毒 F48E9 的中和能力最高，HI 相关程度最大，而对现代的分离株则相对较差，进一步表明新城疫病毒野毒已在抗原性上发生了明显的变异，传统疫苗已经达不到应有的保护。研究还发现：新城疫病毒野毒之间的交叉中和能力不同，有的同源性较高，说明其抗原性接近，这为下一步筛选合适的疫苗提供了较好的理论依据。因此，新城疫疫苗株与当前流行毒株之间的基因型和抗原性差异是引起免疫鸡群中感染新城疫强毒的主要原因。

针对疫区生产中存在的问题，建议如下：首先，坚持灭活苗和弱毒苗的联合免疫，提高鸡群体液抗体水平，种鸡抗体保持在 1∶2^{10} 以上，特别是开产前的种鸡和蛋鸡，最好利用新城疫灭活苗单独免疫，以后每个月用弱毒苗免疫 1 次，每 3 个月用灭活苗免疫 1 次；其次，有条件的鸡场可考虑建立监测体系（包括病原学和血清学监测）；第三，加强管理，提高机体健康水平。

五、新型疫苗研制策略

（一）反向遗传疫苗

反向遗传是指直接通过对遗传物质的加工和修饰来研究基因突变后的生物体特性，利用此技术可用来研究生物体基因组结构与功能的关系，病原体的致病机理，也可以用于开发研制新型基因工程疫苗。狭义的反向遗传技术指的是病毒的全长感染性 cDNA 克隆技术，是通过构建 RNA 病毒的全长感染性分子克隆，模拟病毒粒子进入细胞并启动感染循环，从而复制包装产生子代病毒的自然增殖过程，即通常所说的"病毒拯救"技术。

正链 RNA 病毒基因组可以利用宿主细胞的酶系统表达自身蛋白，因此导入合适的细胞系即可产生有感染性的子代病毒，其感染性分子克隆的构建相对容易成功。反向遗传操作技术在 RNA 病毒应用中最先获得成功的是 Racaniello 等构建的脊髓灰质炎病毒全基因组 cDNA 感染性克隆，目前，包括麻疹病毒、登革热病毒、乙型脑炎病毒等在内的一些正链 RNA 病毒都已先后获得成功。对于负链 RNA 病毒而言，由于其基因组本身没有感染性，需要与核衣壳蛋白结合成为复合物，同时需要有病毒聚合酶复合物的存在，才能够启动病毒的转录和复制，因此负链 RNA 病毒的感染性分子克隆的构建相对更加复杂。

新城疫病毒仅有一个血清型，遗传性质稳定，复制过程无 DNA 阶段，不存在基因组整合的可能，其弱毒疫苗长期应用于家禽免疫预防，安全性和有效性得到充分证明。新城疫病毒属负链单股 RNA 病毒，其基因组 RNA 必须与 NP、P 和 L 蛋白一起组成核蛋白复合物，才能够启动病毒的转录和蛋白的合成，从而产生感染性子代病毒。到目前为止，已有 La Sota、Clone30、Beaudette C、Hitchner B1、Herts33、V4、ZJ1、NA-1 和 NDV 08-004 等毒株已经成功构建感染性克隆。利用反向遗传方法构建新城疫病毒感染性分子克隆的基本路线是：①获得完整的病毒基因组 cDNA 克隆，将其 5′末端置于 T7 启动子之下，3′末端连接用于自我剪接的核酶序列以及 T7 转录终止信号，形成基因组 cDNA 转录模板；②将 cDNA 转录模板与表达病毒 NP 蛋白、P 蛋白和 L 聚合酶蛋白的质粒一起共同转染表达 T7 聚合酶的细胞系；③24～72 h 后收获细胞培养上清液，继续接种敏感细胞或鸡胚，利用血凝试验和血凝抑制试验进行检测，若细胞上清液或鸡胚尿囊液具有血凝活性，并且能够被特异性新城疫病毒单因子血清抑制，说明病毒拯救成功。

第一个新城疫病毒感染性克隆由 Peeters 等于 1999 年构建成功，他们将疫苗株 La Sota 病毒的 cDNA 置于 T7 RNA 聚合酶启动子之下，其后连接具有自催化作用的 δ 肝炎病毒核酶序列，与表达病毒 NP、P 和 L 蛋白的质粒共同转染能表达 T7 RNA 聚合酶的重组禽痘病毒预感的细胞，将细胞上清液接种 SPF 鸡胚，可以产生感染性病毒粒子。通过引入 3 个核苷酸位点突变，将病毒 F 蛋白裂解位点从 GGRQGR↓L 突变为 GRRQRR↓F，之后产生的病毒毒力明显增强，说明 F 蛋白裂解位点是决定病毒毒力的重要因素。但是，随后有学者的研究发现，F 蛋白并非新城疫病毒唯一的毒力因子。De Leeuw 等发现，F 蛋白裂解位点同为 RRQRR F 的 Herts'33 和新城疫 FLtag（La Sota 的 F 蛋白裂解位点被替换成强毒株序列），其 ICPI 分别为 1.88 和 1.28。当新城疫 FLtag 的 HN 基因被 Herts 33 的 HN 基因替换以后，其 ICPI 指数和 IVPI 指数均明显升高，证明 HN 蛋白同样是新城疫病毒的毒力决定因子。Wakanatsu 等通过构建感染性克隆的方法还证实 P 基因也是新城疫病毒的毒力因子之一。

除了用于研究新城疫病毒致病机理以外，反向遗传技术还作为新型新城疫病毒重组疫苗研制开发的手段。Krishnamurphy 等最先将氯霉素乙酰转移酶（CAT）插入 Beaudette C 株基因组，重组病毒可以在 CEF 上稳定复制并表达 CAT，表明新城疫病毒可作为外源基因的表达载体。Nakaya 等将流感病毒 A/WSN/33 的 HA 基因插入 Hitchner B1 的基因组，获得了重组病毒 rNDV/B1 - HA，该重组病毒可以在鸡胚上连续传代并稳定表达流感病毒 HA 基因，动物实验表明该重组病毒可以保护小鼠免受 A/WSN/33 的致死性攻击。葛金英等利用反向遗传技术，构建了表达传染性法氏囊炎病毒（IBDV）Gx 株保护性抗原 VP2 蛋白的重组疫苗病毒 rLa Sota - VP2，经点眼滴鼻途径免疫 SPF 雏鸡，21 天后分别用新城疫病毒强毒和 IBDV Gx 株进行攻毒，结果保护率分别达到 100% 和 90% 以上，证明该疫苗能够形成有效的保护机制，具有较好的应用潜力。高致病性禽流感病毒（如 H5N1）是严重威胁家禽养殖业的重要病原，至今难以获得弱毒疫苗，而利用新城疫病毒制备其二价重组疫苗是解决这个问题的有效途径。Nayak 等构建了表达 H5N1 病毒 A/Vietnam/1203/2004 的 HA 基因的重组新城疫病毒疫苗，免疫 SPF 雏鸡后，能够诱导产生高水平的 HI 抗体，并且能够抵抗新城疫病毒和 HPAIV 的致死性攻击。

2008 年 Cho 等以 La Sota 基因组为骨架，经将基因Ⅶ型流行毒株 KBNP - 4152 的 F 和 HN 基因进行一系列的致弱突变后，替换了 La Sota 基因组上对应的片段，成功获得重组了基因Ⅶ型 F 和 HN 基因突变修饰后的致弱毒株 KBNP - C4152R2L，免疫攻毒试验表明，比 La Sota 疫苗具有更好的免疫保护效果。国内扬州大学研究人员利用反向遗传操作技术成功拯救出基因Ⅶ型毒株 ZJ1，在实施致弱突变和基因修饰后，获得了首个基因Ⅶ型新城疫病毒致弱株/ZJ1HN，毒力完全符合弱毒株的标准，免疫保护试验证实该致弱株与常规疫苗 La Sota 相比，不仅能有效降低攻毒后试验动物的排毒率，而且能显著减少喉气管和泄殖腔中的病毒含量，这种新型疫苗对我国控制新城疫的流行具有广阔的应用前景，对实现我国新城疫阶段性防控目标具有重要意义。

（二）病毒样颗粒疫苗

病毒样颗粒（Virus‐like Parcticles，VLPs）是不含有病毒基因组的空壳或包膜状蛋白颗粒，与天然病毒结构相似，但不能在体内连续复制，安全性好，并且能够模拟天然病毒，诱导机体产生细胞免疫和体液免疫反应。VLPs的构建原理是基于病毒衣壳蛋白一般具有天然的自我装配能力，通过在体外高效表达某种病毒的一种或几种结构蛋白，使其自动装配成在形态上类似于天然病毒的空心颗粒。主要方法是将病毒结构蛋白基因克隆到表达载体中，再将这些载体转入原核或真核细胞中进行表达。绝大多数情况下VLPs的构建都选择真核表达系统，因为原核表达系统不能对蛋白进行必要的修饰，不利于VLPs的形成。VLPs可以直接从表达病毒衣壳蛋白的细胞或培养基中分离获得，也可以先将衣壳蛋白亚基纯化后，在体外组装成VLPs。对于有囊膜病毒，可以是囊膜内的衣壳蛋白或其突变、修饰体构成的壳粒结构，也可以是由该病毒的膜蛋白或其突变体、修饰体镶嵌于宿主细胞膜上出芽后形成的含有病毒膜蛋白的脂双层微球。目前已报道有多种表达系统成功用于构建VLPs，如酵母细胞、植物细胞、昆虫细胞、哺乳动物细胞以及原核细胞。通过VLPs技术，可以研究病毒的主要结构蛋白在病毒颗粒的形成、出芽以及病毒颗粒形态多样性方面的作用，VLPs可以作为分子运载工具，靶向性递送基因、药物或其他小分子物质，其本身可以模拟真实病毒粒子，诱导机体产生体液免疫、细胞免疫以及局部的黏膜免疫，因此在疫苗研究中也广受关注。

对于新城疫病毒而言，L、NP和P蛋白为内部蛋白，三者与病毒基因组RNA结合构成病毒核衣壳。M、HN和F为囊膜蛋白，其中M蛋白位于囊膜内层，在RNA的合成和病毒自身装配中起重要作用，是病毒组装和出芽的主要驱动力，还是病毒脂质囊膜内表面的支持物，维系病毒结构的完整性，体外单独表达即可形成与真实病毒粒子大小、形态相似的VLPs。HN、F是病毒主要的保护性抗原，分别具有识别宿主细胞特异性受体和促进病毒囊膜与细胞膜融合的作用。为了研究新城疫病毒结构蛋白在病毒粒子组装和释放中的作用，Pantua等构建了一系列表达HP、M、未裂解的F‐K115Q和HN蛋白的VLPs，结果表明：共表达以上4种蛋白的细胞内VLPs的病毒密度以及病毒释放效率与真实病毒相似，单独表达M蛋白可以产生VLPs，单独表达其他3种蛋白则不能，而共表达M和另外3种的任一蛋白都能产生VLPs，只是病毒密度和释放效率有差异。他们认为，M蛋白是新城疫病毒从宿主细胞出芽的充分必要条件，M－HN 以及 M－NP 的相互作用使 HN 蛋白和 NP 蛋白掺入 VLPs，而 F 蛋白则是通过与 NP 和 HN 蛋白的相互作用间接掺入的。

McGinnes 等用来自新城疫病毒强毒株 AV 株的 HN、F、NP 和 M 基因构建了 VLPs，并对其生物学和免疫学特性进行了评价。VLPs 的 HN 蛋白能够吸附到禽细胞表面，而且这种吸附作用可被抗新城疫病毒抗体抑制，同时 VLPs 还具有血凝活性和神经氨酸酶活性。R18 标记试验显示，仅 HN＋F＋NP＋M 4 种蛋白形成的 VLPs 具有明显的细胞融合活性，HN＋NP＋M 3 种蛋白形成的 VLPs 细胞融合活性很低，而 F＋NP＋M 3 种蛋白形成的 VLPs 则没有细胞融合活性。为了证实 VLPs 是否能够在实验动物体内激发免疫反应，作者将不同剂量的 VLPs 通过腹腔注射 BALB/C 小鼠，同时以相同剂量的 UV 灭活的新城疫病毒注射另外几组小鼠作为对照。首免后 27 天分别用 VLPs 或新城疫病毒进行一次二免。结果显示 VLPs 激发的抗体上升速度略高于新城疫病毒，而最高抗体水平二者非常接近，中和抗体水平也基本相似。用 VLPs 和 UV 灭活的新城疫病毒免疫小鼠，利用流式细胞术检测脾脏细胞中 $CD8^+$，IFN$-\gamma+$T 细胞以及 $CD4^+$，IFN$-\gamma+$T 细胞数量，结果表明两种抗原免疫产生的 $CD8^+$T 细胞和 $CD4^+$T 细胞的比例基本相当，说明二者产生的 T 细胞免疫水平也较为接近。另外，外源蛋白也可掺入到 VLPs 内，显示了其作为疫苗研发平台的潜力。

温晓波等利用 Hela 细胞和昆虫细胞 Sf9 两种表达系统，分别构建了新城疫病毒 VLP 并研究了病毒粒子的出芽机制，结果表明，无论在 Hela 细胞还是昆虫细胞，共表达 M、NP、F 和 HN 4 种蛋白均可自动装配成形态、大小接近于真实病毒粒子的 VLP，而 M 蛋白单独表达即可形成 VLP，并且能够促进病毒粒子出芽和释放，只是直径小于新城疫病毒粒子。吴芬芳等对昆虫细胞 Sf9 共表达 F、HN、NP 和 M 4 种蛋白构建的新城疫病毒 VLP 的免疫原性进行了研究。作者将不同剂量的纯化新城疫病毒 VLP 分别免疫 18 日龄 SPF 鸡，2 周后用相同剂量加强免疫，二免后 2 周以 F48E9 强毒株攻毒。攻毒前，10 μg、20 μg、25 μg VLP 免疫组 HI 效价分别为 24.1、26.1 和 26.7，低于 La Sota 灭活苗和 La Sota＋20 μg VLP 免疫组的 28.3 和 28.9。攻毒后，10 μg 和 20 μg VLP 免疫组的保护率分别达到 80% 和 90%，而 25 μg VLP 免疫组则能够完全抵抗致死剂量的新城疫病毒攻击。

目前 VLP 已经成为研究病毒结构和功能之间关系的有力工具，在病毒形态发生学、病毒的组装和复制，以及囊膜病毒的出芽过程等方面的研究中取得了很多进展。此外，由于 VLPs 具有与天然病毒形态结构相似，没有感染性、结构稳定，免疫原性良好，能够承载 DNA 及其他分子等诸多优势，使得该技术在生物学基础研究、新型疫苗研发、新型药物递送载体开发，以及基因治疗等方面均具有广阔的应用前景。

（三）亚单位疫苗

亚单位疫苗是指利用分子生物学技术，将病原的保护性抗原基因克隆到原核细胞或真核细胞表达载体中，使其在受体细胞中高效表达，然后提取目的蛋白作为抗原，通常再加入佐剂制成的基因工程疫苗。此类疫苗只含有病原的抗原成分，不含核酸，因此具有较高的安全性。大肠杆菌、昆虫细胞和酵母细胞是目前经常使用的表达体系，但昆虫细胞、酵母细胞等真核表达系统产生的蛋白抗原可实现较好的糖基化或磷酸化，从而提高亚单位疫苗的免疫原性。

1990 年 Nagy 等利用杆状病毒系统表达了新城疫病毒 Hitchner B1 株的HN 基因，表达产物的血凝素活性和神经氨酸酶活性均可被特异性阳性血清和单克隆抗体抑制。利用重组 HN 蛋白制备的阳性血清，在 ELISA 和 Western Blot 试验中均能够与新城疫病毒发生特异性反应。1991 年 Nagy 等再次报道用表达新城疫病毒 HN 蛋白的重组杆状病毒制备的油佐剂疫苗免疫鸡可产生 HI 抗体和病毒中和抗体。用活的重组病毒免疫产生的 HI 抗体比用 β-丙内酯灭活的病毒高，但比用活的或灭活的 B1 株低。用活的重组杆状病毒或灭活新城疫病毒免疫鸡，均能够抵抗经鼻眼途径的 Texas GB 强毒的攻击，说明用杆状病毒表达的 HN 蛋白作为亚单位疫苗具有保护力。Mori 等利用杆状病毒作为载体表达新城疫病毒 D 26 株的 F 基因，将构建的重组病毒感染草地夜蛾（*Spodoptera frugiperda*）细胞，表达的 F 蛋白能够正确定位于细胞表面。将重组病毒感染蛾蛹后产生的亚单位疫苗免疫鸡，可以抵抗新城疫病毒强毒的攻击。同时，Kamiya 等报道了利用杆状病毒分别表达新城疫病毒强毒株和弱毒株的 HN 蛋白和 F 蛋白，并评价了其免疫效果。用来自强毒株的 HN 蛋白和F 蛋白以及来自弱毒株的 HN 蛋白免疫鸡，均能够抵抗新城疫病毒强毒的攻击，而来自弱毒株的 F 蛋白，由于前体蛋白没有裂解，保护水平较低。试验说明 HN 蛋白和 F 蛋白单独均能诱导产生保护性免疫应答，而 F 蛋白是否裂解对其免疫作用可能相当重要。刘长梅将新城疫病毒的 HN 基因在昆虫细胞内实现表达以后，利用表达的蛋白抗原，制备了脂质体-基因工程疫苗，分别以 0.2 mL、0.3 mL、0.4 mL、0.5 mL 剂量免疫 1 月龄雏鸡，抗体检测显示，0.5 mL 组在免疫后 5 周 HI 抗体水平平均达到 4.9log2。用 0.5 mL 剂量免疫 1

日龄雏鸡，免疫后 7～14 天可产生免疫力，20～30 天到达高峰，保护率在 60％以上，HI 抗体效价可持续 4 个月以上。此外，脂质体疫苗免疫以后，鸡体 IL-2 的表达量增加，表明该疫苗激活了 Th1 型细胞，促进了 γ-干扰素的分泌，使机体抗病毒能力增强。秦智锋等构建了分别表达新城疫病毒 HN 蛋白和 F 蛋白的重组大肠杆菌，并以此作为亚单位疫苗免疫鸡，单独使用重组 HN 蛋白或者重组 HN+F 蛋白均可产生较高水平的 HI 抗体，但各组中和抗体产生均较为缓慢。Jai-Wei Lee 等利用原核表达系统表达了一株中发型新城疫病毒的 HN 蛋白 C 端 60.4kD 的重组蛋白，发现同时免疫新城疫灭活疫苗和重组 HN 蛋白可显著提高 SPF 鸡或商品鸡的 HI 抗体水平。另外，将重组 HN 和新城疫+IC 双价疫苗或新城疫+IC+FC 多价疫苗联合使用，能够将对强毒新城疫病毒的保护率从 80％～90％提高至 100％，说明重组 HN 能够提高传统疫苗的免疫效果。Yang 等将新城疫病毒 F 基因置于玉米 Ubi 启动子下或水稻 Gt1 启动子下，构建 pUDNV F 和 pGNDV F 两个表达盒，通过土壤农杆菌转化，构建了 12 株转基因水稻，PCR 检测显示 F 基因整合进水稻基因组，ELISA 和 Western-blot 分析表明，F 蛋白能够在数株转基因水稻的叶子和种子中积聚，将此粗蛋白腹腔接种小鼠可以产生特异性抗体。

易于大规模生产，具有较高的安全性是亚单位疫苗的最大优势，但是由于只利用了病原的一个或几个抗原蛋白，导致其免疫原性和保护率通常不及常规疫苗。此外，亚单位疫苗研制和生产过程中涉及细胞培养、抗原纯化等步骤，所需成本一般较高，这些都成为其推广应用的制约因素。如何增强疫苗的免疫效果，提高抗原产量，降低生产成本将是亚单位疫苗研发的主要方向。

（四）活载体疫苗

活载体疫苗又称基因工程重组活疫苗，通常以弱毒或无毒的病原，如疱疹病毒、痘病毒、腺病毒、反转录病毒、减毒沙门氏菌等为载体，将目的基因插入其基因组，使作为载体的病原能够表达外源蛋白，从而达到刺激机体产生免疫反应的效果。目前，已有火鸡疱疹病毒、禽痘病毒、减毒沙门氏菌用于构建新城疫活载体疫苗的报道，另外，也有用新城疫病毒作为载体，构建其他病原重组疫苗的研究。

Boursnell 等于 1990 年报道了以禽痘病毒为载体，分别将新城疫病毒的 F 基因和 HN 基因插入到禽痘病毒基因组非必需区构建重组病毒，免疫鸡后能够刺激鸡体分别产生针对 F 蛋白和 HN 蛋白的抗体，且能够保护免疫鸡抵抗强毒新城疫病毒的攻击。同年，Taylor 等也以禽痘病毒为载体，表达了强毒株（Texas 株）的 F 基因，将此重组病毒以不同途径免疫易感禽，结果表明，口服或点眼途径仅能提供部分保护，肌内注射或翅下刺种途径则能提供完全保护。Morgan 等将新城疫病毒 F 基因或 HN 基因分别置于 Rous 肉瘤病毒 LTR 强启动子下游，插入到火鸡疱疹病毒（HVT）非必需基因内部，构建了重组病毒疫苗。将此疫苗腹腔免疫 1 日龄试验鸡，28 日龄时用新城疫强毒株 Texas GB 株攻毒，表达 F 蛋白的重组病毒可以提供大于 90% 的保护率，而表达 HN 蛋白的重组病毒保护率仅为 47%。梁雪芽将新城疫标准强毒株 F48E9 融合蛋白 F 基因插入到 pcDNA3 的 CMV 启动子下游，转化减毒鼠伤寒沙门氏菌 ZJ111 株，构建重组菌 ZJ111/pcDNA3‐F。将该重组菌分别以 109cfu、108cfu、107cfu 的剂量免疫 3 日龄非免疫鸡，2 周后二免，二免后 4 周用 F48E9 攻毒。结果表明 109cfu、108cfu 免疫组具有良好的免疫原性，对强毒株攻击的保护率为 66.7%，稍高于 107cfu 免疫组的 60%。各免疫组均于免疫后 2 周开始出现抗体，至第 3 周或 4 周达到最高，但三者间无统计学差异。重组菌二免后 4 周诱导产生的法氏囊 B 淋巴细胞和胸腺 T 淋巴细胞增殖反应显著高于对照组，表明减毒沙门氏菌作为载体可将新城疫病毒 F 基因递呈给鸡体细胞，还能诱导产生抗新城疫病毒的体液免疫和细胞免疫应答。

新城疫病毒也可作为载体，插入其他病原的保护性抗原基因，用于构建多价疫苗。2001 年 Nakaya 报道利用疫苗株 Hitchner B₁ 株作为载体，表达流感病毒 HA 基因，小鼠能够抵抗流感病毒的致死性攻击。这类疫苗一般采用反向遗传的手段才能完成，有关的研究进展已在反向遗传疫苗中介绍。

（五）核酸疫苗（DNA 疫苗）

DNA 疫苗是利用重组 DNA 技术将病原保护性抗原基因克隆到真核表达载体，然后把这种人工改造的质粒 DNA 注射入机体，抗原基因在体细胞内进行转录和翻译，激发机体产生免疫反应。DNA 本身可以激活巨噬细胞产生白介素-12，诱发自然杀伤细胞释放干扰素-γ，这种干扰素可以促进辅助 T 细胞向 TH‐1 表型转化，从而进一步产生白介素‐2 和干扰素‐γ，产生免疫增强作用。DNA 疫苗具有生产成本低廉，不含有其他杂质蛋白，毒性低，易于生产多价多联疫苗，便于保存和运输等优点，因此自 20 世纪 90 年代以来成为新型疫苗研究的热点之一。

姜永厚等将新城疫病毒 F 基因插入到真核表达载体 pcDNA3 的 CMV 启动

子之下，构建了新城疫病毒 F 基因重组 DNA 疫苗 pcDNA-F。免疫 SPF 鸡后第 3 周即出现一定程度的抗体反应，攻毒后免疫鸡出现较为迅速和强烈的回忆反应，且有 30% 试验鸡耐过强毒攻击，证明该 DNA 疫苗能够诱导机体产生免疫应答和免疫保护作用。为了提高 DNA 疫苗的免疫效果，曾伟伟等按照鸡体内密码子偏嗜性人工合成了新城疫病毒 F48E9 株的 F 基因，插入到真核表达载体 pVAX1 中，构建重组质粒 pVAX1-optiF，与未经改造的 F 基因构建的 pVAX1-F 分别转染 COS 细胞，结果显示修饰后的 F 基因体外瞬时表达水平明显提高。将这 2 种 DNA 疫苗同时免疫 2 周龄 SPF 鸡，2 周后加强免疫 1 次，再经 2 周后以 $10^5 EID_{50}$ 的 F48E9 进行攻毒，结果表明，所有 pVAX1-optiF 免疫鸡均获得保护（12/12），而 pVAX1-F 免疫组保护率仅为 2/12，显示 F 基因密码子的优化可显著提高 DNA 疫苗的免疫水平。

细胞因子是具有免疫调节作用和效应功能的多肽或蛋白质，包括干扰素、白介素、肿瘤坏死因子和趋化因子等，具有广泛的生物学活性，目前发现它们在 DNA 疫苗中具有佐剂效应。大量研究表明，IL-2、IL-12、IL-15、IL-18 和 IFN-γ 以增强 Th1 型细胞应答为主，IL-4、IL-5、IL-6 和 IL-10 等以增强 Th2 型免疫应答为主。例如，IL-4 能明显抑制 DNA 疫苗激活的 CTL 效应，诱导机体 Th 细胞向 Th0 型分化；IL-2 能同时加强体液免疫和细胞免疫，但主要倾向于加强细胞免疫。Sawant 等构建了表达新城疫病毒 F 基因和 HN 基因的双价 DNA 疫苗，同时构建了表达鸡 IL-4 和 IFN-γ 的质粒。试验鸡分别于 21 天、36 天和 46 天肌内注射 DNA 疫苗，分别或同时加入 IL-4 和 IFN-γ 质粒。DNA 疫苗可以激发体液免疫反应和细胞免疫反应，同时给予 IL-4 可产生更高的 IgY 抗体而 IFN-γ 则可产生更高的细胞免疫反应。单独的 DNA 疫苗仅能对强毒攻击提供 10% 保护率，当同时给予 IL-4 时保护率提高至 40%，而给予 IFN-γ 或同时给予 IL-4/IFN-γ 时保护率为 20%。

DNA 疫苗优点是可以携带多个抗原基因，没有毒力返强的隐患，外源基因通过在体内的持续表达，刺激机体产生长期的免疫反应。其缺点是产生的免疫应答较弱，目的基因表达水平不高，且长期低水平表达的外源蛋白容易引起免疫耐受，这些都是 DNA 疫苗研制中需要克服的问题。

尽管国内外对于新城疫病毒基因工程疫苗的研究取得了很多进展，但目前为止几乎没有能真正实现商品化的产品问世，对于新城疫的预防仍以使用弱毒疫苗和灭活疫苗等常规疫苗为主。尽管各种基因工程疫苗拥有常规疫苗所不具有的优势，但在安全性、保护率以及生产成本等方面仍存在一定缺陷，这些都阻碍了基因工程疫苗的推广应用，但是，随着研究的深入，相信在不久的将来，安全有效且价格低廉的基因工程疫苗产品会逐渐在生产中得到认可。

参 考 文 献

[1] 黄保续主编. 兽医流行病学 [M]. 北京：中国农业出版社，2010.

[2] 孔繁瑶主编. 兽医大辞典 [M]. 北京：中国农业出版社，1999.

[3] Pantua HD, McGinnes LW, Peeples ME, et al. Requirements for the assembly and release of Newcastle disease virus‑like particles [J]. Journal of virology, 2006, 80: 11062 - 11073.

[4] McGinnes LW, Pantua H, Laliberte JP, et al. Assembly and biological and immunological properties of Newcastle disease virus‑like particles [J]. Journal of virology, 2010, 84: 4513 - 4523.

[5] 闻晓波. 新城疫病毒样颗粒的构建及其出芽机制的研究 [D]. 北京：中国农业科学院，2006.

[6] 吴芬芳，闫丽辉，曹殿军，等. 新城疫病毒样颗粒（ND‑VLPs）免疫效力的研究 [J]. 中国预防兽医学报，2008: 42 - 46.

[7] Nagy E, Derbyshire JB, Dobos P, et al. Cloning and expression of NDV hemagglutinin‑neuraminidase cDNA in a baculovirus expression vector system [J]. Virology, 1990, 176: 426 - 438.

[8] Nagy E, Krell PJ, Dulac GC, et al. Vaccination against Newcastle disease with a recombinant baculovirus hemagglutinin‑neuraminidase subunit vaccine [J]. Avian Dis, 1991, 35: 585 - 590.

[9] Mori H, Tawara H, Nakazawa H, et al. Expression of the Newcastle disease virus (NDV) fusion glycoprotein and vaccination against DNA challenge with a recombinant baculovirus [J]. Avian Dis, 1994, 38: 772 - 777.

[10] Kamiya N, Niikura M, Ono M, et al. Protective effect of individual glycoproteins of Newcastle disease virus expressed in insect cells: the fusion protein derived from an avirulent strain had lower protective efficacy [J]. Virus Res 1994, 32: 373 - 379.

[11] 刘长梅. 鸡新城疫基因工程亚单位疫苗的研究 [D]. 山东师范大学，2001.

[12] 秦智锋，贺东生，刘福安. 新城疫 3 组基因亚单位疫苗的免疫原性试验 [J]. 中国兽医学报，2003: 22 - 24.

[13] Lee JW, Huang JP, Hong LS, et al. Prokaryotic recombinant hemagglutinin‑neuraminidase protein enhances the humoral response and efficacy of commercial Newcastle disease vaccines in chickens [J]. Avian Dis, 2010, 54: 53 - 58.

[14] Yang ZQ, Liu QQ, Pan ZM, et al. Expression of the fusion glycoprotein of Newcastle disease virus in transgenic rice and its immunogenicity in mice [J]. Vaccine, 2007, 25: 591 - 598.

[15] Boursnell ME, Green PF, Campbell JI, et al. Insertion of the fusion gene from New-

castle disease virus into a non - essential region in the terminal repeats of fowlpox virus and demonstration of protective immunity induced by the recombinant [J]. J Gen Virol 1990,71：621 - 628.

[16] Boursnell ME，Green PF，Samson AC，et al. A recombinant fowlpox virus expressing the hemagglutinin - neuraminidase gene of Newcastle disease virus (NDV) protects chickens against challenge by NDV [J]. Virology, 1990,178：297 - 300.

[17] Taylor J，Edbauer C，Rey - Senelonge A，et al. Newcastle disease virus fusion protein expressed in a fowlpox virus recombinant confers protection in chickens [J]. J Virol 1990,64：1441 - 1450.

[18] Morgan RW，Gelb J，Jr.，Schreurs CS，et al. Protection of chickens from Newcastle and Marek's diseases with a recombinant herpesvirus of turkeys vaccine expressing the Newcastle disease virus fusion protein [J]. Avian Dis 1992,36：858 - 870.

[19] 梁雪芽. 减毒沙门氏菌作为鸡新城疫口服 DNA 疫苗载体的基因免疫研究 [D]. 杭州：浙江大学，2002.

[20] Nakaya T，Cros J，Park MS，et al. Recombinant Newcastle disease virus as a vaccine vector [J]. J Virol 2001,75：11868 - 11873.

[21] 姜永厚. 新城疫病毒 F 基因与鸡 IL - 2 重组 DNA 疫苗的研究 [D]. 东北农业大学，2000.

[22] 曾伟伟. 密码子优化和分子佐剂增强新城疫病毒 F 基因 DNA 疫苗免疫效果 [D]. 北京：中国农业科学院，2009.

[23] 胡青海. 鸡 IL - 2、IL - 18、IFN - γ 和 CpG DNA 在减毒沙门氏菌运送 H5 亚型禽流感核酸疫苗中的佐剂作用及鸡 CD4 和 CD8 分子单克隆抗体的研制 [D]. 扬州大学，2005.

[24] Sawant PM，Verma PC，Subudhi PK，et al. Immunomodulation of bivalent Newcastle disease DNA vaccine induced immune response by co - delivery of chicken IFN - gamma and IL - 4 genes [J]. Vet Immunol Immunopathol 2011,144：36 - 44.

[25] 孙玉章. 利用反向遗传学技术致弱鹅源副黏病毒 NA - 1 株 [D]. 吉林大学，2011.

[26] Mori Y，Okabayashi T，Yamashita T，et al. Nuclear localization of Japanese encephalitis virus core protein enhances viral replication [J]. J Virol 2005，79：3448 - 3458.

[27] Takeda M，Nakatsu Y，Ohno S，et al. Generation of measles virus with a segmented RNA genome [J]. J Virol, 2006,80：4242 - 4248.

[28] 曾明，贾丽丽，俞永新，等. 乙型脑炎病毒活疫苗生产株 SA _ (14)- 14 - 2 的感染性克隆构建 [J]. 中华实验和临床病毒学杂志，2005：9 - 11.

[29] Krishnamurthy S，Huang Z，Samal SK. Recovery of a virulent strain of newcastle disease virus from cloned cDNA：expression of a foreign gene results in growth retardation and attenuation [J]. Virology, 2000,278：168 - 182.

［30］ Peeters BP，de Leeuw OS，Koch G，et al. Rescue of Newcastle disease virus from cloned cDNA：evidence that cleavability of the fusion protein is a major determinant for virulence ［J］. J Virol，1999,73：5001 - 5009.

［31］ Romer - Oberdorfer A，Mundt E，Mebatsion T，et al. Generation of recombinant lentogenic Newcastle disease virus from cDNA ［J］. J Gen Virol 1999,80：2987 - 2995.

［32］ 姜延龙. 新城疫病毒 V4 株全基因组测序及全长 cDNA 克隆的构建 ［D］. 东北农业大学，2009.

［33］ 张晓东. 新城疫病毒 La Sota 克隆株的筛选与全长 cDNA 克隆的构建 ［D］. 北京：中国农业科学院，2009.

［34］ 胡顺林，张艳梅，孙庆，等. 鹅源新城疫病毒拯救体系的建立 ［J］. 微生物学通报，2007：426 - 429.

［35］ 陈云霞，刘华雷，管峰，等. Ⅰ类新城疫病毒 08 - 004 株病毒拯救体系的建立 ［J］. 病毒学报，2012,28(5)：496 - 500.

［36］ de Leeuw OS，Koch G，Hartog L，et al. Virulence of Newcastle disease virus is determined by the cleavage site of the fusion protein and by both the stem region and globular head of the haemagglutinin - neuraminidase protein ［J］. J Gen Virol 2005,86：1759 - 1769.

［37］ Wakamatsu N，King DJ，Seal BS，et al. The pathogenesis of Newcastle disease：a comparison of selected Newcastle disease virus wild - type strains and their infectious clones ［J］. Virology，2006,353：333 - 343.

［38］ 葛金英，温志远，高宏雷，等. 表达传染性法氏囊病毒超强毒流行株 VP2 基因重组新城疫病毒 La Sota 疫苗株的构建 ［J］. 中国农业科学，2008：243 - 251.

［39］ Nayak B，Rout SN，Kumar S，et al. Immunization of chickens with Newcastle disease virus expressing H5 hemagglutinin protects against highly pathogenic H5N1 avian influenza viruses ［J］. PloS one，2009,4：e6509.

［40］ Hu S，Ma H，Wu Y，et al. A vaccine candidate of attenuated genotype Ⅶ Newcastle disease virus generated by reverse genetics ［J］. Vaccine，2009,27：904 - 910.

［41］ 刘秀梵，胡顺林. 我国新城疫病毒的分子流行病学及新疫苗研制 ［J］. 中国家禽，2010,32(21)：1 - 4.

附件 I　新城疫防治技术规范

新城疫（Newcastle Disease，ND），是由副黏病毒科副黏病毒亚科禽腮腺炎病毒属的禽副黏病毒 I 型强毒引起的高度接触性禽类烈性传染病。世界动物卫生组织（OIE）将其列为必须报告的动物疫病，我国将其列为一类动物疫病。

为预防、控制和扑灭新城疫，依据《中华人民共和国动物防疫法》、《重大动物疫情应急条例》、《国家突发重大动物疫情应急预案》及有关的法律法规，制定本规范。

1　适用范围

本规范规定了新城疫的诊断、疫情报告、疫情处理、预防措施、控制和消灭标准。

本规范适用于中华人民共和国境内的一切从事禽类饲养、经营和禽类产品生产、经营，以及从事动物防疫活动的单位和个人。

2　诊断

依据本病流行病学特点、临床症状、病理变化、实验室检验等可做出诊断，必要时由国家指定实验室进行毒力鉴定。

2.1　流行特点

鸡、火鸡、鹌鹑、鸽子、鸭、鹅等多种家禽及野禽均易感，各种日龄的禽类均可感染。非免疫易感禽群感染时，发病率、死亡率可高达 90％ 以上；免疫效果不好的禽群感染时症状不典型，发病率、死亡率较低。

本病传播途径主要是消化道和呼吸道。传染源主要为感染禽及其粪便和口、鼻、眼的分泌物。被污染的水、饲料、器械、器具和带毒的野生飞禽、昆虫及有关人员等均可成为主要的传播媒介。

2.2　临床症状

2.2.1　本规范规定本病的潜伏期为 21 天。

临床症状差异较大，严重程度主要取决于感染毒株的毒力、免疫状态、感染途径、品种、日龄、其他病原混合感染情况及环境因素等。根据病毒感染禽所表现临床症状的不同，可将新城疫病毒分为 5 种致病型：

嗜内脏速发型（Viscerotropic velogenic）：以消化道出血性病变为主要特征，死亡率高；

嗜神经速发型（Neurogenic velogenic）：以呼吸道和神经症状为主要特征，死亡率高；

中发型（Mesogenic）：以呼吸道和神经症状为主要特征，死亡率低；

缓发型（Lentogenic or respiratory）：以轻度或亚临床性呼吸道感染为主要特征；

无症状肠道型（Asymptomatic enteric）：以亚临床性肠道感染为主要特征。

2.2.2　典型症状

2.2.2.1　发病急，死亡率高；

2.2.2.2　体温升高，极度精神沉郁，呼吸困难，食欲下降；

2.2.2.3　粪便稀薄，呈黄绿色或黄白色；

2.2.2.4　发病后期可出现各种神经症状，多表现为扭颈、翅膀麻痹等。

2.2.2.5　在免疫禽群表现为产蛋下降。

2.3　病理学诊断

2.3.1　剖检病变

2.3.1.1　全身黏膜和浆膜出血，以呼吸道和消化道最为严重；

2.3.1.2　腺胃黏膜水肿，乳头和乳头间有出血点；

2.3.1.3　盲肠扁桃体肿大、出血、坏死；

2.3.1.4　十二指肠和直肠黏膜出血，有的可见纤维素性坏死病变；

2.3.1.5　脑膜充血和出血；鼻道、喉、气管黏膜充血，偶有出血，肺可见瘀血和水肿。

2.3.2　组织学病变

2.3.2.1　多种脏器的血管充血、出血，消化道黏膜血管充血、出血，喉气管、支气管黏膜纤毛脱落，血管充血、出血，有大量淋巴细胞浸润；

2.3.2.2　中枢神经系统可见非化脓性脑炎，神经元变性，血管周围有淋巴细胞和胶质细胞浸润形成的血管套。

2.4　实验室诊断

实验室病原学诊断必须在相应级别的生物安全实验室进行。

2.4.1　病原学诊断

病毒分离与鉴定（见 GB16550、附件 1）

2.4.1.1　鸡胚死亡时间（MDT）低于 90 h；

2.4.1.2 采用脑内接种致病指数测定（ICPI），ICPI 达到 0.7 以上者；

2.4.1.3 F 蛋白裂解位点序列测定试验，分离毒株 F1 蛋白 N 末端 117 位为苯丙酸氨酸（F），F2 蛋白 C 末端有多个碱性氨基酸的；

2.4.1.4 静脉接种致病指数测定（IVPI）试验，IVPI 值为 2.0 以上的。

2.4.2 血清学诊断

微量红细胞凝集抑制试验（HI）（参见 GB16550）。

2.5 结果判定

2.5.1 疑似新城疫

符合 2.1 和临床症状 2.2.2.1，且至少有临床症状 2.2.2.2、2.2.2.3、2.2.2.4、2.2.2.5 或/和剖检病变 2.3.1.1、2.3.1.2、2.3.1.3、2.3.1.4、2.3.1.5 或/和组织学病变 2.3.2.1、2.3.2.2 之一的，且能排除高致病性禽流感和中毒性疾病的。

2.5.2 确诊

非免疫禽符合结果判定 2.5.1，且符合血清学诊断 2.4.2 的；或符合病原学诊断 2.4.1.1、2.4.1.2、2.4.1.3、2.4.1.4 之一的；

免疫禽符合结果 2.5.1，且符合病原学诊断 2.4.1.1、2.4.1.2、2.4.1.3、2.4.1.4 之一的。

3 疫情报告

3.1 任何单位和个人发现患有本病或疑似本病的禽类，都应当立即向当地动物防疫监督机构报告。

3.2 当地动物防疫监督机构接到疫情报告后，按国家动物疫情报告管理的有关规定执行。

4 疫情处理

根据流行病学、临床症状、剖检病变，结合血清学检测做出的临床诊断结果可作为疫情处理的依据。

4.1 发现可疑新城疫疫情时，畜主应立即将病禽（场）隔离，并限制其移动。动物防疫监督机构要及时派员到现场进行调查核实，诊断为疑似新城疫时，立即采取隔离、消毒、限制移动等临时性措施。同时要及时将病料送省级动物防疫监督机构实验室确诊。

4.2 当确诊新城疫疫情后，当地县级以上人民政府兽医主管部门应当立即划定疫点、疫区、受威胁区，并采取相应措施；同时，及时报请同级人民政府对疫区实行封锁，逐级上报至国务院兽医主管部门，并通报毗邻地区。国务院兽医行政管理部门根据确诊结果，确认新城疫疫情。

4.2.1　划定疫点、疫区、受威胁区

由所在地县级以上（含县级）兽医主管部门划定疫点、疫区、受威胁区。

疫点：指患病禽类所在的地点。一般是指患病禽类所在的禽场（户）或其他有关屠宰、经营单位；如为农村散养，应将自然村划为疫点。

疫区：指以疫点边缘外延 3 km 范围内区域。疫区划分时，应注意考虑当地的饲养环境和天然屏障（如河流、山脉等）。

受威胁区：指疫区边缘外延 5 km 范围内的区域。

4.2.2　封锁

由县级以上兽医主管部门报请同级人民政府决定对疫区实行封锁；人民政府在接到封锁报告后，应立即做出决定，发布封锁令。

4.2.3　疫点、疫区、受威胁区采取的措施

疫点：扑杀所有的病禽和同群禽只，并对所有病死禽、被扑杀禽及其禽类产品按照 GB16548 规定进行无害化处理；对禽类排泄物、被污染或可能污染饲料和垫料、污水等均需进行无害化处理；对被污染的物品、交通工具、用具、禽舍、场地进行严格彻底消毒；限制人员出入，严禁禽、车辆进出，严禁禽类产品及可能污染的物品运出。

疫区：对疫区进行封锁，在疫区周围设置警示标志，在出入疫区的交通路口设置动物检疫消毒站（临时动物防疫监督检查站），对出入的人员和车辆进行消毒；对易感禽只实施紧急强制免疫，确保达到免疫保护水平；关闭活禽及禽类产品交易市场，禁止易感活禽进出和易感禽类产品运出；对禽类排泄物、被污染饲料、垫料、污水等按国家规定标准进行无害化处理；对被污染的物品、交通工具、用具、禽舍、场地进行严格彻底消毒。

受威胁区：对易感禽只（未免疫禽只或免疫未达到免疫保护水平的禽只）实施紧急强制免疫，确保达到免疫保护水平；对禽类实行疫情监测和免疫效果监测。

4.2.4　紧急监测

对疫区、受威胁区内的禽群必须进行临床检查和血清学监测。

4.2.5　疫源分析与追踪调查

根据流行病学调查结果，分析疫源及其可能扩散、流行的情况。对可能存在的传染源，以及在疫情潜伏期和发病期间售（运）出的禽类及其产品、可疑污染物（包括粪便、垫料、饲料等）等应当立即开展追踪调查，一经查明立即

按照 GB16548 规定进行无害化处理。

4.2.6 封锁令的解除

疫区内没有新的病例发生，疫点内所有病死禽、被扑杀的同群禽及其禽类产品按规定处理 21 天后，对有关场所和物品进行彻底消毒，经动物防疫监督机构审验合格后，由当地兽医主管部门提出申请，由原发布封锁令的人民政府发布解除封锁令。

4.2.7 处理记录

对处理疫情的全过程必须做好详细的记录（包括文字、图片和影像等），并完整建档。

5 预防

以免疫为主，采取"扑杀与免疫相结合"的综合性防治措施。

5.1 饲养管理与环境控制

饲养、生产、经营等场所必须符合《动物防疫条件审核管理办法》（农业部〔2002〕15 号令）规定的动物防疫条件，并加强种禽调运检疫管理。饲养场实行全进全出饲养方式，控制人员、车辆和相关物品出入，严格执行清洁和消毒程序。

养禽场要设有防止外来禽鸟进入的设施，并有健全的灭鼠设施和措施。

5.2 消毒

各饲养场、屠宰厂（场）、动物防疫监督检查站等要建立严格的卫生（消毒）管理制度。禽舍、禽场环境、用具、饮水等应进行定期严格消毒；养禽场出入口处应设置消毒池，内置有效消毒剂。

5.3 免疫

国家对新城疫实施全面免疫政策。免疫按农业部制定的免疫方案规定的程序进行。

所用疫苗必须是经国务院兽医主管部门批准使用的新城疫疫苗。

5.4 监测

5.4.1 由县级以上动物防疫监督机构组织实施。

5.4.2 监测方法

未免疫区域：流行病学调查、血清学监测，结合病原学监测。

已免疫区域：以病原学监测为主，结合血清学监测。

5.4.3 监测对象：鸡、火鸡、鹅、鹌鹑、鸽、鸭等易感禽类。

5.4.4 监测范围和比例

5.4.4.1 对所有原种、曾祖代、祖代和父母代养禽场，及商品代养禽场每年要进行两次监测；散养禽不定期抽检。

5.4.4.2 血清学监测：原种、曾祖代、祖代和父母代种禽场的监测，每批次按照 0.1％的比例采样；有出口任务的规模养殖场，每批次按照 0.5％比例进行监测；商品代养禽场，每批次（群）按照 0.05％的比例进行监测。每批次（群）监测数量不得少于 20 份。

饲养场（户）可参照上述比例进行检测。

5.4.4.3 病原学监测：每群采 10 只以上禽的气管和泄殖腔棉拭子，放在同一容器内，混合为一个样品进行检测。

5.4.4.4 监测预警

各级动物防疫监督机构对监测结果及相关信息进行风险分析，做好预警预报。

5.4.4.5 监测结果处理

监测结果要及时汇总，由省级动物防疫监督机构定期上报中国动物疫病预防控制中心。

5.5 检疫

5.5.1 按照 GB16550 执行。

5.5.2 国内异地引入种禽及精液、种蛋时，应取得原产地动物防疫监督机构的检疫合格证明。到达引入地后，种禽必须隔离饲养 21 天以上，并由当地动物防疫监督机构进行检测，合格后方可混群饲养。

从国外引入种禽及精液、种蛋时，按国家有关规定执行。

6 控制和消灭标准

6.1 免疫无新城疫区

6.1.1 该区域首先要达到国家无规定疫病区基本条件。

6.1.2 有定期和快速（翔实）的动物疫情报告记录。

6.1.3 该区域在过去 3 年内未发生过新城疫。

6.1.4 该区域和缓冲带实施强制免疫，免疫密度 100％，所用疫苗必须符合国家兽医主管部门规定的弱毒疫苗（ICPI 小于或等于 0.4）或灭活疫苗。

6.1.5 该区域和缓冲带须具有运行有效的监测体系，过去 3 年内实施疫病和免疫效果监测，未检出 ICPI 大于 0.4 的病原，免疫效果确实。

6.1.6 若免疫无疫区内发生新城疫时，在具备有效的疫情监测条件下，对最后一例病禽扑杀后 6 个月，方可重新申请免疫无新城疫区。

6.1.7　所有的报告、记录等材料翔实、准确和齐全。

6.2　非免疫无新城疫区

6.2.1　该区域首先要达到国家无规定疫病区基本条件。

6.2.2　有定期和快速（翔实）的动物疫情报告记录。

6.2.3　在过去3年内没有发生过新城疫，并且在过去6个月内，没有进行过免疫接种；另外，该地区在停止免疫接种后，没有引进免疫接种过的禽类。

6.2.4　在该区具有有效的监测体系和监测带，过去3年内实施疫病监测，未检出 ICPI 大于0.4的病原或新城疫 HI 试验滴度小于1∶8。

6.2.5　当发生疫情后，重新达到无疫区须做到：采取扑杀措施及血清学监测情况下最后一例病例被扑杀3个月后，或采取扑杀措施、血清学监测及紧急免疫情况下最后一只免疫禽被屠宰后6个月后重新执行（认定），并达到6.2.3、6.2.4的规定。

6.2.6　所有的报告、记录等材料翔实、准确和齐全。

附件 1

新城疫病原分离与鉴定

当临床诊断有新城疫发生时，应从发病禽或死亡禽采集病料，进行病原分离、鉴定和毒力测定。

1　样品的采集、保存及运输

1.1　样品采集

1.1.1　采集原则。采集样品时，必须严格按照无菌程序操作。采自于不同发病禽或死亡禽的病料应分别保存和标记。每群至少采集 5 只发病禽或死亡禽的样品。

1.1.2　样品内容

发病禽：采集气管拭子和泄殖腔拭子（或粪便）；

死亡禽：以脑为主；也可采集脾、肺、气囊等组织。

1.2　样品保存

1.2.1　样品置于样品保存液（0.01 mol/L PBS 溶液，含抗生素且 pH 为 7.0～7.4）中，抗生素视样品种类和情况而定。对组织和气管拭子保存液应含青霉素（1 000 U/mL）、链霉素（1 mg/mL），或卡那霉素（50 μg/mL）、制霉菌素（1 000 U/mL）；对泄殖腔拭子（或粪便）保存液的抗生素浓度应提高 5 倍。

1.2.2　采集的样品应尽快处理，如果没有处理条件，样品可在 4 ℃保存 4 天；若超过 4 天，需置−20 ℃保存。

1.3　样品运输

所有样品必须置于密闭容器，并贴有详细标签，以最快捷的方式送检（如：航空快递等）。如果在 24 h 内无法送达，则应用干冰致冷送检。

1.4　样品采集、保存及运输按照《高致病性动物病原微生物菌（毒）种或者样本运输包装规范》（农业部公告第 503 号）执行。

2　病毒分离与鉴定

2.1　病毒分离与鉴定：按照 GB 16550 附录 A3.3、A4.1、A4.2 进行。

2.2　病原毒力测定

2.2.1　最小病毒致死量引起鸡胚死亡平均时间（MDT）测定试验

按照 GB 16550 附录 A4.3 进行；

依据 MDT 可将新城疫病毒分离株分为强毒力型（死亡时间≤60 h）；中等毒力型（60 h<死亡时间≤90 h；温和型（死亡时间>90 h）。

2.2.2　脑内致病指数（ICPI）测定试验

收获接种过病毒的 SPF 鸡胚的尿囊液，测定其血凝价>2^4，将含毒尿囊液用等渗灭菌生理盐水作 10 倍稀释（切忌使用抗生素），将此稀释病毒液以 0.05 mL/羽脑内接种出壳 24～40 h 的 SPF 雏鸡 10 只，2 只同样雏鸡以 0.05 mL/羽接种稀释液作对照（对照鸡不应发病，也不计入试验鸡）。每 24 h 观察一次，共观察 8 天。每次观察应给鸡打分，正常鸡记作 0，病鸡记作 1，死鸡记为 2（死亡鸡在其死后的每日观察结果都记为2）。

ICPI 值＝每只鸡在 8 天内所有分值之和/（10 只鸡×8 天），如指数为 2.0，说明所有鸡 24 h 内死亡；指数为 0.0，说明 8 天观察期内没有鸡表现临床症状。

当 ICPI 达到 0.7 或 0.7 以上者可判为新城疫中强毒感染。

2.2.3　F 蛋白裂解位点序列测定试验

新城疫病毒糖蛋白的裂解活性是决定新城疫病毒病原性的基本条件，F 基因裂解位点的核苷酸序列分析，发现在 112～117 位点处，强毒株为 112Arg - Arg - Gln - Lys（或 Arg）- Arg - PHe117；弱毒株为 112Gly - Arg（或 Lys）- Gln - Gly - Arg - Leu117 这是新城疫病毒致病的分子基础。个别鸽源变异株（PPMV-1)112Gly - Arg - Gln - Lys - Arg - PHe117，但 ICPI 值却较高。因此，在 115、116 位为一对碱性氨基酸和 117 位为苯丙氨酸（PHe）和 113 位为碱性氨基酸是强毒株特有结构。根据对新城疫病毒 F 基因 112 - 117 位的核苷酸序列即可判定其是否为强毒株。（Arg - 精氨酸；Gly - 甘氨酸；Gln - 谷氨酰胺；Leu - 亮氨酸；Lys - 赖氨酸）。

分离毒株 F_1 蛋白 N 末端 117 位为苯丙氨酸（F），F_2 蛋白 C 末端有多个碱性氨基酸的可判为新城疫感染。"多个碱性氨基酸"是指 113 至 116 位至少有 3 个精氨酸或赖氨酸（氨基酸残基是从后 F_0 蛋白基因的 N 末端开始计数的，113 至 116 对应于裂解位点的 - 4 至 - 1 位）。

2.2.4　静脉致病指数（IVPI）测定试验

收获接种病毒的 SPF 鸡胚的感染性尿囊液，测定其血凝价>2^4，将含毒尿囊液用等渗灭菌生理盐水作 10 倍稀释（切忌使用抗生素），将此稀释病毒液以 0.1 mL/羽静脉接种 10 只 6 周龄的 SPF 鸡，2 只同样鸡只接种 0.1 mL 稀释液作对照（对照鸡不应发病，也不计入试验鸡）。每 24 h 观察一次，共观察 10 天。每次观察后给试验鸡打分，正常鸡记作 0，病鸡记作 1，瘫痪鸡或出现其他神经症状记作 2，死亡鸡记 3（每只死亡鸡在其死后的每日观察中仍记 3）。

IVPI 值＝每只鸡在 10 天内所有数字之和/（10 只鸡×10 天），如指数为 3.00，说明所有鸡 24 h 内死亡；指数为 0.00，说明 10 天观察期内没有鸡表现临床症状。

IVPI 达到 2.0 或 2.0 以上者可判为新城疫中强毒感染。

附件 2

消 毒

1 消毒前的准备

1.1 消毒前必须清除有机物、污物、粪便、饲料、垫料等；

1.2 消毒药品必须选用对新城疫病毒有效的，如烧碱、醛类、氧化剂类、氯制剂类、双季铵盐类等；

1.3 备有喷雾器、火焰喷射枪、消毒车辆、消毒防护用具（如口罩、手套、防护靴等）、消毒容器等；

1.4 注意消毒剂不可混用（配伍禁忌）。

2 消毒范围

禽舍地面及内外墙壁，舍外环境；饲养、饮水等用具，运输等设施设备及其他一切可能被污染的场所和设施设备。

3 消毒方法

3.1 金属设施设备的消毒，可采取火焰、熏蒸等方法消毒；

3.2 棚舍、场地、车辆等，可采用消毒液清洗、喷洒等方法消毒；

3.3 养禽场的饲料、垫料等，可采取深埋发酵处理或焚烧等方法消毒；

3.4 粪便等可采取堆积密封发酵或焚烧等方法消毒；

3.5 饲养、管理人员可采取淋浴等方法消毒；

3.6 衣、帽、鞋等可能被污染的物品，可采取浸泡、高压灭菌等方法消毒；

3.7 疫区范围内办公室、饲养人员的宿舍、公共食堂等场所，可采用喷洒的方法消毒；

3.8 屠宰加工、贮藏等场所以及区域内池塘等水域的消毒可采取相应的方法进行，并避免造成有害物质的污染。

附件Ⅱ 新城疫诊断技术
(GB/T 16550—2008)

1 范围
本标准规定了新城疫的临床诊断、病原分离与鉴定、血凝和血凝抑制试验、反转录聚合酶链式反应（RT-PCR）和技术要求。

本标准适用于新城疫的诊断。

2 缩略语
DEPC——焦碳酸二乙酯

HA——血凝

HAU——血凝单位，以完全凝集病毒的血清最高稀释倍数为一个血凝单位

HI——血凝抑制

ICPI——脑内接种致病指数

IVPI——静脉接种致病指数

MDT——致死鸡胚平均死亡时间

新城疫病毒——新城疫病毒

SPF——无特定病原体

3 临床诊断
3.1 临床症状
当禽出现以下部分或全部情形时，可作为初步诊断的依据之一：

a) 发病急，死亡率高；

b) 体温升高，极度精神沉郁，呼吸困难，食欲下降；

c) 粪便稀薄，呈黄绿色或黄白色；

d) 出现扭颈、翅膀麻痹等神经症状；

e) 免疫禽群出现产蛋下降。

3.2 病理变化
当禽出现下列肉眼可见的病变时，可作为初步诊断定性的依据之一：

a) 全身黏膜和浆膜出血，以呼吸道和消化道最为严重；

b) 腺胃黏膜水肿，乳头和乳头间有出血点；

c) 盲肠扁桃体肿大、出血、坏死；

d) 十二指肠和直肠黏膜出血，有的可见纤维素性坏死病变；

e) 脑膜充血和出血；鼻道、喉、气管黏膜充血，偶有出血，肺可见瘀血和水肿。

当禽出现上述病变时，应进行实验室确诊。

4　病毒分离与鉴定

4.1　病毒分离

4.1.1　样品采集：从活禽采集的样品应包括气管和泄殖腔拭子，后者需带有可见粪便，对雏禽采集拭子容易造成损伤，可采用收集新鲜粪便代替。死禽以脑、肺脏、脾脏为主，也可采集其他病变组织。

4.1.2　样品处理：样品置于含抗生素的等渗磷酸盐缓冲液（PBS）（pH 7.0～7.4），抗生素视条件而定，但组织和气管拭子保存液中应含青霉素（2 000 U/mL），链霉素（2 mg/mL）；卡那霉素（50 μg/mL）和制菌霉素（1 000 U/mL），而粪便和泄殖腔拭子保存液抗生素浓度应提高5倍。加入抗生素后调 pH 到 7.0～7.4。粪便和搅碎的组织，应用含抗生素的 PBS 溶液制成 10%～20%（g/mL）的悬浮液，在室温下静置 1～2 h。将粪便或组织的悬浮液 4 ℃、3 000 r/min 离心 5 r/min，取上清液进行鸡胚接种。

4.1.3　鸡胚接种：用 1 mL 注射器吸取上清液按每枚 0.2 mL，经尿囊腔接种至少 5 枚 9～11 日龄的 SPF 鸡胚，接种后，35～37 ℃孵育 4～7 天。18 h 后每 8 h 观察鸡胚死亡情况。

4.1.4　病毒收获：18 h 以后死亡的和濒死的以及结束孵化时存活的鸡胚置 4 ℃冰箱 4～24 h 无菌采集尿囊液。

4.2　病毒鉴定

4.2.1　血凝试验

对于血凝试验呈阳性的样品采用新城疫标准阳性血清进一步进行血凝抑制试验。如果没有血凝活性或血凝效价很低，则采用 SPF 鸡胚用初代分离的尿囊液继续传两代，若仍为阴性，则认为新城疫病毒分离阴性。方法同 5。

4.2.2　血凝抑制试验

采用新城疫标准阳性血清进行血凝抑制试验，确认是否有新城疫病毒繁殖。方法同 6。

4.3 致病指数测定

经确定存在新城疫病毒繁殖的情况下，应根据下列指标之一进行毒力判定：

a）病毒致死量致死鸡胚平均死亡时间（MDT）的测定：

1）将新鲜的感染尿囊液用灭菌的生理盐水连续 10 倍稀释成 $10^{-6}\sim10^{-9}$；

2）每个稀释度经尿囊腔接种 5 枚 9～10 日龄的 SPF 鸡胚，每枚鸡胚接种 0.1 mL，置 37 ℃培养；

3）余下的病毒稀释液于 4 ℃保存，8 h 后，每个稀释度接种另外 5 枚鸡胚，每枚鸡胚接种 0.1 mL，置于 37 ℃培养；

4）每天照蛋两次，连续观察 7 天，记录各鸡胚的死亡时间；

5）最小致死量是指能引起所有用此稀释度接种的鸡胚死亡的最大稀释度。

6）MDT 是指最小致死量引起所有鸡胚死亡的平均时间（h），计算方法见公式（1）。

$$\mathrm{MDT} = \frac{N_X \times X + N_Y \times Y + \cdots\cdots}{T} \quad \cdots\cdots\cdots\cdots\cdots (1)$$

式中：

N_X——X 小时死亡的胚数；

N_Y——Y 小时死亡的胚数；

$X(Y)$——胚死亡时间（h）；

T——死亡的总胚数。

b）接种致病指数（ICPI）测定：

1）HA 滴度高于 1∶16 以上新鲜感染尿囊液（不超过 24～48 h，细菌检验为阴性），用无菌等渗盐水作 10 倍稀释；

2）脑内接种出壳 24～40 h 之间的 SPF 雏鸡，共接种 10 只，每只接种 0.05 mL；

3）每 24 h 观察一次，共观察 8 天；

4）每天观察应给鸡打分，正常鸡记作 0，病鸡记作 1，死鸡记作 2（每只死鸡在其死后的每日观察中仍记 2）；

5）ICPI 是每只鸡 8 天内所有每次观察数值的平均数，计算方法见公式 2。

$$\mathrm{ICPI} = \frac{\sum_s \times 1 + \sum_d \times 2}{T} \quad \cdots\cdots\cdots\cdots\cdots (2)$$

式中：

$\sum_s$——8 天累计发病数；

$\sum_d$——8 天累计死亡数；

T——8 天累计观察鸡的总数。

c）接种致病指数（IVPI）测定：

1）HA 滴度高于 1：16 的新鲜尿囊液（不超过 24～48 h，细菌检验为阴性），用无菌等渗盐水作 10 倍稀释；

2）静脉接种 6 周龄的 SPF 小鸡，接种 10 只，每只鸡接种 0.1 mL；

3）每天观察 1 次，共 10 天，每次观察要记分，正常鸡记作 0，病鸡记作 1，瘫痪鸡或出现其他神经症状记作 2，死亡鸡记 3（每只死鸡在其死后的每日观察中仍记 3）；

4）IVPI 是指每只鸡 10 天内所有每次观察数值的平均值，计算方法见公式（3）。

$$\text{IVPI} = \frac{\sum_s \times 1 + \sum_p \times 2 + \sum_d \times 3}{T} \quad\cdots\cdots\cdots\cdots\cdots \text{（3）}$$

式中：

$\sum_s$——10 天累计发病数；

$\sum_p$——10 天累计瘫痪数；

$\sum_d$——10 天累计死亡数；

T——10 天累计观察鸡的总数。

4.4　结果判定

结果判定细则如下：

a）　MDT 低于 60h 为强毒型新城疫病毒，MDT 值在 60～90 h 为中等毒力型新城疫病毒，MDT 大于 90 h 为低毒力新城疫病毒；

b）　ICPI 值越大，新城疫病毒致病性越强，最强毒力病毒的 ICPI 接近 2.0，而弱毒株毒力的 ICPI 值为 0；

c）　IVPI 值越大，新城疫病毒致病性越强，最强毒力的病毒的 IVPI 值可达 3.0，弱毒株的 IVPI 值为 0。

5　血凝试验

5.1　材料与试剂

5.1.1　器材：普通天平、分析天平、普通离心机、微型振荡器、煮沸消毒器、冰箱、高压灭菌器、微量移液器、滴头、96孔Ⅴ型血凝反应板。

5.1.2 pH7.2磷酸盐缓冲液（PBS）配制方法参见附录 A。

5.1.3 1‰鸡红细胞悬液配制方法参见附录 B。

5.1.4 标准新城疫病毒抗原，购入的标准新城疫病毒应检测其血凝效价并进行无菌检验，以检查与所标 HA 效价是否相符。若不符，应重复检测并到相关实验室验证。

5.2 血凝试验操作程序

血凝试验操作程序如下：

a) 取 96孔Ⅴ型微量反应板，用微量移液器在1～12孔每孔加0.025 mL PBS；

b) 吸取 0.025 mL 病毒悬液加入第 1 孔中，吹打 3～5 次充分混匀；

c) 从第 1 孔中吸取 0.025 mL 混匀后的病毒液加到第 2 孔，混匀后吸取 0.025 mL 加入到第 3 孔，依次进行系列倍比稀释到第 11 孔，最后从第 11 孔吸取 0.025 mL 弃之，设第 12 孔为 PBS 对照；

d) 每孔再加 0.025 mL PBS；

e) 每孔加入 0.025 mL 体积分数为 1‰的鸡红细胞悬液；

f) 振荡混匀反应混合液，室温 20～25 ℃下静置 40 min 后观察结果，若环境温度太高，放 4 ℃静置 60 min。对 PBS 照孔的红细胞成明显的纽扣状沉到孔底时判定结果。

5.3 结果判定

结果判定细则如下：

a) 在 PBS 对照孔出现正确结果的情况下，将反应板倾斜，观察红细胞是否完全凝集。以完全凝集的病毒最大稀释度为该抗原的血凝滴度。完全凝集的病毒的最高稀释倍数为 1 个血凝单位（HAU）；

b) 如果没有血凝活性或血凝效价很低，则采用 SPF 鸡胚用初代分离的尿囊液继续传两代，若仍为阴性，则认为新城疫病毒分离阴性；

c) 对于血凝试验呈阳性的样品应采用新城疫标准阳性血清进一步进行血凝抑制试验。

6 血凝抑制试验

6.1 材料与试剂

6.1.1 器材同 5.1.1。

6.1.2 试剂同 5.1.2。

6.1.3 标准抗新城疫病毒血凝抑制抗体（血清）。

6.1.4 4血凝单位的病毒液制备：根据4.2测定的病毒的血凝效价，判定4个血凝单位的稀释倍数。方法举例为：如病毒 HA 效价为 1：512，其 4 个血凝单位为 1：128，则将病毒稀释 128 倍即可。

6.1.5 HI 效价高于 1：1024 时可继续增加稀释的孔数。

6.2 HI 试验程序

HI 试验操作程序如下：

a) 根据血凝试验结果配制 4 单位抗原（4HAU）：以能引起 100％血凝的病毒最高稀释倍数代表 1 个血凝单位，4HAU 的配制方法如下：假设抗原的血凝滴度为 1：256，则 4 HAU 抗原的稀释倍数应是 1：64(256 除以 4)，稀释时，将 1 mL 抗原加入到 63 mL PBS 中即为 4HAU 抗原；

b) 取 96 孔 V 型微量反应板，用移液器在第 1～11 孔各入 0.025 mL PBS，第 12 孔加入 0.05 mL PBS；

c) 在第 1 孔加入 0.025 mL 新城疫标准阳性血清，充分混匀后移出 0.025 mL 至第 2 孔，依次类推，倍比稀释至第 10 孔，第 10 孔弃去 0.025 mL，第 11 孔为阳性对照，第 12 孔为 PBS 对照；

d) 在第 1～11 孔各加入 0.025 mL 含 4 HAU 抗原，轻叩反应板，使反应物混合均匀，室温下（约 20～25 ℃）静置不少于 30 min，4 ℃不少于 60 min；

e) 每孔加入 0.025 mL 体积分数为 1‰的红细胞悬液，轻晃混匀后，室温（20～25 ℃）静置约 40 min，若环境温度太高，放 4 ℃静置 60 min。当 PBS 对照孔红细胞呈明显纽扣状沉到孔底时判定结果。

6.3 结果判定

结果判定细则如下：

a) 在 PBS 对照孔出现正确结果的情况下，将反应板倾斜，从背侧观察，看红细胞是否呈泪珠状流下。滴度是指产生完全不凝集（红细胞完全流下）的最高稀释度。只有当阴性血清与标准抗原对照的 HI 滴度不大于 1：4，阳性血清与标准抗原对照的 HI 滴度与已知滴度相差在 1 个稀释度范围内，并且所用阴阳性血清都不发生自凝的情况下，HI 试验结果方判定有效；

b) 尿囊液 HA 效价大于等于 1：16，且标准新城疫阳性血清对其 HI 效价大于等于 1：16，判为新城疫病毒；

c) 对确定存在新城疫病毒繁殖的尿囊液应进一步测定其毒力，方法见 4.3。

7 反转录聚合酶链式反应（RT‐PCR）

7.1 仪器设备

所用仪器设备如下：

a) PCR 仪；

b) 高速台式冷冻离心机：最大离心力 12 000 r/min 以上；

c) 生物安全柜；

d) 冰箱；

e) 水浴锅；

f) 微量移液器；

g) 组织匀浆器；

h) 电泳仪；

i) 电泳槽；

j) 紫外凝胶成像仪。

7.2 试剂

所用试剂如下：

a) RNA 提取试剂 Trizol；

b) 氯仿；

c) 异丙醇；

d) 75%乙醇：用新开启的无水乙醇和 DEPC 水配制，−20 ℃预冷。

7.3 操作程序

7.3.1 样品的采集和处理

取 200 μL 离心后的上清液提取 RNA。也可选择含病毒的鸡胚尿囊液进行 RT‐PCR 鉴定。

7.3.2 病毒核酸 RNA 的提取

RNA 提取应在样品制备区。应保证无细菌及核酸污染，实验材料和容器应经过消毒处理并一次性使用。提取 RNA 时应避免 RNA 酶污染。同时设立阳性对照和阴性对照。

用 Trizol 提取核酸 RNA 的操作步骤如下（样品以鸡胚尿囊液为例）：

a) 在无 RNA 酶的 1.5 mL 离心管中加入 200 μL 尿囊液，后加入 1 mL Trizol，震荡 20s，室温静置 10 min；

b) 加入 200 μL 氯仿，颠倒混匀，室温静置 10 min，12 000 r/min 离心 15 min；

c)　管内液体分为三层，取 500 μL 上清液于离心管中，加入 500 μL 预冷（－20 ℃）的异丙醇，颠倒混匀，静置 10 min。12 000 r/min 离心 15 min 沉淀 RNA，弃去所有液体（离心管在吸水纸上控干）；

d)　加入 700 μL 预冷（－20 ℃）的 75％乙醇洗涤，颠倒混匀 2～3 次。12 000 r/min 离心 10 min；

e)　调水浴至 60 ℃。室温下干燥 10 min；

f)　加入 40 μLDEPC 水，60 ℃金属浴中作用 10 min，充分融解 RNA，－70 ℃保存或立即使用。

7.3.3　配置 RT‑PCR 反应体系

在样品处理区内由专人按下表给出的程序分步进行。注意只能在试剂准备区打开和配制试剂，配制完毕后应及时将剩余试剂放回贮存区域。将适量的核酸样品小心加入装有反应液体的反应管内，盖紧盖子并做好标记。参照表 1 中反应体系配置 RT‑PCR 扩增。

表 1　RT‑PCR 反应体系配置表

试　　剂	体积（μL）
无 RNA 酶灭菌超纯水	13.6
10×Buffer	2.5
dNTPs	2
RNase 抑制剂	0.5
AMV 反转录酶	0.7
Taqase	0.7
上游引物 P1	1
下游引物 P2	1
模板 RNA	3
总计	25

注：上游引物 P1 的序列为 5′‑ATGGGCYCCAGAYCTTCTAC‑3′，下游引物 P2 的序列为 5′‑CTGCCACTGCTAGTTGTGATAATCC‑3′，Y 为兼并碱基。

7.3.4　RT‑PCR

按照表 1 中的加样顺序全部加完后，充分混匀，瞬时离心，使液体都沉降到 PCR 管底。在每个 PCR 管中加入一滴液体石蜡（约 20 μL）。同时设立阳性对照和阴性对照。

循环条件为：

a) 第一阶段，反转录 42 ℃/45 min；

b) 第二阶段，预变性 95 ℃/3 min；

c) 第三阶段，94 ℃/30 s，55 ℃/30 s，72 ℃/45 s，30 个循环；

d) 第四阶段，72 ℃/7 min。

最后的 RT－PCR 产物置 4 ℃保存。

7.3.5 电泳

操作程序如下：

a) 制备 1.5%琼脂糖凝胶板；

b) 取 5 μL PCR 产物与 0.5 μL 加样缓冲液混合，加入琼脂糖凝胶板的加样孔中；

c) 加入 DNA 分子量标准；

d) 盖好电泳仪，插好电极，5 V/cm 电压电泳，30～40 min；

e) 紫外线灯下观察结果，凝胶成像仪扫描图片存档，打印；

f) 用分子量标准比较判断 PCR 片段大小。

7.4 结果判定

结果判定细则如下：

a) 出现 0.5 kb 大小左右的目的片段（与阳性对照大小相符，参见附录 C），而阴性对照无目的片段出现方可判为新城疫病毒阳性；

b) 对于扩增到的目的片段，需进一步进行序列测定，从分子水平确定其致病性强弱；

c) 根据序列测定结果，对毒株 F 基因编码的氨基酸序列进行分析，如果毒株 F_2 蛋白的 C 端有"多个碱性氨基酸残基"，F_1 蛋白的 N 端即 117 位为苯丙氨酸，可确定为新城疫强毒感染。"多个碱性氨基酸"指在 113 位到 116 位残基之间至少有 3 个精氨酸或赖氨酸。

8 综合判定

8.1 临床诊断符合 3 规定的临床症状和病理变化，按 4 进行的病毒分离与鉴定为新城疫病毒阳性且 ICPI≥0.7，诊断为新城疫；

8.2 临床诊断符合 3 规定的临床症状和病理变化，按 7 进行的 RT－PCR 检测呈阳性且经序列分析证明 F 蛋白裂解位点具有强毒特征，诊断为新城疫；

8.3 患禽没有明显的临床症状和病理变化，但病原检测符合 8.1 或 8.2，可判定为新城疫病毒强毒感染。

附 件 A

（资料性附录）

pH 7.2 磷酸盐缓冲液（PBS）配制

A.1 pH 7.2 磷酸盐缓冲液（PBS）配制

配制方法如下：

a) 氯化钠（NaCl）8.0 g；

b) 氯化钾（KCl）0.2 g；

c) 磷酸氢二钠（Na$_2$HPO$_4$）1.44 g；

d) 磷酸二氢钠（NaH$_2$PO$_4$）0.24 g；

e) 加蒸馏水至 1 000 mL；

f) 将上述成分依次溶解，用 HCl 调 pH 至 7.2，分装，121 ℃、15 min 高压灭菌。

附　件　B

（资料性附录）

1%鸡红细胞悬液（RBS）制备

　　采集至少 3 只 SPF 公鸡或无禽流感和新城疫抗体的非免疫鸡的抗凝血液，放入离心管中，加入 3～4 倍体积的 PBS 混匀，以 2 000 r/min 离心 5～10 min，去掉血浆和白细胞层，重复以上过程，反复洗涤 3 次（洗净血浆和白细胞），最后吸取压积红细胞用 PBS 配成体积分数为 1% 的悬液，于 4 ℃ 保存备用。

附 件 C

（资料性附录）

新城疫病毒 RT‑PCR 检测阳性参照图

C.1 新城疫病毒 RT‑PCR 检测阳性参照图

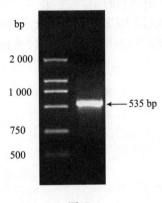

图 C.1

C.2 说明

C.2.1 琼脂糖凝胶的浓度为 1.5%。

C.2.2 DNA 分子量标准 Marker 为 DL2000。

附件Ⅲ 新城疫检疫技术规范

(SN/T 0764—2011)

1 范围

本标准规定了禽类新城疫的临床诊断、病毒分离与鉴定、血凝和血凝抑制试验、反转录—聚合酶链反应、荧光反转录—聚合酶链反应的操作规程。

本标准适用于进出口禽类及其产品中新城疫的检疫。

2 规范性引用文件

下列文件对于本文件的应用是必不可少的。凡是注日期的引用文件，仅注日期的版本适用于文件。凡是不注日期的引用文件，其最新版本（包括所有的修改单）适用于本文件。

GB/T 6682 分析实验室用水规格和试验方法

3 临床诊断

3.1 发病症状

新城疫简介参见附录 A。当禽出现以下部分或全部情形时，可作为初步诊断的依据之一：

a）发病急，死亡率高；

b）体温升高，极度精神沉郁，呼吸困难，食欲下降；

c）粪便稀薄，呈黄绿色或黄白色；

d）出现扭颈、翅膀麻痹等神经症状；

e）免疫禽群出现产蛋下降。

3.2 病理变化

当禽出现以下肉眼可见的病变时，可作为初步诊断定性的依据之一：

a）全身黏膜和浆膜出血，以呼吸道和消化道最为严重；

b）腺胃黏膜水肿，乳头和乳头间有出血点；

c）盲肠扁桃体肿大、出血、坏死；

d）十二指肠和直肠黏膜出血，有的可见纤维素坏死病变；

e）脑膜充血和出血，鼻道、喉、气管黏膜充血、偶有出血，肺可见瘀血和水肿。

当禽出现上述病变时，应进行实验室确诊。

4　实验室诊断

4.1　病毒分离与鉴定

4.1.1　设备、材料和试剂

4.1.1.1　器材：生物安全柜、离心机、V型微量血凝板、微量可调移液器、恒温箱等。

4.1.1.2　抗生素：青霉素、链霉素、卡那霉素和制霉菌素等。

4.1.1.3　9～11日龄 SPF 鸡胚、1日龄 SPF 雏鸡。

4.1.1.4　pH 7.0～7.4，0.01 mol/L 等渗磷酸盐缓冲液（PBS）：配制方法见附录 B。

4.1.1.5　0.2 mol/L 磷酸氢二钠：配制方法见附录 B。

4.1.1.6　阿氏液：红细胞（RBCs）：配制方法见附录 B。

4.1.1.7　1% 鸡红细胞（RBCs）：配制方法见附录 B。

4.1.1.8　拭子：脱脂棉球直径约 0.4 cm，1.034×10^5 Pa 高压蒸汽灭菌 15 min。

4.1.1.9　新城疫病毒标准阳性血清和标准阴性血清：由指定单位提供。

4.1.2　样品采集和制备

4.1.2.1　活禽采集咽喉拭子和泄殖腔拭子（需带有可见粪便），雏禽采集新鲜粪便。

4.1.2.2　死禽无菌采集肺、肾、肠（包括内容物）、脾、脑、肝、心组织和骨髓，采集咽喉拭子。这些样品可单独或者混合存放，但肠内容物需单独处理。

4.1.2.3　样品置于含抗生素的 pH 7.0～7.4 等渗磷酸盐缓冲液（PBS），组织和咽喉拭子保存液中含青霉素（2 000 U/mL）、链霉素（2 mg/mL）、卡那霉素（50 mg/mL）和制菌霉素（1 000 U/mL），而粪便、肠内容物和泄殖腔拭子保存液抗生素浓度应提高 5 倍。加入抗生素后用 0.2 mol/L 磷酸氢二钠调 pH 到 7.0～7.4。

4.1.2.4　粪便和搅碎的组织，用含抗生素的 PBS 制成 10%～20%（质量浓度）的悬浮液，拭子浸入 2～3 mL 含抗生素的 PBS 中，充分振荡。在 4 ℃作用 4 h 或过夜，或室温（不超过 25 ℃）作用 1～2 h，或 37 ℃作用 30 min。拭子在反复挤压后弃去。

4.1.2.5　4 ℃ 3 000 r/min 离心 10 min，取上清液经 0.22 μm 滤膜过滤除菌。

4.1.2.6 采集或处理的样品在 2～8 ℃条件下保存应不超过 4 天，若需长期保存，应放置－70 ℃冰箱，但应避免反复冻融。采集的样品密封后，采用保温壶或保温桶加冰密封，尽快运送到实验室。

4.1.3 病毒分离培养

4.1.3.1 鸡胚接种

吸取除菌液经尿囊腔接种至少 5 枚 9～11 日龄的 SPF 鸡胚，0.2 mL/枚，35～37 ℃孵育 4～7 天。接种后每天检查鸡胚生长情况。

4.1.3.2 病毒收获

收集死胚、濒死鸡胚和培养结束时存活的鸡胚，置冰箱 4 ℃致冷 4～24 h，无菌采集尿囊液。

4.1.4 病毒鉴定

4.1.4.1 血凝试验（HA）

用 HA 检测尿囊液的血凝活性。HA 呈阴性反应的尿囊液用另一批 9～11 日龄的 SPF 鸡胚至少再传代一次，若 HA 结果仍为阴性，则判定新城疫病毒分离阴性。试验方法同 4.2.3。

4.1.4.2 血凝抑制试验（HI）

HA 呈阳性的尿囊液用新城疫病毒标准阳性血清进行 HI 试验，以确认是否有新城疫病毒存在。试验方法同 4.2.4。

4.1.5 脑内接种致病指数（ICPI）测定

4.1.5.1 HA 滴度高于 2^4（大于 1/16）的新鲜感染尿囊液（不超过 24～48 h，细菌检验为阴性），用等渗无菌盐水作 10 倍稀释，不加添加剂如抗生素。

4.1.5.2 脑内接种出壳 24～40 h 的 SPF 雏鸡，共接种 10 只，每只接种 0.05 mL。

4.1.5.3 每 24 h 观察一次，共观察 8 天。

4.1.5.4 每天观察应给鸡打分，正常鸡记作 0，病鸡记作 1，死鸡记作 2（每只死鸡在其死后的每日观察中仍记作 2）。

4.1.5.5 ICPI 是每只鸡 8 天内所有每次观察数值的平均数，计算方法见式（1）：

$$ICPI = \frac{\sum_s \times 1 + \sum_d \times 2}{T} \qquad (1)$$

式中：

$\sum_s$ ——8 天累计发病数；

$\sum_d$——8 天累计死亡数；

T——8 天累计观察鸡的总数。

ICPI 越大，新城疫病毒致病性越强，最强毒力病毒的 ICPI 将接近最大值 2.0，而弱毒株的 ICPI 近于 0。使用弱毒疫苗，分离株的 ICPI 值在 0.7 以上，可认为强毒力病毒感染。

4.2 血凝（HA）和血凝抑制试验（HI）

4.2.1 材料和试剂

4.2.1.1 器材：V 型微量血凝板、微量可调移液器等。

4.2.1.2 pH 7.0～7.2，0.01 mol/L 等渗磷酸盐缓冲液（PBS）。

4.2.1.3 1%鸡红细胞（RBCs）。

4.2.1.4 标准新城疫病毒抗原、阳性对照血清和阴性对照血清。

4.2.1.5 4 HAU 抗原：配制方法见附录 B。

4.2.2 样品采集和处理

4.2.2.1 新城疫病毒悬液：无菌收取鸡胚尿囊液。

4.2.2.2 鸡血清：无菌采取动物血液，凝固后分离血清，置于 4 ℃ 或 −20 ℃ 保存备用。

4.2.2.3 除鸡外其他禽种的血清：需排除血清对鸡红细胞的非特异性凝集，处理方法为每 0.5 mL 血清加 25 μL 鸡红细胞泥，轻轻振荡，静置至少 30 min，澄清，2 000 r/min 离心 2～5 min，红细胞沉聚，吸出吸附过的血清供检。

4.2.3 血凝试验（HA）

4.2.3.1 在 V 型微量血凝板中每孔加 25 μL PBS。见表 1。

表 1 血凝试验操作术式

单位：μL

孔号	1	2	3	4	5	6	7	8	9	10	11	12
抗原滴度 $\log_2 2$	1	2	3	4	5	6	7	8	9	10	11	对照
PBS	25	25	25	25	25	25	25	25	25	25	25	25
抗原（倍比稀释）	25	25	25	25	25	25	25	25	25	25	25	弃去25
PBS	25	25	25	25	25	25	25	25	25	25	25	25
1%鸡红细胞	25	25	25	25	25	25	25	25	25	25	25	25
作用时间及温度	室温（约 20 ℃）下静置 40 min 左右											
判定举例	++++	++++	++++	++++	++++	++++	++++	++++	++	+	−	−

4.2.3.2　第 1 孔加入 25 μL 病毒悬液（如尿囊液），为精确计算血凝单位，病毒悬液开始可以作一系列密集稀释，如 1/3，1/5，1/7 等。

4.2.3.3　将病毒悬液或抗原在反应板上作 25 μL 的系列倍比稀释。第 12 孔不加病毒悬液或抗原，设立为红细胞对照孔。

4.2.3.4　每孔再加 25 μL PBS。

4.2.3.5　每孔加入 25 μL 1%RBCs。

4.2.3.6　轻叩微量血凝板混合反应物，室温（约 20 ℃）静置 40 min，或 4 ℃静置 60 min（若周围环境温度太高），在对照孔的 RBCs 显著呈纽扣状时判定结果。

4.2.3.7　HA 判定时，应将反应板倾斜，观察 RBCs 有无呈泪珠样流淌，完全凝集（无泪珠样流淌）的病毒最大稀释倍数为该抗原的血凝滴度，表示 1 个血凝单位（HAU），再根据开始的稀释倍数精确计算血凝滴度。

4.2.4　血凝抑制试验（HI）

4.2.4.1　在 V 型微量血凝板中每孔加入 25 μL PBS。见表 2。

表 2　血凝抑制试验操作术式

单位：μL

孔号	1	2	3	4	5	6	7	8	9	10	11	12	
血清稀释度 $\log_2 2$	1	2	3	4	5	6	7	8	9	10	11	12	
PBS	25	25	25	25	25	25	25	25	25	25	25	25	
被检血清倍比稀释	25	25	25	25	25	25	25	25	25	25	25	25	弃去25
4HAU 抗原	25	25	25	25	25	25	25	25	25	25	25		
作用时间及温度	室温（约 20 ℃）下静置至少 30 min												
1%鸡红细胞	25	25	25	25	25	25	25	25	25	25	25		
作用时间及温度	室温（约 20 ℃）下静置至少 30 min												
判定举例	—	—	—	—	—	—	+	++	+++	++++	++++	++++	

4.2.4.2　第一孔加 25 μL 血清。

4.2.4.3　在血凝板上将血清作横向的 25 μL 的倍比稀释。

4.2.4.4　每孔加入 25 μL 4 HAU 抗原，室温下（20 ℃）静置不少于 30 min，4 ℃不少于 60 min。

4.2.4.5　每孔加入 25 μL 1%（体积分数）的 RBCs，轻晃混匀后，室温（约 20 ℃）静置约 40 min，如环境温度太高时，4 ℃放置约 60 min，当对照孔 RBCs 呈显著纽扣状时判定结果。

4.2.4.6　每次测定应设已知滴度的阳性血清、阴性血清和红细胞对照。

4.2.4.7　结果判定如下：

a）红细胞均匀分散在孔底周围、倾斜血凝板时不流淌判为完全凝集，记作＋＋＋＋；75％凝集记作＋＋＋；50％凝集记作＋＋；25％凝集记作＋；红细胞集中在孔底中央呈圆点、倾斜血凝板时与对照孔（仅含 25 μL RBCs 和 50 μL PBC）RBCs 流淌相同的孔判定为不凝集或血凝抑制，记作－；

b）完全抑制 4 HAU 抗原的最高血清稀释倍数为 HI 滴度；

c）检查各种对照。阴性对照血清 HI 滴度不高于 1∶4(2^2 或 $2\log_2 2$），阳性对照血清 HI 滴度应在已知滴度的一个稀释度以内，红细胞对照无血凝现象，结果有效，试验成立；

d）如果 1∶16(2^4 或 $4\log_2 2$）稀释的血清或者高于这个稀释度的血清能抑制 4 HAU 的抗原，这种 HI 滴度被判为阳性。

4.2.4.8　在所有的确诊试验当中针对试验采用的 HAU 应设抗原滴度的追溯性测定。

4.3　反转录-聚合酶链反应（RT‑PCR）

4.3.1　主要仪器设备

4.3.1.1　PCR 仪。

4.3.1.2　凝胶电泳仪。

4.3.1.3　电泳仪。

4.3.1.4　紫外凝胶成像管理系统。

4.3.1.5　高速冷冻离心机。

4.3.1.6　微量可调移液器。

4.3.1.7　生物安全柜。

4.3.2　试剂

4.3.2.1　DEPC 水：配制方法见附录 B。

4.3.2.2　裂解液：Trizol；4 ℃保存。

4.3.2.3　三氯甲烷：－20 ℃预冷。

4.3.2.4　异丙醇：－20 ℃预冷。

4.3.2.5　75％乙醇：用新开启的无水乙醇和 DEPC 水配制，－20 ℃预冷。

4.3.2.6　0.01 mol/L(pH 7.2)PBS：$1.034×10^5$ Pa，15 min 高压灭菌冷却后，无菌条件下加入青霉素、链霉素各 10 000 U/mL。

4.3.2.7　反转录和 PCR10×缓冲液。

4.3.2.8　AMV 反转录酶（5 U/μL）：－20 ℃保存，不要反复冻融或温度剧烈变化。

4.3.2.9　RNA 酶抑制剂（40 U/μL）：－20 ℃保存，不要反复冻融或温度剧烈变化。

4.3.2.10　Taq DNA 聚合酶（5 U/μL）：－20 ℃保存，不要反复冻融或温度剧烈变化。

4.3.2.11　dNTPs：含 dCTP、dATP、dTTP 各 10 mmoL/L。

4.3.2.12　氯化镁（25 mmol/L）。

4.3.2.13　电泳缓冲液（5×TBE 贮存液）：配制方法见附录 B。

4.3.2.14　溴化乙啶溶液（10 mg/mL）：配制方法见附录 B。

4.3.2.15　1.5%琼脂糖凝胶：配制方法见附录 B。

4.3.2.16　DNA 相对分子质量标准物 Marker：DL 2000。

4.3.2.17　上样缓冲液。

4.3.2.18　引物（Primer）：10 μmoL/L。根据 F 基因序列设计，扩增产物长度为 535 bp。

上游引物　P1　5′- ATGGGCYCCAGAYCTTCTAC - 3′

下游引物　P2　5′- CTGCCACTGCTAGTTGTGATAATCC - 3′

4.3.3　样品的采集与前处理

4.3.3.1　活禽和内脏组织：见 4.1.2。

4.3.3.2　血清或血浆：用无菌注射器直接吸取至无菌离心管中。

4.3.4　试验步骤

4.3.4.1　样品核酸的提取

4.3.4.1.1　在样品处理区，取 n 个 1.5 mL 灭菌离心管，基中 n 为待检样品数、一管阳性对照及一管阴性对照之和，对每个管进行编号标记。

4.3.4.1.2　每管加入 600 μL 裂解液，然后分别加入待测样品、阴性对照和阳性对照各 200 μL，一份样品换用一个吸头。再加入 200 μL 三氯甲烷，混匀器上振荡混匀 20 s，室温静置 10 min。于 4 ℃条件下，12 000 r/min 离心 15 min。

4.3.4.1.3　取与 4.3.4.1.1 中相同数量的 1.5 mL 灭菌离心管，加入 500 μL 异丙醇（－20 ℃预冷），对每个管进行编号。吸取 4.3.4.1.2 离心后各管中的上清液转移至相应的管中，上清液至少吸取 500 μL，注意不要吸出中间层，颠倒混匀。

4.3.4.1.4　于 4 ℃条件下，12 000 r/min 离心 15 min（离心管开口保

持朝离心机转轴方向放置）。轻轻倒去上清液，倒置于吸水纸上，吸干液体，不同样品应在吸水纸不同地方吸干。加入 600 μL 75% 乙醇，颠倒洗涤。

4.3.4.1.5 于 4 ℃ 条件下，12 000 r/min 离心 10 min（离心管开口保持朝离心机转轴方向放置）。轻轻倒去上清液，倒置于吸水纸上，吸干液体，不同样品应在吸水纸不同地方吸干。

4.3.4.1.6 4 000 r/min 离心 10 s，将管壁上的残余液体甩到管底部，用微量加样器尽量将其吸干，一份样品换用一个吸头，吸头不要碰到有沉淀一面，室温干燥纸 3 min。不宜过于干燥，以免 RNA 不溶。

4.3.4.1.7 加入 20 μL DEPC 水，轻轻混匀，溶解管壁上的 RNA，2 000 r/min 离心 5 s，冰上保存备用。提取的 RNA 应在 2 h 内进行 RT - PCR 扩增或保存于 −70 ℃ 冰箱，将核酸转移到反应混合物配制区。

4.3.4.2 RT - PCR 扩增

以下操作应在反应混合物配制区的冰盒上进行，按表 3 配制 RT - PCR 反应体系。试验过程中要设立阳性对照、阴性对照和空白对照。建议配制检测样品总数所需反应液，可以多配一个样品使用量。

表 3 RT - PCR 反应体系配置表

组 分	用量（μL）
10× 缓冲液	2.5
dNTPs	2
AMV 反转录酶	0.7
RNA 酶抑制剂	0.5
Taq DNA 聚合酶	0.7
上游引物 P1	1
下游引物 P2	1
模板 RNA	3
DEPC 水	13.6
总体积	25

将以上反应体系瞬时离心充分混匀后，置 PCR 仪内运行下列程序：

——42 ℃ 45 min，1 个循环；

——95 ℃ 3 min，1 个循环；

——94 ℃ 30 s，55 ℃ 30 s，72 ℃ 45 s，30 个循环；

——72 ℃ 7 min，1 个循环；

——PCR 产物置 4 ℃保存。

4.3.4.3　PCR 产物电泳

制备 1.5％琼脂糖凝胶板，取 5 μL PCR 产物和 0.5 μL 上样缓冲液混匀，加入凝胶板加样孔，同时加 Marker、阴性对照和阳性对照。5V/cm 电压电泳 30～40 min。紫外凝胶成像管理系统内观察结果、照像。

4.3.5　结果及判定

4.3.5.1　阳性对照出现 535 bp 目的条带，阴性对照和空白对照均未出现目的条带，试验成立。

4.3.5.2　被检样品出现 535 bp 目的条带，判为阳性。

4.3.5.3　被检样品未出现 535 bp 目的条带，判为阴性。

4.3.5.4　对于扩增到的目的片段，需进一步进行序列测定，从分子水平确定其致病性强弱。根据序列测定结果，对毒株 F 基因编码的氨基酸序列进行分析，如果毒株 F_2 蛋白的 C 端有"多个碱性氨基酸残基"，F_1 蛋白的 N 端即 117 位为苯丙氨酸，可确定为新城疫强毒感染。"多个碱性氨基酸"指在 113 位到 116 位残基之间至少有 3 个精氨酸或赖氨酸。

4.4　实时荧光反转录—聚合酶链反应（荧光 RT - PCR）

4.4.1　试剂和仪器

4.4.1.1　试剂

4.4.1.1.1　新城疫病毒荧光 RT - PCR 检测试剂盒：试剂盒的组成、说明及使用注意事项参见附录 C。

4.4.1.1.2　其他试剂见 4.3.2.1～4.3.2.6。

4.4.1.2　主要仪器设备

4.4.1.2.1　荧光 PCR 仪。

4.4.1.2.2　其他仪器设备见 4.3.1.5～4.3.1.7。

4.4.2　样品的采集与前处理

见 4.3.3。

4.4.3　试验步骤

4.4.3.1　样品核酸的提取

见 4.3.4.1。

4.4.3.2　扩增试剂准备与配制

在反应混合物配制区进行。

从试剂盒中取出新城疫病毒 RT - PCR 反应液，在室温下融化后，2 000 r/min 离心 5 s。设所需 PCR 反应数为 n，其中 n 为待检样品数、一管阳性对照及一管阴性对照之和。每个测试反应体系需使用 15 μL RT - PCR 反应液及 0.25 μL Taq DNA 聚合酶。计算各试剂的使用量，加入一适当体系试管中，向其中加入 $1/4 \times n$ 颗 RT - PCR 酶颗粒，充分混合均匀，向每个反应管中各分装 15 μL，转移至样品处理区。

4.4.3.3 加样

在样品处理区进行。在各反应管中分别加入 4.3.4.1.7 中制备的 RNA 溶液 10 μL，使总体积达 25 μL。盖紧管盖后，500 r/min 离心 30 s。

4.4.3.4 荧光 RT - PCR 反应

在检测区进行。将 4.4.3.3 中加样后的反应管放入荧光 PCR 仪内，记录样品摆放顺序。反应参数设置：

——反转录 42 ℃ 30 min；

——预变性 92 ℃ 3 min；

——92 ℃ 10 s，45 ℃ 30 s，72 ℃ 1 min，5 个循环；

——92 ℃ 10 s，60 ℃ 30 s，40 个循环，荧光收集设置在第四个阶段每次循环的退火延伸时进行。

注：不同的荧光 RT - PCR 检测试剂可以选择不同的反应条件。

4.4.4 结果判定

4.4.4.1 结果分析条件设定

读取检测结果。阈值设定原则以阈值线刚好超过正常阴性对照品扩增曲线的最高点，不同仪器可根据仪器噪音情况进行调整。

4.4.4.2 质控标准

4.4.4.2.1 阴性对照无 Ct 值并且无扩增曲线。

4.4.4.2.2 阳性对照的 Ct 值应≤30.0，并出现特定的扩增曲线。

4.4.4.2.3 如阴性对照和阳性对照不同时满足以上条件，此次实验视为无效。

4.4.4.3 结果描述及判定

4.4.4.3.1 阴性

无 Ct 值并且无扩增曲线，表明样品中无中强毒株新城疫病毒。

4.4.4.3.2 阳性

Ct 值≤30.0，且出现特定的扩增曲线，表示样品中存在中强毒株新城疫病毒。

5　综合判定

5.1　临床诊断符合第 3 章规定的临床症状和病理变化，按 4.1 进行病毒分离与鉴定结果为新城疫病毒阳性且 ICPI≥0.7，诊断为新城疫。

5.2　临床诊断符合第 3 章规定的临床症状和病理变化，按 4.3 进行 RT-PCR 检测结果呈阳性且经序列分析证明 F 蛋白裂解位点具有强毒特征，诊断为新城疫。

5.3　临床诊断符合第 3 章规定的临床症状和病理变化，按 4.4 进行荧光 RT-PCR 检测结果呈阳性，诊断为新城疫。

5.4　患禽没有明显的临床症状和病理变化，但病原检测符合 5.1 或 5.2 或 5.3，可判定为新城疫病毒感染。

附　件　A

（资料性附录）

新 城 疫 简 介

A.1　新城疫（ND）是由副黏病毒科禽腮腺炎病毒属的禽副黏病毒Ⅰ型（APMV‑1）引起的一种急性、热性、败血性和高度接触性传染疾病，主要侵害鸡和火鸡，其他禽类和人亦可受到病毒感染。新城疫一年四季均可发生，但以春秋季较多。鸡场内的鸡一旦发生本病，可于4～5天内波及全群。本病特征是高热、呼吸困难、下痢和出现神经症状。新城疫病毒粒子呈圆形，大小为120～300 nm，多数在180 nm左右。大部分呈蝌蚪状，有囊膜和纤突。核衣壳呈螺旋对称，基因组为不分节段的单股负链 RNA。

A.2　病禽是本病主要传染源，鸡在感染后的24 h，口、鼻分泌物和粪便中开始排出病毒，在流行间歇期的带毒鸡，也是本病的传染源。鸟类也是重要的传播者。新城疫病毒可经消化道或呼吸道，也可经眼结膜、受伤的皮肤和泄殖腔黏膜侵入机体，24 h 内很快在侵入部位繁殖，随后进入血液扩散到全身，引起病毒血症。新城疫的潜伏期为2～15天或更长，平均为5～6天。临床症状受病毒毒株的致病型的影响，OIE 根据在感染鸡所引起的临床症状将新城疫病毒的毒株分5个致病型，它们是：

——嗜内脏速发型：高致病型，常见肠出血性病变；

——嗜神经速发型：高死亡率，常有呼吸和神经症状；

——中等速发型：有呼吸症状，偶有神经症状，但死亡率低；

——温和型或呼吸型：症状温和或呈亚临床呼吸道感染；

——无症状肠型：常为亚临床性肠感染。

A.3　病型界限很难划分，甚至在感染的无特定病原（SPF）鸡上也可以看到若干型的症状。此外，当其他的病原微生物混合感染或环境恶化时，温和株也可引起明显的临床症状。由于鸡的临床症状差别很大，不同宿主对感染的反应也不一样，因此根据流行病学、临床症状和剖检变化进行综合分析判断只能作出初步诊断，确诊需要通过实验室方法。

附 件 B

（规范性附录）

试 剂 配 制

B.1 pH 7.0～7.4，0.01 mol/L PBS

甲液（0.2 mol/L 磷酸氢二钠）：磷酸氢二钠（12H$_2$O）71.64 g，氯化钠 8.5 g，加蒸馏水至 1 000 mL。

乙液（0.2 mol/L 磷酸二氢钠）：磷酸二氢钠（2H$_2$O）31.21 g，氯化钠 8.5 g，加蒸馏水至 1 000 mL。

按表 B.1 混合甲液和乙液，用 0.85%氯化钠溶液 20 倍稀释，1.034×10^5 Pa 高压蒸汽灭菌 15 min，置室温或 4 ℃保存。

表 B.1 pH 7.0～7.4，0.01 mol/L PBS 配制

pH	甲液（mL）	乙液（mL）
7.0	61.0	39.0
7.2	72.0	28.0
7.4	81.0	19.0

B.2 阿氏液

葡萄糖	2.05 g
柠檬酸钠（2H$_2$O）	0.80 g
氯化钠	0.42 g
蒸馏水	加至 100 mL

溶解后，以 10%柠檬酸调节 pH 至 6.1，分装，1.034×10^5 Pa 高压蒸汽灭菌 10 min，4 ℃保存。

B.3 1%鸡红细胞

采集 SPF 鸡或无禽流感、新城疫等血凝抑制抗体的成年鸡抗凝血，放入等量阿氏液中摇匀，置 4 ℃冰箱中保存备用。临用前用 PBS 洗涤 3～5 次，每次以 2 000 r/min 离心 5 min，将血浆、白细胞充分洗去至上清液清亮，用 PBS 配成体积分数为 1%的悬液。4 ℃保存备用。

B.4 4HAU 标准新城疫病毒抗原

根据抗原的血凝滴度，计算 4HAU 抗原的稀释倍数。例如表 1 抗原 HA 滴度为 1：128，其 4 个单位抗原 HA 滴度为 1：32，则将抗原稀释 32 倍。

将 25 μL 4HAU 的抗原用 PBS 做等量倍比稀释，使各孔（25 μL）依次含有 2、1、1/2、1/4HAU，每孔补加 PBS 25 μL，再加入 1% 鸡红细胞 25 μL，反应约 40 min，检查血凝图像与预期结果是否相符。2HAU、1HAU 孔红细胞应出现完全凝集，1/2HAU 孔红细胞应出现 50% 凝集，1/4HAU 孔红细胞应不凝集。若与此不符，应重新配制抗原，测定 HA 滴度。

B.5　电泳缓冲液（5×TBE 贮存液）

Tris	54.0 g
硼酸	27.5 g
0.5 mol/L EDTA(pH 8.0)	20 mL
二蒸水定容至	1 000 mL

充分溶解，4 ℃保存。

B.6　1×TBE 使用液

用三蒸水 5 倍稀释 5×TBE 贮存液。

B.7　溴化乙啶溶液（10 mg/mL）

溴化乙啶	1 g
三蒸水	100 mL

置棕色瓶中，磁力搅拌数小时以确保其完全溶解，然后用铝箔包裹容器，保存于室温。

本品为强致癌物，使用时需小心！

B.8　DEPC 水

于三蒸水按 0.1% 加入 DEPC，室温静置过夜，1.034×10^5 Pa 高压 20 min，冷却备用。

B.9　1.5% 琼脂糖凝胶

在 250 mL 三角烧瓶中加入电泳级琼脂糖 1.5 g 和 1×TBE 缓冲液 100 mL。加热使之完全溶解后，加入 10 mg/mL 溴化乙啶溶液 5 μL，充分摇匀，备用。待琼脂糖冷却到 60 ℃左右，倒入制胶板并防止气泡产生，使琼脂糖厚度达 3～5 mm，待凝胶完全凝固后去掉梳子和两端封口物，将凝胶托盘放入电泳槽，加入 1×TBE 电泳缓冲液使之高出凝胶 2～3 mm。

附　件　C

（资料性附录）

中强毒株新城疫病毒荧光 RT－PCR 试剂盒组成、说明及使用时的注意事项

C.1　试剂盒的组成

表 C.1　试剂盒组成

组成（48 tests/盒）	数　量
裂解液	30 mL×1 盒
中强毒株新城疫病毒荧光 RT－PCR 反应液	750 μL×1 管
RT－PCR 酶颗粒（带盖 PCR 反应管装）	1 颗/管×12 管
Taq 酶（5 U/μl）	12 μL×1 管
DEPC 水	1 mL×1 管
阴性对照	1 mL×1 管
阳性对照（非感染体外转录 RNA）	1 mL×1 管

C.2　说明

C.2.1　裂解液的主要成分为异硫氰酸胍和酚，为 RNA 提取试剂，外观为红色，于 4 ℃保存。

C.2.2　DEPC 水，是用 1% DEPC 处理后的去离子水，用于溶解 RNA。

C.2.3　RT－PCR 反应液中含有特异性引物、探针及各种离子。

C.3　使用时的注意事项

C.3.1　由于阳性样品中模板浓度相对较高，检测过程中不得交叉污染。

C.3.2　反应液分装时应尽量避免产生气泡，上机前注意检查各反应管是否盖紧，以免荧光物质泄漏污染仪器。

C.3.3　RT－PCR 酶颗粒极易吸潮失活，RT－PCR 酶在室温条件下应置于干燥器内保存，使用时取出所需数量，剩余部分立即放回干燥器中。

C.3.4　除裂解液外，其他试剂－20 ℃保存。有效期为 6 个月。

C.4　其他

通过验证的其他商品化试剂盒，可以按照其相应使用说明书进行操作。

附件Ⅳ 2012版OIE陆生动物诊断试验和疫苗手册

2.3.14 新城疫
NEWCASTLE DISEASE

摘　要

新城疫（ND）是由副黏病毒科禽腮腺炎病毒属（Avulavirus）的禽副黏病毒Ⅰ型（APMV-1）引起的。禽副黏病毒有10个血清型，分别命名为APMV-1～APMV-10。

新城疫可感染200多种禽类，但不同宿主和不同毒株感染禽类造成的疾病严重程度不同，当存在其他病原微生物混合感染或环境条件恶化时，低毒株APMV-1也可引发严重疾病。病毒分离及鉴定是首选的诊断方法。

病原鉴定　采集活禽的气管拭子和泄殖腔拭子（或粪便），或采集死禽的粪便和器官混合样品，加抗生素溶液研磨制成悬液，接种9～11日龄鸡胚尿囊腔，37℃孵育7天，收集孵育后所有死胚、濒死胚和孵育结束时活胚的尿囊液，通过其血凝活性（HA）和/或已经验证的分子诊断方法进行检测。

任何具有血凝活性的病原体均应采用APMV-1单因子血清测定其血凝抑制特异性，APMV-1与其他禽副黏病毒血清型，特别是APMV-3和APMV-7在抗原性方面有不同程度的交叉反应。

可用脑内接种致病指数（ICPI）对任何一株新分离APMV-1毒株的致病力进行评价。另外，分离毒株的毒力也可以采用分子技术进行测定，即RT-PCR和测序。新城疫在大多数国家是由政府控制的疫病，病毒从实验室散毒的风险很高；因此必须采取适当的实验室生物安全措施；需要通过风险评估确定实验室所需的生物安全水平。

血清学试验　血凝抑制试验（HI）是应用最为广泛的新城疫血清学方法，这种诊断方法的有效性取决于检测的禽类疫苗免疫状态和疫病的流行情况。

疫苗和诊断用生物制品要求　根据疫病的流行情况和国家的有关要求使用低毒力（弱毒株）或中等毒力（中等速发型）活疫苗进行预防免疫。也可使用灭活苗。

活疫苗可经不同途径接种。通常是用收获感染鸡胚尿囊液（羊水）制备的；有些是用感染细胞培养物制备的。成品应当通过原始种毒和工作种毒繁殖制备。

灭活苗可经皮下或肌内注射，通常是向感染性病毒中加入甲醛或 β-丙内酯处理后制成的，大部分灭活苗是用矿物油或植物油乳化而成。

近来，应用病毒载体的重组新城疫疫苗，如表达 HN 基因或 F 基因或双表达这两个基因的疱疹病毒或禽痘病毒已经研制成功并获准上市。

如果制备疫苗或进行攻毒实验需使用致病性的新城疫病毒时，实验或制备场所应满足 OIE 关于第 4 级病原处理的要求，这相当于美国农业部农业（BSL3-Ag)或增强型生物安全三级（BSL3-E)。一些国家需要其他一些监督管理。

A. 前　　言

新城疫由副黏病毒科副黏病毒亚科禽腮腺炎病毒属中禽副黏病毒Ⅰ型（APMV-1）的强毒引起的。由禽分离的副黏病毒经血清学试验和遗传进化分析可分为 10 个血清型，分别命名为 APMV-1～APMV-10（Miller 等，2010a）；新城疫病毒属于 APMV-1(Alexander 和 Senne，2008b)。

自 1926 年首次确认此病以来，新城疫在许多国家呈地方性流行，除少数几个高度商品化禽业生产的国家外，其他所有国家都进行预防免疫。

新城疫病毒不同株的最重要特征之一是对鸡的致病性差别很大，根据其感染鸡所引起的临床症状不同，可将新城疫病毒毒株分 5 个致病型（Alexander 和 Senne，2008b)，分别为：

1. 嗜内脏速发型——高致病型，常见肠出血性病变；
2. 嗜神经速发型——高死亡率，常有呼吸和神经症状；
3. 中发型——有呼吸症状，偶有神经症状，但死亡率低；
4. 缓发型或呼吸型——症状温和或呈亚临床呼吸道感染；
5. 无症状肠型——常为亚临床性肠道感染。

致病型界限很难划分（Alexander 和 Allan，1974），甚至在感染的无特定病原体（SPF）鸡上也可以看到彼此交叉的症状。此外，当其他的病原微生物混合感染或环境恶化时，缓发型毒株也可引起明显的临床症状。由于鸡的临床症状差别很大，不同宿主对感染的反应也不一样，这使本病的诊断更为复杂。因此单纯地依靠临床症状不能确诊新城疫。然而可以根据与强毒致病型相关的特异性临床症状和病理变化确定疑似本病的发生。

新城疫病毒可以感染人，人感染后最常见的临床症状是眼睛暴露于新城疫病毒 24 h 内出现的结膜炎（Swayne 和 King，2003）。已报道的感染是没有生命威胁的，精神差，通常不超过 1～2 天（Chang，1981）。在最常报道的并被证实的人感染中，临床症状表现为眼睛感染，表现一侧性或两侧性发红、过度流泪、眼睑水肿，结膜炎和结膜下出血。虽然对眼睛的影响很严重，但感染通常为暂时性的，且角膜不受影响。没有证据表明可人传人。仅有一例报道从死于肺炎的免疫功能不全的病人的肺、尿和粪便中分离到了一株与类似鸽源 APMV-1 的病毒（Goebel 等，2007）。

如本章 B.1.f 部分所明确的，大多数国家新城疫是由政府控制的，从实验室散传出该病毒的风险很高；因此，在进行诊断和病毒鉴定时，需进行风险评估以确定所需的生物安全水平。其场所需满足风险分析及第 1.1.2 章所列出的兽医微生物实验室和动物房需要达到的生物安全要求和级别，在该场所内，应在生物安全 2 级及以上的环境中开展工作。没有特定的国家或区域新城疫参考实验室的国家应将样品送到 OIE 参考实验室。

B. 诊断技术

1. 病原鉴定

a）分离病毒的样品

当禽群发生严重疫病和高死亡率而开展新城疫调查时，通常是从新近死亡的禽或人道方法处死的濒死禽采集样品进行病毒分离。从死禽采集的样品应有口鼻拭子和肺、肾、肠（包括内容物）、盲肠扁桃体、脾、脑、肝和心等组织样品。这些样品可单独或者混合存放，但脑和肠样品常需单独处理。

从活禽采集的样品应包括气管或口咽拭子和泄殖腔拭子，后者需带有可见的粪便。由于采集拭子对小而体弱的禽可能造成损伤，也可采用收集新鲜粪便代替。

当采集病料的机会受限时，与感染相关临床症状的器官和组织一样，采集泄殖腔拭子（或粪便）、气管（或口咽）拭子或者气管组织进行检测也非常重要。样品采集应在疾病初期进行。

样品应置于含抗生素的 pH 7.0～7.4 的等渗磷酸盐缓冲液（PBS）中。也可使用含蛋白的培养基，如脑心浸出液（BHI）或 Tris 胰蛋白胨肉汤（TBTB），有助于增加病毒的稳定性，尤其在运输过程中。抗生素可根据具体情况而定，如对于组织和气管拭子样品的保存液中应含青霉素（2000 U/mL）；链霉素（2 mg/mL）；卡那霉素（50 μg/mL）和制菌霉素（1000 U/mL），而粪便和泄殖腔拭子保存液的抗生素浓度应提高 5 倍。缓冲液加入抗生素后放入样品之前将 pH 重新调整到 7.0～7.4 非常关键。如果需控制衣原体，应加入 0.05～0.1 mg/mL 的土霉素。粪便和搅碎的组织，应用抗生素溶液制成 10%～20%（W/V）的悬液。样品在室温下静置 1～2 h 后尽快处理。如不能立刻操作，样品可在 4 ℃保存，但不能超过 4 天。

b) 病毒分离（国际贸易推荐试验）

粪便或组织以及拭子样品的悬液在室温下（不超过 25 ℃）1 000 r/min 离心 10 min，吸取上清液 0.2 mL，经尿囊腔接种至少 5 枚 9～11 日龄的 SPF 鸡胚，接种后孵育。如果没有 SPF 胚，至少要用新城疫病毒抗体阴性的鸡胚。35～37 ℃至少孵育 4～7 天。为了加快分离，也可以间隔 3 天，连续传两代，将结果与间隔 4～7 天连传两代的结果进行比较（Alexander 和 Senne，2008a）。收集死胚、濒死胚和培养结束时存活的鸡胚，首先置 4 ℃致冷 4 h 或过夜，随后检测尿囊液的血凝活性。呈阴性反应的尿囊至少用另一批蛋再传代一次。要将样本在 LB 琼脂平板上划线进行常规污染检测，划线培养 24～48 h 后对着光进行判读。污染的样本可添加较高浓度的抗生素（庆大霉素、青霉素 G、两性霉素 B 分别达到最大终浓度为 1 mg/mL，10 000 U/mL，或 20 μg/mL）进行处理。污染严重的样本，如果用离心和抗生素作用无法去除，可以用孔径为 0.45 nm 和 0.2 nm 的滤膜进行过滤处理。过滤法应仅在其他方法不奏效的时候使用，因为该方法会因吸聚而大大降低病毒的滴度。

用于接种鸡胚的匀浆器官组织或粪便以及拭子悬液也可以用于通过细胞培养进行的病毒分离，APMV‐1 可以在一系列禽源或非禽源的细胞上进行复制，其中使用最广泛的有鸡胚肝细胞（CEL）、鸡胚肾细胞（CEK）、鸡胚成纤维细胞（CEF）、非洲绿猴肾细胞（Vero）、禽肌细胞系（QM5）和鸡胚相关（CER）细胞（Terregino 和 Capua，2009）。禽源原代细胞最敏感。为了优化弱毒分离株分离几率，在培养基里应添加胰酶。胰酶的浓度取决于胰酶的类型和细胞的种类，如可以在 CEFs 中添加 0.5 μg/mL 的胰蛋白酶。病毒增殖通常伴有典型的细胞单层破坏和合胞体形导致的细胞病变。

病毒的合适的培养系统在一定程度上因毒株而异。一些 APMV‐1 通过细胞培养生长较差，而在禽胚中则可以增殖到很高的滴度，而一些鸽源 PMV‐1（PPMV‐1）和一些 APMV‐1，例如无致病性 Ulster 株，能在鸡肝脏或鸡肾脏细胞中分离出来但却不能由鸡胚分离（Kouwenhoven，1993）。如果条件允许，在处理疑似 PPMV‐1 感染的样品时，可以试着用两种不同的培养物（鸡胚和鸡胚原代细胞）。当在细胞培养物中获得的病毒滴度很低时，应该在鸡胚中进行复制繁殖后再通过 HI 或其他表型方法对病毒分离株进行特性鉴定。

c）病毒鉴定

在无菌收集的接种鸡胚尿囊液中检出血凝活性，可能是由于存在 10 种血清型之一的副黏病毒（包括新城疫病毒）或者 16 种 HA 亚型之一的流感病毒，未灭菌的尿囊液也可能含细菌性血凝。用特异的抗血清经 HI 试验可以证明新城疫病毒的存在。通常使用新城疫病毒的一个毒株制备鸡抗血清。

在 HI 试验中，不同的禽副黏病毒血清型之间可能具有一定程度的交叉反应。APMV-1 经常与 APMV-3（特别是鹦鹉源的 APMV-3 变异株，通常分离于宠物鸟或外来鸟类）或 APMV-7 出现交叉反应。通过采用一系列特异性的 APMV-1、APMV-3 和 APMV-7 参考血清或单抗隆抗体（MAbs）可以显著减低分型错误的风险。

目前，在诊断试验室中采用 RT-PCR 等方法对接种鸡胚收获尿囊液中 APMV-1 的 RNA 进行检测和分型（致病型和基因型）的技术越来越普遍。然而，基因水平上的实验室检测方法应充分考虑 APMV-1 分离株的遗传多样性所导致的假阴性结果。见本章中 1e、1h 和 1i 部分。

d）致病指数

不同新城疫病毒分离株毒力差异显著，加上活苗的广泛应用，因此仅从具有临床症状的病禽中分离、鉴定出 APMV-1 病毒，还不能对新城疫作出确诊，需要对分离毒株的致病性进行毒力评价（见 B.1.f 新城疫定义），在过去，鸡胚平均死亡时间、静脉接种致病指数及这些试验的衍生方法用于毒力鉴定（Alexander 和 Senne，2008b），但根据国际协议，确定的病毒毒力评估是根据脑内接种致病指数（ICPI）。当前 OIE 关于新城疫的定义（见 B.1.f）也充分认识到致病性的分子基础的优点并允许通过体外试验测定 F_0 蛋白裂解位点氨基酸的序列用于病毒毒力的确定。考虑到该方法的严重后果，ICPI 一定要有基于有流行病学背景的充足理由，如一次暴发的首个分离株。而在对健康禽类开展常规监测时分离的毒株进行 ICPI 测定则是不合适的。

对于鸡以外的其他禽类（如家鸽和野鸽）分离到的毒株进行体内试验会产生很多问题，除非在鸡或鸡胚中连续传代，否则可能出现不准确的结果（Alexander 和 Parsons，1986）。新城疫病毒对易感禽类的真实致病性比较精确的判定可通过使用标准病毒剂量（如 $10^5 EID_{50}$）通过自然途径（如口鼻途径）感染具有显著统计学意义数量的雏禽和成年禽（≥10）获得。

脑内致病指数（ICPI）测定

i. HA 滴度 2^4（>1/16）以上的新鲜感染尿囊液，用等渗无菌盐水作 10 倍系列稀释，不加任何添加剂如抗生素等。

ii. 脑内接种出壳 24～40 h 之间的 SPF 雏鸡，共接种 10 只，每只接种0.05 mL。

iii. 每 24 h 观察一次，连续观察 8 天。

iv. 每天观察时应给鸡打分，正常鸡记作 0 分，病鸡记录作 1 分，死鸡记作 2 分，（存活的鸡如不能吃料和饮水应人道地致死并在第二天观察中记 2 分，每只死鸡在其死后的每日观察中仍记 2 分）。

v. ICPI 是每只鸡 8 天观察期间的平均数。

最强毒力病毒的 ICPI 将接近最大值 2.0，而低致病性和无症状肠型分离株近于 0。

e）致病性的分子基础

在复制过程中 APMV - 1 可产生一种前体糖蛋白 F_0，该蛋白被裂解为 F_1 和 F_2 后，病毒粒子才具有感染性。这种翻译后的裂解是通过宿主细胞蛋白酶介导的。胰酶具有裂解所有新城疫病毒毒株 F_0 蛋白的能力。

对鸡具有高致病性的新城疫病毒来说，病毒的 F_0 分子可以由一种宿主蛋白酶或在多种细胞和组织中广泛分布的蛋白酶所裂解，因此病毒可扩散到整个宿主并损坏重要器官；而对弱毒株来说，由于 F_0 分子只被某些宿主蛋白酶所裂解，从而限制了病毒只能在某些宿主细胞类型中进行增殖。

对鸡有致病性的大多数 APMV - 1 的 F_2 蛋白的 C 端的氨基酸序列为 $^{112}R/K$ - R - $Q/K/R$ - K/R - R^{116}（Choi 等，2010；Kim 等，2008a），F_1 蛋白的 N 端即 117 位残基为 F（苯丙氨酸）；而低毒力毒株相应位点分别为 $^{112}G/E$ - K/R - Q - G/E - R^{116} 和 117 位残基 L（亮氨酸）。一些鸽源变异毒株（PPMV - 1）裂解位点序列为 ^{112}G - R - Q/K - K - R - F^{117}，但 ICPI 值很高（Meulemans 等，2002）。因此对鸡表现高致病性的毒株需要在 116 和 115 位残基至少有一对碱性氨基酸残基，117 位残基为苯丙氨酸，113 位残基为一个碱性氨基酸残基（R）。然而，一些 PPMV - 1 具有强毒的裂解位点但 ICPI 值较低（Collins 等，1994）。这种现象证实与融合蛋白无关（Dortmans 等，2009），与核蛋白、磷蛋白及聚合酶形成的复制复合体有关（Dortmans 等，2010）。

在分子技术水平上进行一些研究，如通过 RT - PCR 测定病毒分离株或感染禽类的组织和粪便样品中 F_0 裂解位点序列、对扩增产物进行酶切分析、通过探针杂交或核酸测序建立常规体外毒力测定试验（Miller 等，2010b）。F_0 裂解位点序列可以明确地表明病毒的毒力，这已经整合在新城疫的定义中（见 B. 1. f 部分）。

在应用分子技术进行检测时，病毒 F_0 裂解位点上具有多个碱性氨基酸可证实强毒株或潜在强毒株的存在，但如果检测不到病毒或病毒在 F_0 裂解位点没有多个碱性氨基酸并不能证明不存在强毒株，因为引物不匹配，或者强毒株和弱毒株可能混合在一起，因此仍然需要开展病毒分离和体内毒力评价试验，如 ICPI。理解这一点对于新城疫的诊断十分关键。

对 1990 年在爱尔兰分离到的病毒和自 1998 在澳大利亚暴发的新城疫进行分析，有力地证明这些强毒可能来源于低毒力的病毒（Alexander 和 Senne，2008b）。人工试验证明，低毒力病毒经过鸡体传代后可成为强毒（Shengqing 等，2002）。

f) 新城疫的定义

尽管禽感染 APMV－1 后表现的临床症状各种各样，并且受到毒株、宿主的品种、日龄、其他病原微生物的感染、环境应激和免疫状况等许多因素的影响，但对鸡高致病力和低致病力的新城疫病毒能感染绝大多数禽类。在某些情况下当超强毒株感染时，感染禽突然发生大量死亡几乎没有明显的临床症状。因此，临床症状可受其他因素的影响而变化，难以据此进行确诊。

即使对易感宿主，新城疫病毒可表现较大范围的临床症状。通常，用 ICPI 试验的两个极限数值评定毒力，但由于某些原因，一些毒株可表现为中等毒力。由于毒力和临床症状的差异较大，出于贸易、控制措施和政策的目的，有必要详细而谨慎地对于新城疫进行定义。目前，欧盟成员国使用的新城疫定义都采用欧洲共同体委员会 92/66/EEC 指令的定义。

OIE 对报告暴发新城疫的定义是：

新城疫是由禽副黏病毒Ⅰ型（APMV－1）引起的禽类感染，其毒株毒力应符合以下标准：

●毒株的 1 日龄脑内接种致病指数（ICPI）大于或等于 0.7。或

●毒株 F_2 蛋白的 C 端有"多个碱性氨基酸残基"，F_1 蛋白的 N 端即 117 位为苯丙氨酸（直接或推导得出的结果）；"多个碱性氨基酸"指在 113 到 116 位残基之间至少有 3 个精氨酸或赖氨酸。如果没有出现上述特征性氨基酸序列，需要作毒株的 ICPI 试验。

本定义中，氨基酸残基数是从 F_0 基因推导出的氨基酸的 N 端开始记数，113～116 位是裂解位点的－4 到－1 位。

g) 单克隆抗体

在 HI 试验中用鼠抗新城疫病毒单克隆抗体（MAb）可以对新城疫病毒进行快速鉴定，还可避免因使用多克隆血清引起与其他 APMV 血清型病毒的交

叉反应。已研制了多种可用于HI试验的MAb，对于特定的病毒株或分离的新城疫病毒变异株具有特异性（Alexander等，1997）。

根据系列单抗与新城疫病毒是否反应，建立了新城疫病毒分离株的抗原谱，PPMV-1毒株与MAbs的典型反应谱可以用于与其他APMV-1进行区分。

h）遗传进化的研究

由于核苷酸测序技术的发展，通过计算机数据库可获得大量的APMV-1序列数据，加上已经证实即使相当短的序列长度的测定也可以得到遗传进化上有意义的结果，因此近年来这方面的研究增加很多。已检测到病毒具有较大的遗传多样性，但具有相同的时间、地域和抗原性或流行病学关系的毒株趋于特定的谱系或进化分枝，这在评估全球流行病学和地方新城疫传播方面已证实具有较大的价值（Aldous等，2003；Cattoli等，2010 Czegledi等，2006；Kim等，2007）。

过去遗传进化研究作为一种常规手段是不切实际的，但随着精确、商品化RT-PCR试剂盒和现代自动测序方法的出现，使更多的诊断实验室能够有效利用这种方法，对于现阶段和追溯性研究能得到有价值的结果（Miller等，2010b）。Aldous等（2003）提出新城疫病毒分离株的基因分型应作为参考实验室诊断病毒特性的一部分，主要是对日常分离的所有病毒通过扩增包含F_0裂解位点的375nt的F基因核酸序列，与其他最近分离株的序列相比较，形成有18个病毒代表性的谱系和亚系。这些分析可用于新城疫暴发来源和病毒扩散的快速流行病学评估。

i）分子诊断技术

除了应用RT-PCR和其他类似的技术来测定新城疫病毒的毒力（见B.1.e）或进行遗传进化研究（见B.1.h），运用分子技术对临床样品开展新城疫病毒检测也有增加的趋势，分子诊断技术的优点在于能快速证实病毒的存在。在检测临床样品时须注意临床样品的选择，因为一些研究证实在检测某些组织器官、尤其是粪便样品时可能灵敏性很低（Creelan等，2002；Nanthakumar等，2000）。常选择气管或口咽棉拭样品，因为它们易于操作且通常很少包含其余的可干扰PCR中RNA回收和PCR扩增的有机物质。然而，组织、器官样品，甚至粪便有时也可成功扩增。即使采用商品化的试剂盒，RNA抽提系统也会影响临床样品RT-PCR的成功，因此应注意选择最合适的或验证过的抽提方法用于样品分析。

通常用于扩增基因组特定部分的RT-PCR系统还具有另外的价值，如扩增包含F_0裂解位点部分的F基因片段可用于评估病毒的毒力（Creelan等，

2002)。在采用 RT - PCR 进行诊断时遇到的最严重的问题是需要进行扩增后的处理，因为潜在的实验室污染和样品交叉污染的风险较高。需要高度重视和严格的样品操作区来防止污染（见 1.1.5 章用于传染病诊断 RT - PCR 方法的验证和质量控制）。

为了避免扩增后处理的策略之一是应用实时 RT - PCR(rRT - PCR) 技术。这种方法的优点在于基于荧光团水解探针或荧光染料的 rRT - PCR 方法消除了扩增后处理的步骤，结果可在 3 h 内获得。目前，该方法应用最广泛的是美国在 2002—2003 年新城疫暴发期间，Wise 等（2004）所述的检测 APMV - 1 的 rRT - PCR 方法。该报告中的引物和探针对美国流行的弱毒株、中等毒力型和速发型毒株进行了验证。在暴发的高峰，用 rRT - PCR 每天检测 1 000~1 500 份样品。然而这些方案并不能检测所有的新城疫病毒毒株，在先证病例检测时需要针对基因组更保守的片段或采用一种多重检测方法（至少两个有明显差异的独立试验进行抗原检测）。

事实上，一个更重要的问题是新城疫病毒分离株遗传特性不同。如 Aldous等（2003）分类的基因 6 型的一组病毒，处于 Czegledi 等（2006）分类的 ClassI 病毒中，与Ⅱ类病毒（Czegledi 等，2006）的所有病毒不同，以至于需要不同的引物来用于后者的 rRT - PCT 检测。更有甚者，近来证实Ⅱ类 APMV - 1 病毒中，基质蛋白基因（M）也不是高度保守的，在对家禽进行暴发调查和常规监测时使用 USDA 验证的基于该基因的 rRT - PCR 方法出现了假阴性（Cattoli 等，2009；2010；Khan 等，2010）。另外，基质蛋白基因的 rRT - PCR 不能对弱毒株、中等毒力型和速发型毒株进行区分，因此，该方法仅能用于证明样本中是否存在 APMV - 1 的 RNA 的筛检试验，而不能用于检测或确证新城疫的暴发。这对在养禽业中广泛使用活疫苗的国家和地区更是如此。一种通用的融合蛋白基因特异地、能够快速确定毒力型的 rRT - PCR 方法将会非常有用，然而，由于裂解位点编码区的变异性，建立的方法应用受到了一定限制且在检测变异株时经常会失效。Kim 等在 2008 年建立了一种联合Ⅰ类和Ⅱ类病毒引物可以检测包括Ⅰ类病毒在内的 rRT - PCR 方法（Kim 等，2008b）。目前，需要强调的一点是多重 RT - PCR 或多重 rRT - PCR 与单目的基因检测方法相比，由于扩大病毒检测范围而导致了敏感性降低（Fuller 等，2010；Liu 等，2010）。

2. 血清学试验

新城疫病毒可作为各种血清学试验的抗原，可采用中和试验、酶联免疫吸附试验（ELISA）和 HI 试验来评估禽类的抗体水平。目前 HI 试验是检测禽类 APMV－1 抗体应用最广泛的方法，尽管使用商品化 ELISA 试剂盒来评估免疫后的抗体水平也比较常见。通常，病毒中和试验或 HI 滴度以及 ELISA 效价在群体水平上比个体水平的相关性好。血清学方法也可在诊断实验室用于评估免疫后抗体应答水平，但在新城疫监测和诊断中由于家禽广泛使用疫苗而作用有限。

a）血凝和血凝抑制试验

在 HI 试验中鸡血清很少出现非特异性阳性反应，所以血清不需作预处理。除鸡以外的其他禽血清可能有时对鸡红细胞（RBCs）有凝集作用，因此首先测定这种非特异性凝集特性，然后用鸡红细胞吸附血清样品以排除非特异性凝集。做法是在 0.5 mL 的血清样品中加入 0.025 mL 压积的鸡红细胞，轻轻震荡混匀，静置至少 30 min，800 r/min 离心 2～5 min 沉淀 RBCs，然后倒出吸附的血清。

不同实验室所制定的 HA 和 HI 试验程序有所不同，下述试验使用的是 V 型微量反应板，两种试验的总体积都是 0.075 mL。本试验需等渗 PBS(0.1 mol/L pH 7.0～7.2)，至少采自 3 只 SPF 鸡的红细胞，然后加入等体积阿氏液混匀（如果无 SPF 鸡，采定期监测无新城疫病毒抗体的非免疫鸡血液），红细胞应用 PBS 洗涤 3 次，然后配成 1‰悬液备用（细胞压积，体积/体积）。每次试验都必须选用适当阳性和阴性对照的抗原及抗血清。

●血凝试验（HA）

i）在 V 型微量反应板中每孔加 0.025 mL PBS。

ii）第一孔加入 0.025 mL 病毒悬液（如感染的或灭活的尿囊液），为精确计算血凝单位，病毒悬液开始需作一系列密集稀释，如 1/3，1/5，1/7 等。

iii）将病毒悬液在反应板上作 0.025 mL 的系列倍比稀释。

iv）每孔再加 0.025 mL PBS。

v）每孔加入 0.025 mL 1‰(V/V)鸡红细胞。

vi）轻叩反应板混合反应物，室温（约 20 ℃）静置 40 min，或 4 ℃ 60 min（若周围环境温度太高），应在对照孔的 RBC 显著呈纽扣状时判定结果。

vii）HA 判定时，应将反应板倾斜，观察 RBC 有无呈泪珠样流淌，完全凝集（无泪珠样流淌）的最高稀释倍数为血凝效价，表示 1 个血凝单位（HAU），再根据开始的稀释倍数精确计算血凝效价。

●血凝抑制试验（HI）

i）反应板中每孔加入 0.025 mL PBS。

ii）第一孔加 0.025 mL 血清。

iii）在反应板上将血清作横向的 0.025 mL 的倍比稀释。

iv）每反应孔中加入 0.025 mL 含 4 个 HAU 抗原，室温下（20 ℃）静置不少于 30 min，4 ℃不少于 60 min。

v）每孔加入 0.025 mL 1%（V/V）的 RBCs，轻晃混匀后，室温（20 ℃）静置约 40 min，如环境温度太高时，放 4 ℃ 60 min，当对照孔 RBC 呈显著纽扣状时判定结果。

vi）完全抑制 4 单位血凝抗原的最高血清稀释倍数为 HI 效价，确定血凝时倾斜反应板。只有与对照孔（仅含 0.025 mL RBCs 和 0.05 mL PBS）RBCs 流淌相同的孔才可判为抑制。

vii）阴性对照血清效价不高于 1/4（效价用倒数表示应大于 2^2）和阳性对照血清效价应在已知效价的一个稀释度以内，结果有效。

血清学诊断的价值与感染家禽预期的免疫状况密切相关。如果血清以 1∶16 稀释或者更高对 4 个 HAU 可以产生抑制，这种 HI 滴度可被判为阳性。在 HI 试验中有些实验室喜欢采用 8 个 HAU。尽管这也是允许的，但会影响结果的解释，其阳性效价应为 1/8 或更高。在所有的试验中应开展抗原的回归滴定以证实所采用的血凝单位数量。

对免疫群进行血清学监测时，有可能检出由野毒感染引起的记忆性免疫应答（Alexander 和 Allan，1974），但要特别注意其他原因引起的变化。例如已证实免疫新城疫病毒的火鸡感染 APMV‐3 病毒后可引起对新城疫病毒的抗体滴度升高（Alexander 等，1983）。

b）ELISA

已有多种商品化 ELISA 试剂盒可供使用，这些试剂盒都是基于不同策略来检测新城疫病毒抗体，包括用单抗的间接、夹心、阻断和竞争 ELISA。至少有一种试剂盒采用亚单位抗原。通常这些试验都由厂商进行评价和验证，因此使用时应特别注意其说明书。HI 试验和 ELISA 可检测针对不同抗原的抗体；依据所用的系统 ELISAs 可检测不止一种抗原的抗体，而 HI 试验可能仅限于直接针对 HN 蛋白的抗体。比对试验已经证实 ELISAs 重复性好、具有较高的敏感性和特异性，并与 HI 试验有很好的相关性（Brown 等，1990）。传统的 ELISAs 有一缺点，即必须对其应用的每种禽类进行验证。如果竞争 ELISAs 所用的单抗系特异性针对单个表位，则可能不能识别所有的 APMV‐1 毒株。

C. 疫苗要求

1. 背景

a) 制品原理和预期用途

新城疫病毒疫苗各方面的详细说明，包括其生产和使用方法都已公开发表（Allan 等，1978），应查阅列在这里的详细程序。兽用疫苗的生产指南可参阅 1.1.8 章《兽用疫苗的生产规程》。若在疫苗生产或攻毒试验研究中用到新城疫病毒致病毒株，则实验室设施应该满足 1.1.2 章规定的 OIE 关于 4 级病原生物防护要求。

本节将讨论传统的活疫苗和灭活疫苗，因为这些疫苗仍在广泛使用。但需要指出的是近来已有很多运用分子技术生产新疫苗的研究。已有利用重组禽痘病毒、痘苗病毒、鸽痘病毒、火鸡疱疹病毒和可表达新城疫病毒的 HN 基因、F 基因或两个基因都表达的禽源细胞来获得免疫保护的成功报道。有些国家已批准使用上述几种重组疫苗。

传统的商品化活疫苗使用的新城疫病毒毒株可分成两类：低致病力疫苗如 Hitchner - B_1、La Sota、V_4、DNW、I2 株，和中等致病力疫苗如 Roakin、Mukteswar 和 Komarov 株。对这两类毒株进行筛选和克隆，可以满足生产和应用的不同标准。这些中等致病力疫苗毒株在 F_0 蛋白裂解位点上具有两对碱性氨基酸残基，而且 ICPI 值在 1.4 左右。根据新城疫定义的概念（见 B.1.f 节中的新城疫暴发定义），使用这类疫苗意味着禽群感染新城疫，但由于这种疫苗主要应用于新城疫呈地方性流行的国家，因此没必要停止使用。在美国，9CFR 121.3b.818 规定 ICPI 等于或大于 0.7 的新城疫病毒毒株是有致病性的且必须通报，其他的低致病力毒株才可用作制备疫苗。欧盟在其委员会决议 93/152/EEC（欧洲委员会，1993）中亦规定对于常规的新城疫疫苗接种计划，用作活疫苗的新城疫病毒毒株应该在特定条件下进行测试且 ICPI 低于 0.4 或 0.5，这取决于所用疫苗的剂量。在 2000 年 OIE 生物标准委员会同样规定，原则上疫苗毒株的 ICPI 小于 0.7。但是，为了说明疫苗的批间分析和实验室间检测差异，应该允许一个安全范围，即疫苗种毒的 ICPI 不超过 0.4。

活疫苗的免疫途径可以通过饮水、喷雾或滴鼻、点眼。用于卵内接种的低致病力疫苗已在美国批准使用。有些中等致病力毒株制备的活疫苗可通过翅膀皮内接种。经特定途径使用疫苗可达到最好的效果。

灭活疫苗比活疫苗的花费要高，这是因为灭活疫苗必须要用注射器给每只禽单个注射。灭活疫苗是用具有感染性的尿囊液制备，用甲醛或 β-丙内酯灭活，再加入矿物油或植物油制成乳剂，通过肌内或皮下接种。每只禽都按标准剂量接种。灭活疫苗不会引起病毒传播或有害的呼吸道反应。虽然有致病性和无致病性的病毒都可作为种毒，但从安全考虑，使用后者更为合适。接种灭活疫苗，病毒不会再增殖，但免疫时灭活疫苗所需抗原量远大于活疫苗。

免疫期取决于所选择的免疫程序。影响免疫程序的最重要因素之一是雏鸡的母源抗体水平，不同养殖场，不同批次和鸡的不同个体之间可能都有所不同。因此，可以采用以下免疫程序中的一种，即可以在 2～4 周龄接种，此时它们多数都为易感鸡，也可以在 1 日龄点眼或喷雾，此时免疫可以使一些鸡产生主动的感染，此感染将维持至母源抗体消失，2～4 周后再次免疫。对完全易感的 1 日龄雏鸡免疫，即使是使用最温和的活疫苗也可导致呼吸道疾病，特别是当环境中存有一定数量常见致病菌时，这种现象更为严重。

产蛋禽群应在合适的间隔期内加强免疫，以维持足够的免疫力。免疫程序中常会使用毒力比初免疫苗毒力稍强的疫苗以增强免疫力，而经油乳剂灭活疫苗初次免疫的禽群亦可以使用这些毒力更强的活疫苗。具有新城疫病毒高抗体水平的蛋禽可以防止产蛋下降和蛋品质量低劣（薄壳蛋，软壳蛋，褪色蛋）（Allan 等，1978；Stone 等，1975）。疫苗毒株和野毒株的同源性差异会影响对产蛋下降的防止程度（Cho 等，2008）。

制定免疫程序时应考虑疫苗的类型、禽群的免疫和健康状况，以及与当地可能感染的野毒所需的保护水平（Allan 等，1978）。这里列举了在不同疾病环境下所使用的两个免疫程序。例一，若疾病温和且呈零星散发时，建议采用以下免疫程序：1 日龄 Hitchner - B$_1$ 活疫苗滴眼或喷雾；18～21 日龄用 Hitchner - B$_1$ 或 La Sota 活疫苗饮水；10 周龄时用 La Sota 活疫苗饮水，开产前用油乳剂灭活疫苗免疫。例二，若疾病严重且广泛传播的，21 日龄前采用与上述相同的免疫程序，35～42 日龄再用 La Sota 活疫苗饮水或喷雾；10 周龄再用灭活疫苗（或中等致病力苗）重复免疫，开产前再次免疫（Allan 等，1978）。第一个免疫程序通常用于没有致病力新城疫病毒流行和初免时中等致病力疫苗不会降低生产性能的国家。考虑到可能的新城疫免疫限制（特别是使用活疫苗时），适宜的免疫接种应该通过对免疫鸡群的血清学检测加以确认。不论使用何种检测方法如 ELISA 或 HI，都应在群体水平上确证体液免疫应答状态。

用 HI 试验评估免疫应答水平时，应考虑到疫苗质量、接种途径和方法、环境和个体因素对 HI 抗体滴度会产生很大的影响，而个体因素主要是品种差异（像火鸡和鸽等某些种类的 HI 抗体应答就比鸡的低）。同时亦建议将某些禽类如猎鸟（雉鸡、鹧鸪等）、鹌鹑、鸵鸟、珍珠鸡的血清进行 56 ℃ 30 min 热处理以去除常见的非特异的血凝因子。

易感禽群用弱毒疫苗单次免疫可产生 $4\log_2 2 \sim 6\log_2 2$ HI 抗体滴度，而配合油乳剂灭活疫苗免疫后则产生的 HI 抗体滴度可达 $11\log_2 2$ 或更高。很难预测实际产生的抗体水平及其与保护水平，禽群免疫期与免疫程序的相关性。非特异因素可能会引起 HI 抗体滴度差异，例如由于有抗原交叉，其他 APMVs（如 APMV‐3）感染可能导致新城疫病毒抗体明显升高。HI 抗体滴度亦可能受所用抗原特性影响，例如用 La Sota 疫苗免疫后用同种病毒抗原检测的 HI 抗体滴度明显比用异源性的 Ulster 病毒株的检测值要高（Mass 等，1998）。而且用过去的新城疫病毒毒株制备的标准抗原在检测当前流行的新城疫病毒抗体时可能会降低 HI 试验的灵敏度。因此，研究实验室所用抗原与当前流行株，疫苗毒株与 HA 参照抗原的抗原相关性非常重要，这样可以避免在评估血清抗体滴度时发生误判。

2. 传统疫苗的生产说明和最低要求

a) 种毒特性

i) 生物学特性

对新城疫活疫苗毒株的选择，首要原则是考虑制造的疫苗是用于首免还是二免，因为主要考虑的是其致病性。此外，还要考虑它的使用方法和使用次数。一般是免疫原性越好的活疫苗，其致病性越强，因而更容易引发副反应。例如，常规的 La Sota 疫苗可诱导强烈的免疫应答，但在易感雏鸡中使用则比 Hitchner‐B_1 毒株、Ulster 毒株疫苗或 La Sota 克隆株更容易引发疾病。不同的新城疫病毒流行株间存在抗原性差异，这就更需要选择与流行的野毒抗原性相关的毒株来研制疫苗（Miller 等，2007）。

选择耐热、无致病力的澳大利亚新城疫病毒 V4 株或 I‐2 株制备的活疫苗已经用于解决在一些发展中国家散养鸡中存在的一些特殊问题，如采用疫苗拌食喂鸡的方法，此种疫苗容易包裹在饲料中且更耐受环境高温。最近，将两个病毒株组合制成的疫苗可以刺激产生足够的 HI 抗体滴度（Olabode 等，2010），在某些情况下还可以预防致病毒株感染引起的死亡（Wambura，2011）。

在制备灭活疫苗时，选择种毒最重要的问题是用鸡胚增殖时产生抗原的量，因浓缩病毒的成本十分昂贵。高致病力和低致病力毒株都已用来制作灭活疫苗，但使用前者需要承担不必要的风险，因为在制备过程中需要接触大量的强毒，同时可能存在着病毒灭活不完全而造成污染。一些低致病力毒株通过鸡胚增殖就能达到很高的病毒滴度。

ⅱ) 质量标准（无菌，纯净性，无外源因子）

建立的原始种毒应进行无菌、安全、效力以及外来因子污染检验。原始种子毒应该无细菌（包括沙门氏菌）、真菌和支原体污染，以及无外源性的病毒污染。除了实验室检测禽白血病、致细胞病变和血吸附因子、鸡传染性贫血病毒、网状内皮增生症病毒外，还应该将用于制备活疫苗的原始种毒通过接种鸡胚和未免疫新城疫疫苗的健康鸡以进行病原评估。

b) 制造方法

ⅰ) 操作程序

应该在适宜的生物安全程序和实践下运行疫苗生产设备。若是将本章 B.1.f 定义的新城疫病毒毒株用作疫苗生产或疫苗免疫—攻毒试验，则所用仪器设施应该满足《陆生动物疾病诊断与疫苗标准手册》1.1.2 章规定的 4 级病原生物防护要求。

原始种毒建立后，制备生产用种毒。若病毒株已通过有限稀释法或蚀斑筛选克隆，原始种毒的建立只包括制备大量的感染性尿囊液（最少 100 mL），可冻干保存（每份 0.5 mL）。用未知系谱的种子毒制备原始种子之前应该通过 SPF 鸡胚传代和克隆，有些种毒亦可以通过 SPF 鸡进行传代（Allan 等，1978）。

疫苗生产第一步是建立生产用种毒，从原始种毒扩增生产出一批工作种毒，繁殖的生产种毒量能够满足 12～18 个月疫苗的生产。最好将工作种毒以液体形态保存于−60 ℃或更低温度下，因为冻干病毒并非总是能在第一次传代增殖就能达到高滴度（Allan 等，1978）。

大多数新城疫苗是用禽胚生产，活毒疫苗应该使用 SPF 鸡胚。生产的方法是进行大规模病毒增殖，整个生产过程均在无菌条件下进行。通常用灭菌 PBS(pH7.2) 稀释生产种毒，以大约 10^3～10^4 EID_{50}/0.1～0.2 mL 接种 9～10 日龄 SPF 鸡胚尿囊腔，随后 37 ℃培养，弃去 24 h 内死亡的鸡胚。培育时间将取决于所用的病毒株，并可以预先确定鸡胚死亡数最少的情况下获得最大病毒量。

感染的鸡胚在收获前应置 4 ℃致冷，然后去掉胚蛋的顶部，压低鸡胚吸出鸡胚尿囊液。避免吸出蛋黄和蛋白。所有尿囊液立即置 4 ℃保存，用于冻干和灭活的尿囊液在混合前要作细菌检查。活疫苗一般要冻干。根据所用的冻干机和操作者的经验选择冻干方法，这是关键的步骤，因为冻干不当可引起滴度降低和保存期缩短。

在制备灭活疫苗时尿囊液是用甲醛（最终浓度为 1∶1 000）或者用 β-丙内酯（最终浓度为 1∶2 000～1∶4 000）进行灭活。灭活所需时间必须能足以保证没有存活的病毒。灭活疫苗一般不采用浓缩的方法，灭活后的尿囊液常使用矿物油或植物油乳化，具体的配方一般都是商业秘密。

通常油乳剂灭活疫苗是油包水的乳浊液。油相通常包括 9 份精练矿物油如 Marcol 52、Drakeol 6VR 和 BayolF，加上 1 份乳化剂如 Arlacel A、Montanide 80 和 Montanide 888。水相是加非离子型乳化剂如吐温-80 的灭活病毒液。油相和水相比是 1∶1 到 1∶4。制造商力争使佐剂的影响、黏度和稳定性达到一个平衡。黏度太高的疫苗很难注射，黏度太低的疫苗不稳定。

ⅱ) 底物和培养基要求

多数新城疫活毒疫苗都是通过禽胚尿囊腔接种增殖，但有些疫苗特别是部分中等致病力疫苗株已经适合在不同的组织培养物中增殖。在美国，活疫苗和灭活疫苗都是利用 SPF 鸡胚进行制备。

ⅲ) 过程控制

用鸡胚生产的疫苗，最重要的控制措施是进行必要的细菌和真菌污染检查，因为在收获时有可能检查不出偶尔发生腐败的鸡胚。在美国，不需要传代培养检测，除非检测结果不确定。

ⅳ) 成品批次检验

无菌/纯净性

无菌检验和无生物材料污染检验方法见 1.1.9 章。在美国，每个系列的活疫苗都进行几次纯净性检测。对于灭活疫苗，可省略大多数无菌检测，因其中的灭活剂使检测结果毫无意义。

安全性

有些国家亦要求对活疫苗进行回归试验，以确保疫苗毒在禽群中循环增殖不会增强致病力。

疫苗批次效力

每批次新城疫病毒活疫苗都应测试其活力和效力。对于灭活疫苗，通过鸡胚接种检测灭活效果，每批次抽取 25 份（每份 0.2 mL），在 SPF 鸡胚上传代 3 次（Allan 等，1978）。

多数国家已公开了疫苗生产控制和检测的说明，包括生产期间和生产后对疫苗强制检测的定义。在欧洲，《欧洲药典》规定如果经原始种毒生产的成品中有代表性的批次已通过了效力检验，则没有必要对每个批次都重复进行效力试验。

在美国，每个系列批次灭活疫苗都要通过免疫—攻毒进行效力检测（USDA，2009），上述 C. 4. c 中已提及。选用 2～6 周龄的免疫组和对照组至少各 10 只，对照组至少有 90％的鸡出现典型的新城疫临床症状或死亡，而免疫组至少 90％的鸡在攻毒 14 天内表现正常。在美国，每个系列批次和每个次系列批次的活疫苗的病毒滴度至少比上述用于免疫原性试验所用病毒滴度高 $10^{0.7}$ EID_{50}（USDA，2009），且最低滴度不应低于 $10^{5.5}$ EID_{50}。

通过鸡胚病毒滴定计算 EID_{50} 以检测活毒疫苗的感染性。将病毒以 10 倍系列稀释，每个稀释度 0.1 mL 接种 5 个 9～10 日龄鸡胚；37 ℃孵育 5～7 天后，将鸡胚冷却，检测血凝活性（表示活病毒的存在），按 Spearman‐Kärber 或 Reed Muench 法（Thayer 和 Beard，2008）计算 EID_{50}。

c）授权要求

i）安全要求

靶动物和非靶动物的安全

新城疫病毒活疫苗可能对人有威胁。有报道显示对鸡有强致病性和低致病力的新城疫病毒能够感染人，病毒直接进入眼后通常引起急性结膜炎，但这种感染是一过性的，并不会波及角膜。

矿物油乳剂疫苗对接种人员是一个严重的危害。人偶尔被注射后应该迅速进行冲洗并去除注射物（包括切掉"黄油枪"损伤的组织）。

致弱/活疫苗的毒力返强

9CFR 113. 329.768 规定，在美国，使用 25 只 5 日龄或更小的 SPF 鸡进行测试，每只鸡点眼接种 10 倍量的新城疫活疫苗，然后观察 21 天，结果应没有鸡只表现严重的临床症状，亦无鸡只因疫苗接种死亡。另一种方法是采用下列效力检验的预攻毒部分作为安全检验，但是如果（产生了）疫苗原因引起的不良反应，则试验无效，得重新进行安全检验。若重复试验不理想，则可宣布此批次疫苗不合格（USDA，2009）。在美国，安全性检验是采用单剂量接种 2～6 周龄的鸡只进行的（USDA，2009），效力检验的预攻毒可以用作安全检验。

鉴于低致病力的新城疫病毒毒株突变后可能会变成强病毒（Gould 等，2001），在活疫苗中引入全新的新城疫病毒毒株时应慎重，必须经过评估后才能使用。美国的活疫苗所用的重组病毒株亦必须进行额外的安全检验，确定病毒在最高代次生产时的遗传稳定性。任何遗传修饰的表型都要进行充分评估，以确保该遗传修饰不会在体内造成任何不可预期的后果。应通过鸡群试验评价组织嗜性的可能变化，以及是否排放疫苗毒。必须评估排放到环境中的重组病毒对非目标禽群种类和哺乳动物的安全性，以及在野外条件环境中病毒持续存在的能力。

环境考虑（无）

ii）效力要求

对于动物生产

新城疫病毒疫苗的效力试验有多种方法，重点是用一个适当的毒株进行评价（Allan 等，1978），在欧洲和美国分别用 Herts 33 或 GB Texas 株作为攻毒毒株。活疫苗效力检验的推荐方法是，选用 10 只或者 10 只以上 SPF 雏鸡或完全易感的其他禽群，有的国家要求 20 只最小推荐日龄禽群，以推荐的接种途径用最低的推荐剂量免疫，14～28 天后，用至少 $10^4 EID_{50}$（50％鸡胚感染剂量）或 $10^5 LD_{50}$（50％致死剂量）的新城疫病毒攻毒毒株，肌内注射每只免疫鸡和 10 只非免疫对照鸡。观察 14 天，有 90％的对照鸡出现临床症状且在 6 天以内死亡，如果 90％～95％的免疫鸡表现临床症状，则该批原始种毒不合格。

灭活疫苗效力检验，在欧洲选用 21～28 日龄 SPF 鸡或易感鸡，分 3 组，每组 20 只，以 1/25、1/50 和 1/100 剂量的等体积疫苗作肌内注射免疫。用 10 只鸡作为对照组。17～21 天后所有鸡都肌注 $10^6 LD_{50}$ 新城疫病毒攻毒株，观察 21 天。对照鸡攻毒后 6 天内全部死亡后，按标准统计方法计算 PD_{50}（50％保护剂量）。若规定的免疫剂量不低于 50 PD_{50}，最低置信限不低于 35 PD_{50} 疫苗判合格。考虑到动物福利因素，一些受理机构接受仅用 1/50 剂量进行试验的结果。如果成品的代表性批次经过效力试验合格，则没有必要再重复对同一种毒生产出来的每批疫苗做效力试验。

美国推荐的灭活疫苗效力试验是免疫—攻毒试验（USDA，2009）。至少 10 只 2～6 周龄的 SPF 鸡接种最低推荐剂量的新城疫疫苗，9CFR 113.205.727 规定免疫 14 天后，将免疫鸡和 10 只未免疫的对照鸡用 GB Texas 毒株进行攻毒，观察 14 天，期间至少 90％对照鸡出现新城疫临床症状，如果至少 90％的免疫鸡只表现临床症状，则该批原始种毒不合格。

对于疾病控制和根除

任何单一剂量或新城疫免疫方案产生的免疫水平都会因疫苗和宿主种类而存在极大的差异。一个特定宿主的免疫水平（如防止死亡，发病，肉蛋生产损失）相当复杂，很难评价。一般应该对血清抗体的维持期进行某些评估，并采纳合适的免疫方案以维持上述这些可接受的抗体水平（Allan 等，1978）。多数商业疫苗已经可以控制禽群的临床症状发生，但不能阻止病毒复制和不适于对病毒的根除。

只有当极高比例的当地易感禽群（＞85％）得到充分的免疫，抗体水平≥1∶8 时，新城疫病毒在该地区的传播才有可能被阻断（Boven 等，2008）。

iii）稳定性

疫苗的制成品在推荐的保存条件下贮藏，效力应保持到至少其产品设计时的保存期。加速稳定性检验，如将活疫苗在 37 ℃条件下孵育 7 天进行的感染力降低试验（Lensing 等，1974），可检验一批活疫苗的有效保存期。油佐剂灭活疫苗也可在 37 ℃条件下进行加速老化试验，最少放置一个月，其水相和油相不应分离。美国要求至少对 3 批连续系列的疫苗进行实时稳定性的检查（USDA，2009）。每个系列疫苗都应在直到有效期的多个间隔时间进行评估，以便绘制出疫苗产品质量下降的趋势图。

活毒疫苗配制后应立即使用，灭活疫苗不得冻结。在大多数国家活疫苗冻干产品中不得加防腐剂，但疫苗配制用的稀释剂可加抗菌防腐剂。在美国，允许选择使用某些防腐剂，但必须在标签上注明。

3. 生物工程疫苗

a）可用的疫苗及其优势

重组 DNA 技术的出现促进了新型新城疫病毒疫苗的研制。一类是载体疫苗，携带了表达一个或多个新城疫病毒的免疫原性蛋白（通常是 F 和（或）HN）的病毒载体，因此可以诱导产生对新城疫病毒和载体病毒自身的免疫应答。此类载体疫苗包括基于痘苗病毒（Meulemans，1988），禽痘病毒（Boursnell 等，1990；Karaca 等，1998；Olabode 等，2010），鸽痘病毒（Letellier 等，1991），火鸡疱疹病毒（Heckert 等，1996；Morgan 等，1992；Reddy 等，1996），马立克氏病毒（Sakaguchi 等，1998）和禽腺联病毒（Perozo 等，2008）的病毒重组体。

另一类包括使用杆状病毒载体（Fukanoki 等，2001；Lee 等，2008；Mori 等，1994；Nagy 等，1991）或植物（Berinstein 等，2005；Yang 等，2007）制备大规模表达新城疫病毒蛋白（通常是 F 和（或）HN）的亚单位疫苗，和 DNA 疫苗，如编码相关免疫原性的新城疫病毒蛋白的质粒 DNA（Loke 等，2005；Rajawat 等，2008）。

新城疫病毒反向遗传系统的建立（Peeters 等，1999；Romer－Oberdorfer

等，1999）已能够对新城疫病毒的基因组进行遗传修饰并研制出具有新特性的新城疫病毒毒株，包括实现血清学鉴别（DIVA疫苗，Mebatsion等，2002；Peeters等，2001）和外源基因的整合、表达，因而新城疫病毒自身可作为禽用疫苗载体（Nakaya等，2001；2010；Schroer等，2009；Steel等，2008）和包括灵长类在内的其他动物疫苗载体（Dinapoli等，2007）。

新城疫病毒疫苗的理想模式包括：①预防病原传播；②免疫动物感染鉴别（DIVA）；③单次剂量即可诱导免疫保护；④避开母源抗体干扰；⑤批量免疫接种；⑥变异株间交叉保护；⑦增加安全性，降低副反应。上述的某些重组疫苗在抗体诱导或攻毒保护方面达到或超过了传统疫苗的效力，在未来的使用中具有更好的前景。另外，与传统新城疫病毒活疫苗比较，它们具有许多优势，如i）缺失了残存的毒力，提高了免疫禽群的安全性，ii）实现了DIVA，iii）更接近野外流行株的免疫原性。

上述提及的生物工程疫苗中仅有少数在某些国家获得批准在禽群中应用（VectorVax FP-N，Trovac-NDV，Innovax-ND）。有些疫苗的问题在于禽群存在抵抗载体的免疫力，有可能妨碍疫苗在野外禽群中应用，因为多数载体疫苗都是基于病毒改造而来，其自身就是潜在的禽群病原，在野外条件下很难保证其具有完全的安全性。另外，多数这类疫苗都是遗传修饰微生物，这意味着必须要通过严格冗长的测试和注册程序。而且生物工程疫苗的生产成本可能比传统疫苗更高。由于现在所用的疫苗便宜、有效，能够保护禽群不出现临床症状和死亡，兽医制药公司仍缺乏真正研制新疫苗的动机。只有当一种疫苗具有比传统疫苗更明显的优势时，养禽业主才有可能花更高的价钱去购买使用。这种现状不可能很快发生改变，除非国内或国际授权机构修改新城疫疫苗的使用要求，例如减少病毒排放的最低要求或实施DIVA方法。

免疫接种后禽群还经常出现新城疫疫情，这已提出了一个问题，即当前使用的新城疫疫苗是否仍然适合于不仅能保护临床发病还能抑制病毒传播（Kapczynski和King，2005）。实际上，已经证明疫苗毒与攻毒株间的同源程度在减少禽群排毒方面是很重要的（Hu等，2009；2007），将疫苗毒株的F和HN基因用野毒株的相应基因互换，获得的疫苗比未修饰的疫苗更能够减少禽群的排毒，这些结果表明，将传统疫苗株改造可以提高新疫苗与当前流行的新城疫病毒毒株的抗原匹配。

b) 生物工程疫苗的特殊要求

生物工程疫苗一旦注册获批，就必须满足上述传统疫苗的相同或类似的要求（C. 疫苗要求）。

参 考 文 献

ALDOUS E. W. , MYNN J. K. , BANKS J. & ALEXANDER D. J. (2003). A molecular epidemiological study of avian paramyxovirus type 1(Newcastle disease virus)isolates by phylogenetic analysis of a partial nucleotide sequence of the fusion protein gene. *Avian Pathol.* , 32(3)︰ 239 - 256.

ALEXANDER D. J. & ALLAN W. H. (1974) . Newcastle disease virus pathotypes. *Avian Pathol.* , 3(4)︰ 269 - 278.

ALEXANDER D. J. , MANVELL R. J. , LOWINGS J. P. , FROST K. M. , COLLINS M. S. , RUSSELL P. H. & SMITH J. E. (1997). Antigenic diversity and similarities detected in avian paramyxovirus type 1(Newcastle disease virus)isolates using monoclonal antibodies. *Avian Pathol.* , 26(2)︰ 399 - 418.

ALEXANDER D. J. AND PARSONS G. (1986). Pathogenicity for chickens of avian paramyxovirus type 1 isolates obtained from pigeons in Great Britain during 1983 - 1985. *Avian Pathology* , 15, 487 - 493.

ALEXANDER D. J. , PATTISON M. & MACPHERSON I. (1983). Avian Paramyxovirus of PMV - 3 serotype in British turkeys. *Avian Pathol.* , 12, 469 - 482.

ALEXANDER D. J. & SENNE D. A. (2008a). Newcastle Disease, Other Avian Paramyxoviruses, and Pneumovirus Infections. *In*︰ Diseases of Poultry, Twelfth Edition, Saif Y. M. , Fadly A. M. , Glisson J. R. , McDougald L. R. , Nolan L. K. & Swayne D. E. , eds. Iowa State University Press, Ames, Iowa, USA, 75 - 116.

ALEXANDER D. J. & SENNE D. A. (2008b), Newcastle Disease and Other Avian Paramyxoviruses. *In*︰ A Laboratory Manual for the Isolation, Identification and Characterization of Avian Pathogens, Dufour - Zavala L. (Editor in Chief)Swayne D. E. , Glisson J. R. , Jackwood M. W. , Pearson J. E. , Reed W. M, Woolcock P. R. 4th ed. American Association of Avian Pathologists, Athens, GA, 135 - 141.

ALLAN W. H. , LANCASTER J. E. & TOTH B. (1978). Newcastle Disease Vaccines. FAO, Rome, Italy.

BERINSTEIN A. , VAZQUEZ - ROVERE C. , ASURMENDI S. , GOMEZ E. , ZANETTI F. , ZABAL O. , TOZZINI A. , CONTE GRAND D. , TABOGA O. , CALAMANTE G. , BARRIOS H. , HOPP E & CARRILLO E. (2005). Mucosal and systemic immunization elicited by Newcastle disease virus(NDV)transgenic plants as antigens. *Vaccine* , 23(48 - 49)︰ 5583 - 5589.

VAN BOVEN M. , BOUMA A. , FABRI T. H. , KATSMA E. , HARTOG L. & KOCH G. (2008). Herd immunity to Newcastle disease virus in poultry by vaccination. *Avian*

Pathol. , 37(1): 1 - 5.

BOURSNELL M. E. , GREEN P. F. , SAMSON A. C. , CAMPBELL J. I. , DEUTER A. , PETERS R. W. , MILLAR N. S. , EMMERSON P. T. & BINNS M. M. (1990). A recombinant fowlpox virus expressing the hemagglutinin - neuraminidase gene of Newcastle disease virus(NDV)protects chickens against challenge by NDV. *Virology*, 178(1): 297 - 300.

BROWN J. , RESURRECCION R. S. & DICKSON T. G. (1990). The relationship between the hemagglutination - inhibition test and the enzyme - linked immunosorbent assay for the detection of antibody to Newcastle disease. *Avian Dis.* , 34(3), 585 - 587.

CATTOLI G. , DE BATTISTI C. , MARCIANO S. , ORMELLI S. , MONNE I. , TERREGINO C. & CAPUA I. (2009). False - negative results of a validated real - time PCR protocol for diagnosis of Newcastle disease due to genetic variability of the matrix gene. *J. Clin. Microbiol.* , 47, 3791 - 3792.

CATTOLI G. , FUSARO A. , MONNE I. , MOLIA S. , LE MENACH A. , MAREGEYA B. , NCHARE A. , BANGANA I. , MAINA A. G. , KOFFI J. N. , THIAM H. , BEZEID O. E. , SALVIATO A. , NISI R. , TERREGINO C. & CAPUA I. (2010). Emergence of a new genetic lineage of Newcastle disease virus in West and Central Africa - implications for diagnosis and control. *Vet. Microbiol.* , 142, 168 - 176.

CHANG P. W. (1981). Newcastle disease. *In*: CRC Handbook Series in Zoonoses. Section B: Viral Zoonoses Volume Ⅱ, Beran G. W. , ed. CRC Press. Boca Raton, Florida, USA, 261 - 274.

CHO S. H. , KWON H. J. , KIM T. E. , KIM J. H. , YOO H. S. , PARK M. H. , PARK Y. H. & KIM S. J. (2008). Characterization of a recombinant Newcastle disease virus vaccine strain. *Clin. Vaccine Immunol.* , 15(10): 1572 - 1579.

CHOI K. S. , LEE E. K. , JEON W. J. & KWON J. H. (2010). Antigenic and immunogenic investigation of the virulence motif of the Newcastle disease virus fusion protein. *J. Vet. Sci.* , 11(3): 205 - 211.

COLLINS M. S. , STRONG I. & ALEXANDER D. J. (1994). Evaluation of the molecular basis of pathogenicity of the variant Newcastle disease viruses termed "pigeon PMV - 1 viruses" . *Arch. Virol.* , 134(3 - 4): 403 - 411.

CREELAN J. L. , GRAHAM D. A. & MCCULLOUGH S. J. (2002). Detection and differentiation of pathogenicity of avian paramyxovirus serotype 1 from field cases using one - step reverse transcriptase - polymerase chain reaction. *Avian Pathol.* , 31(5): 493 - 499.

CZEGLEDI A. , UJVARI D. , SOMOGYI E. , WEHMANN E. , WERNER O. & LOMNICZI B. (2006). Third genome size category of avian paramyxovirus serotype 1(Newcastle disease virus)and evolutionary implications. *Virus Res.* , 120(1 - 2): 36 - 48.

DINAPOLI J. M. , YANG L. , SUGUITAN A. , ELANKUMARAN S. , DORWARD D. W. , MURPHY B. R. , SAMAL S. K. , COLLINS P. L. & BUKREYEV A. (2007). Immunization of primates with a Newcastle disease virus - vectored vaccine via the respiratory tract induces a high titer of serum neutralizing antibodies against highly pathogenic avian influenza virus. *J. Virol.* , 81 (21): 11560 - 11568.

DORTMANS J. C. , KOCH G. , ROTTIER P. J. & PEETERS B. P. (2009). Virulence of pigeon paramyxovirus type 1 does not always correlate with the cleavability of its fusion protein. *J. Gen. Virol.* , 90(Pt 11), 2746 - 2750.

DORTMANS J. C. , ROTTIER P. J. , KOCH G. & PEETERS B. P. (2010). The viral replication complex is associated with virulence of Newcastle disease virus (NDV). *J. Virol.* , 84 (19): 10113 - 10120.

EUROPEAN COMMISSION (1993). Commission Decision of 8 February 1993 laying down the criteria for vaccines to be used against Newcastle disease in the context of routine vaccination programmes(93/152/EEC): *Official Journal of the European Communities* L 59, 35(Decision as amended by Decision 2010/633/EC: *Official Journal of the European Union*, L 279, 33).

FUKANOKI S. , IWAKURA T. , IWAKI, S, MATSUMOTO K. , TAKEDA R. , IKEDA K. , SHI Z. & MORI H. (2001). Safety and efficacy of water - in - oil - in - water emulsion vaccines containing Newcastle disease virus haemagglutinin - neuraminidase glycoprotein. *Avian Pathol.* , 30(5): 509 - 516.

FULLER C. M. , BRODD L. , IRVINE R. M. , ALEXANDER D. J. & ALDOUS E. W. (2010). Development of an L gene real - time reverse - transcription PCR assay for the detection of avian paramyxovirus type 1 RNA in clinical samples. *Arch. Virol.* , 155, 817 - 823.

GOEBEL S. J. , TAYLOR J. , BARR B. C. , KIEHN T. E. , CASTRO - MALASPINA H. R. , HEDVAT C. V. , RUSH - WILSON K. A. , KELLY C. D. , DA VI S S. W. , SAMSONOFF W. A. , HURST K. R. , BEHR M. J. & MASTERS P. S. (2007). Isolation of avian paramyxovirus 1 from a patient with a lethal case of pneumonia. *J. Virol.* , 81(22): 12709 - 12714.

GOULD A. R. , KATTENBELT J. A. , SELLECK P. , HANSSON E. , LA - PORTA A. & WESTBURY H. A. (2001). Virulent Newcastle disease in Australia: molecular epidemiological analysis of viruses isolated prior to and during the outbreaks of 1998 - 2000. *Virus Res.* , 77(1): 51 - 60.

HECKERT R. A. , RIVA J. , COOK S. , MCMILLEN J. & SCHWARTZ R. D. (1996). Onset of protective immunity in chicks after vaccination with a recombinant herpesvirus of turkeys vaccine expressing Newcastle disease virus fusion and hemagglutinin - neuraminidase antigens. *Avian*

Dis. , 40(4): 770 - 777.

HU S. , MA H. , WU Y. , LIU W. , WANG X. , LIU Y. & LIU X. (2009). A vaccine candidate of attenuated genotype Ⅶ Newcastle disease virus generated by reverse genetics. *Vaccine*, 27 (6): 904 - 910.

KAPCZYNSKI D. R. & KING D. J. (2005). Protection of chickens against overt clinical disease and determination of viral shedding following vaccination with commercially available Newcastle disease virus vaccines upon challenge with highly virulent virus from the California 2002 exotic Newcastle disease outbreak. *Vaccine*, 23(26): 3424 - 3433.

KARACA K. , SHARMA J. M. , WINSLOW B. J. , JUNKER D. E. , REDDY S. , COCHRAN M. & MCMILLEN J. (1998). Recombinant fowlpox viruses coexpressing chicken type I IFN and Newcastle disease virus HN and F genes: influence of IFN on protective efficacy and humoral responses of chickens following *in ovo* or post - hatch administration of recombinant viruses. *Vaccine*, 16(16): 1496 - 1503.

KHAN T. A. , RUE C. A. , REHMANI S. F. , AHMED A. , WASILENKO J. L. , MILLER P. J. & AFONSO C. L. (2010). Phylogenetic and biological characterization of Newcastle disease virus isolates from Pakistan. *J. Clin. Microbiol.*, 48(5): 1892 - 1894.

KIM L. M. , KING D. J. , CURRY P. E. , SUAREZ D. L. , SWAYNE D. E. , STALLKNECHT D. E. , SLEMONS R. D. , PEDERSEN J. C. , SENNE D. A. , WINKER K. & AFONSO C. L. (2007). Phylogenetic diversity among low virulence Newcastle disease viruses from waterfowl and shorebirds and comparison of genotype distributions to poultry - origin isolates. *J. Virol.*, 81(22): 12641 - 12653.

KIM L. M. , KING D. J. , GUZMAN H. , TESH R. B. , TRAVASSOS DA ROSSA A. P. A. , BUENO R. , DENNET J. A. & AFONSO C. L. (2008a). Biological and phylogenetic characterization of pigeon paramyxovirus serotype 1 circulating in wild North American pigeons and doves. *J. Clin. Microbiol.*, 46(10): 3303 - 3310.

KIM L. M. , SUAREZ D. L. & AFONSO C. L. (2008b). Detection of a broad range of class I and Ⅱ Newcastle disease viruses using multiplex real - time reverse transcription polymerase chain reaction assay. *J. Vet. Diagn. Invest.*, 20(4): 414 - 425.

KOUWENHOVEN B. (1993). Newcastle Disease *In*: Virus Infection of Birds, McFerran J. B. & McNulty M. S. , eds. Elsevier Science Publishers B. V. , Amsterdam, Netherlands, 341 - 4361.

LEE Y. J. , SUNG H. W. , CHOI J. G. , LEE E. K. , YOON H. , KIM J. H. & SONG C. S. (2008). Protection of chickens from Newcastle disease with a recombinant baculovirus subunit vaccine expressing the fusion and hemagglutininneuraminidase proteins. *J. Vet. Sci.*, 9(3): 301 - 308.

LENSING H. H. (1974). Newcastle disease - live vaccine testing. *Dev. Biol. Stand.* , 25, 189 - 194.

LETELLIER C. , BURNY A. &. MEULEMANS G. (1991). Construction of a pigeonpox virus recombinant: expression of the Newcastle disease virus(NDV)fusion glycoprotein and protection of chickens against NDV challenge. *Arch. Virol.* , 118(1 - 2): 43 - 56.

LIU H. , ZHAO Y. , ZHENG D. , LV Y. , ZHANG W. , XU T. , LI J.&. WANG Z. (2011). Multiplex RT - PCR for rapid detection and differentiation of class I and class Ⅱ Newcastle disease viruses. *J. Virol. Methods*, 171(1), 149 - 155. Epub 27 Oct. 2010.

LOKE C. F. , OMAR A. R. , RAHA A. R. , &. YUSOFF K. (2005). Improved protection from velogenic Newcastle disease virus challenge following multiple immunizations with plasmid DNA encoding for F and HN genes. *Vet. Immunol. Immunopathol.* , 106(3 - 4): 259 - 267.

MAAS R. A. , OEI H. L. , KEMPER S. , KOCH G. &. VI SSER L. (1998). The use of homologous virus in the haemagglutination - inhibition assay after vaccination with Newcastle disease virus strain La Sota or Clone30 leads to an over estimation of protective serum antibody titres. *Avian Pathol.* , 27(6): 625 - 631.

MEBATSION T. , KOOLEN M. J. , DE VAAN L. T. , DE HAAS N. , BRABER M. , ROMER-OBERDORFER A. , VAN DEN ELZEN, P. &. VAN DER MARCEL P. (2002). Newcastle disease virus(NDV)marker vaccine: an immunodominant epitope on the nucleoprotein gene of NDV can be deleted or replaced by a foreign epitope. *J. Virol.* , 76(20): 10138 - 10146.

MEULEMANS G. (1988). Newcastle disease virus F glycoprotein expressed from a recombinant vaccinia virus vector protects chickens against live - virus challenge. *Avian Pathol.* , 17, 821 - 827.

MEULEMANS G. , VAN DEN BERG T. P. , DECAESSTECKER M. &. BOSCHMANS M. (2002). Evolution of pigeon Newcastle disease virus strains. *Avian Pathol.* , 31 (5): 515 -519.

MILLER P. J. , AFONSO C. L. , SPACKMAN E. , SCOTT M. A. , PEDERSEN J. C. , SENNE D. A. , BROWN J. D. , FULLER C. M. , UHART M. M. , KARESH W. B. , BROWN I. H. , ALEXANDER D. J. &. SWAYNE D. E. (2010a). Evidence for a New Avian Paramyxovirus Serotype - 10 Detected in Rockhopper Penguins from the Falkland Islands. *J. Virol.* , 84(21): 11496 - 11504.

MILLER P. J. , DECANINI E. L. &. AFONSO C. L. (2010b). Newcastle disease: Evolution of genotypes and the related diagnostic challenges. *Infect. Genet. Evol.* , 10(1): 26 - 35.

MILLER P. J. , KING D. J. , AFONSO C. L. &. SUAREZ D. L. (2007). Antigenic differences among Newcastle disease virus strains of different genotypes used in vaccine formulation affect viral shedding after a virulent challenge. *Vaccine*, 25(41): 7238 - 7246.

MORGAN R. W. , GELB J. , SCHREURS C. S. , LUTTICKEN D. , ROSENBERGER J. K. & SONDERMEIJER P. J. (1992). Protection of chickens from Newcastle and Marek's diseases with a recombinant herpesvirus of turkeys vaccine expressing the Newcastle disease virus fusion protein. *Avian Dis.* , 36(4): 858 – 870.

MORI H. , TAWARA H. , NAKAZAWA H. , SUMIDA M. , MATSUBARA F. , AOY-AMA S. , IRANTI Y. , HAYASHI Y. & KAMOGAWA K. (1994). Expression of the Newcastle disease virus(NDV) fusion glycoprotein and vaccination against NDV challenge with a recombinant baculovirus. *Avian Dis.* , 38(4): 772 – 777.

NAGY E. , HUBER P. , KRELL P. J. & DERBYSHIRE J. B. (1991). Synthesis of Newcastle disease virus(NDV) – like envelopes in insect cells infected with a recombinant baculovirus expressing the haemagglutinin – neuraminidase of NDV. *J. Gen. Virol.* , 72 (Pt 3): 753 –756.

NAKAYA T. , CROS J. , PARK M. S. , NAKAYA Y. , ZHENG H. , SAGRERA A. , VILLAR E. , GARCIA – SASTRE A. & PALESE P. (2001). Recombinant Newcastle disease virus as a vaccine vector. *J. Virol.* , 75(23): 11868 – 11873.

NAYAK B. , KUMAR S. , DINAPOLI J. M. , PALDURAI A. , PEREZ D. R. , COLLINS P. L. & SAMAL S. K. (2010). Contributions of the avian influenza virus HA, NA, and M2 surface proteins to the induction of neutralizing antibodies and protective immunity. *J. Virol.* , 84 (5): 2408 – 2420.

NANTHAKUMAR T. , KATARIA R. S. , TIWARI A. K. , BUTCHAIAH G. & KATARIA J. M. (2000). Pathotyping of Newcastle disease viruses by RT – PCR and restriction enzyme analysis. *Vet. Res. Commun.* , 24,275 – 286.

OLABODE A. O. , NDAKO J. A. , ECHEONWU G. O. , NWANKITI O. O. & CHUK-WUEDO A. A. (2010). Use of cracked maize as a carrier for NDV4 vaccine in experimental vaccination of chickens. *Virol. J.* , 7,67.

PEETERS B. P. , DE LEEUW O. S. , KOCH G. & GIELKENS A. L. (1999). Rescue of Newcastle disease virus from cloned cDNA: evidence that cleavability of the fusion protein is a major determinant for virulence. *J. Virol.* , 73(6): 5001 – 5009.

PEETERS B. P. , DE LEEUW O. S. , VERSTEGEN I. , KOCH G. & GIELKENS A. L. (2001). Generation of a recombinant chimeric Newcastle disease virus vaccine that allows serological differentiation between vaccinated and infected animals. *Vaccine* , 19(13 – 14): 1616 – 1627.

PEROZO F. , VILLEGAS P. , ESTEVEZ C. , ALVARADO I. R. , PURVIS L. B. & SAUME E. (2008). Avian adeno – associated virusbased expression of Newcastle disease virus hemagglutinin – neuraminidase protein for poultry vaccination. *Avian Dis.* , 52(2): 253 – 259.

RAJAWAT Y. S., SUNDARESAN N. R., RAVINDRA P. V., KANTARAJA C., RATTA B., SUDHAGAR M., RAI A., SAXENA V. K, PALIA S. K. & TIWARI A. K. (2008). Immune responses induced by DNA vaccines encoding Newcastle virus haemagglutinin and/or fusion proteins in maternal antibody - positive commercial broiler chicken. *Br. Poult. Sci.*, 49(2): 111 - 117.

REDDY S. K., SHARMA J. M., AHMAD J., REDDY D. N., MCMILLEN J. K., COOK S. M., WILD M. A & SCHWARTZ R. D. (1996). Protective efficacy of a recombinant herpesvirus of turkeys as an in ovo vaccine against Newcastle and Marek's diseases in specific - pathogen - free chickens. *Vaccine*, 14(6): 469 - 477.

ROMER - OBERDORFER A., MUNDT E., MEBATSION T., BUCHHOLZ U. J. & METTENLEITER T. C. (1999). Generation of recombinant lentogenic Newcastle disease virus from cDNA. *J. Gen. Virol.*, 80(Pt 11): 2987 - 2995.

SAKAGUCHI M., NAKAMURA H., SONODA K., OKAMURA H., YOKOGAWA K., MATSUO K. & HIRA K. (1998). Protection of chickens with or without maternal antibodies against both Marek's and Newcastle diseases by one - time vaccination with recombinant vaccine of Marek's disease virus type 1. *Vaccine*, 16(5): 472 - 479.

SCHROER D., VEITS J., GRUND C., DAUBER M., KEIL G., GRANZOW H., METTENLEITER T. C. & ROMER - OBERDORFER A. (2009). Vaccination with Newcastle disease virus vectored vaccine protects chickens against highly pathogenic H7 avian influenza virus. *Avian Dis.*, 53(2): 190 - 197.

SHENGQING Y., KISHIDA N., ITO H., KIDA H., OTSUKI K., KAWAOKA Y. & ITO T. (2002). Generation of Velogenic Newcastle Disease Viruses from a Nonpathogenic Waterfowl Isolate by Passaging in Chickens. *Virology*, 301(2): 206 - 211.

STEEL J., BURMAKINA S. V., THOMAS C., SPACKMAN E., GARCIA - SASTRE A., SWAYNE D. E. & PALESE P. (2008). A combination in - ovo vaccine for avian influenza virus and Newcastle disease virus. *Vaccine*, 26(4): 522 - 531.

STONE H. D., BONEY W. A. JR, CORIA M. F. & GILLETTE K. G. (1975). Viscerotropic velogenic Newcastle disease in turkeys: vaccination against loss of egg production. *Avian Dis.*, 19(1): 47 - 51.

SWAYNE D. E. & KING D. J. (2003). Avian influenza and Newcastle disease. *J. Am. Vet. Med. Assoc.*, 222(11): 1534 - 1540.

TERREGINO C. & CAPUA I. (2009). Clinical traits and pathology of Newcastle disease infection and guidelines for farm visit and differential diagnosis. *In*: Avian Influenza and Newcastle Disease, Capua I., ed. AD Springer Milan, Milan, Italy.

THAYER S. G. & BEARD C. W. (2008). Serologic Procedures. *In*: A Laboratory Manual for the Identification and Characterization of Avian Pathogens, Fifth Edition, Dufour - Zavala

L. , ed. American Association of Avian Pathologists, USA, pp. 222 - 229.

UNITED STATES DEPARTMENT OF AGRICULTURE(USDA) (2009). United States Department of Agriculture, Code of Federal Regulations, Title 9, Parts 1 - 199. Washington, DC, USA.

WAMBURA P. N. (2011). Formulation of novel nano - encapsulated Newcastle disease vaccine tablets for vaccination of village chickens. *Trop. Anim Health Prod.* , 43(1): 165 - 169.

WISE M. G. , SUAREZ D. L. , SEAL B. S. , PEDERSEN J. C. , SENNE D. A. , KING D. J. , KAPCZYNSKI D. & SPACKMAN E. (2004). Development of a real - time reverse - transcription PCR for detection of Newcastle disease virus RNA in clinical samples. *J. Clin. Microbiol.* , 42, 329 - 338.

YANG Z. Q. , LIU Q. Q. , PAN Z. M. , YU H. X. & JIAO X. A. (2007). Expression of the fusion glycoprotein of Newcastle disease virus in transgenic rice and its immunogenicity in mice. *Vaccine*, 25(4): 591 - 598.

附件 V　2012 版 OIE 陆生动物卫生法典

10.9 章　新城疫
(Newcastle Disease，ND)

10.9.1 条

总则

1. 本《陆生动物卫生法典》规定，新城疫（ND）是由禽副黏病毒血清 I 型（APMV‑1）引起的家禽感染，其毒力满足下列条件之一：

　　a. 病毒在 1 日龄雏鸡（原鸡属 *Gallus gallus*）的脑内致病指数（ICPI）等于或大于 0.7；或者

　　b. 直接证明或推导出病毒 F_2 蛋白 C 末端存在多个碱性氨基酸，F_1 蛋白 N 末端第 117 位残基为苯丙氨酸。术语"多个碱性氨基酸"是指在第 113 和 116 位残基之间至少有 3 个精氨酸或赖氨酸残基。如无法证明上述氨基酸残基特征模式，则要求用 ICPI 试验来鉴定病毒分离株的特性。

在此定义中，氨基酸残基的编号是从 F_0 基因核苷酸序列推导的氨基酸序列 N 末端开始的，113～116 位氨基酸对应于从切割位点开始的－4 到－1 位残基。

　　2. 家禽定义为"所有家养的禽类，包括散养的用于生产供人类消费的肉或蛋、用于生产其他商业产品、用作竞赛鸟的储备、或者用于这些禽类的育种以及用于任何目的的斗鸡"。

　　除了上段描述的原因外，由于其他原因而被笼养的鸟类不被视为家禽，包括用于表演、竞赛、展览、竞技或种用或售卖的禽类及用作宠物的禽类。

　　3. 本《陆生动物卫生法典》规定，新城疫的潜伏期为 21 天。

　　4. 本章涉及上面第 2 点所定义的表现或不表现临床症状的家禽新城疫病毒感染。

　　5. 新城疫病毒感染的发生是指分离并鉴定出了新城疫病毒，或检测到新城疫病毒特异的 RNA。

　　6. 诊断试验包括致病性检测的标准请见《陆生动物疫病诊断与疫苗标准

手册》。如果使用新城疫疫苗，疫苗应当符合《陆生动物疫病诊断与疫苗标准手册》所规定的标准。

7. 如果根据本法典1.1.3条要求通报了家禽以外的禽类包括野禽发生了新城疫病毒感染，成员国不应该对禽类商品立刻实施贸易禁令。

10.9.2条

国家、区域或生物安全隔离区新城疫状况的确定

一个国家、区域或生物安全隔离区新城疫状况的确定要遵循下列标准：

1. 新城疫是须全国通报的疫病，制定并实施持续的新城疫宣传教育计划，以及对所有上报的疑似新城疫病例都进行现场调查，在条件允许的情况下，进行实验室调查；

2. 实施了适当的监测证明无临床症状的家禽群中存在新城疫病毒感染，可按照10.9.22-10.9.26条所述的新城疫监测计划来实施；

3. 考虑了新城疫发生的所有流行病学因素及其历史背景。

10.9.3条

无新城疫的国家、区域或生物安全隔离区

在按照10.9.22-10.9.26条所规定的监测要求的基础上，如果能够证明一个国家、区域或生物安全隔离区在过去12个月内没有出现家禽新城疫病毒感染，那么这个国家、区域或生物安全隔离区可被视为无新城疫。

如果以前无新城疫的国家、区域或生物安全隔离区出现了新城疫感染，那么新城疫的无疫状况可以在实施扑灭措施（包括所有感染饲养场的消毒）3个月后恢复，前提是在这3个月期间按照10.9.22-10.9.26条的要求实施了监测。

10.9.4条

从10.9.3条定义的无新城疫国家、区域或生物安全隔离区进口的建议
进口活家禽（不包括1日龄雏禽）
进口国兽医主管部门应要求出具国际兽医卫生证书，证明：

1. 活家禽在装运之日无新城疫临床症状；

2. 活家禽自孵出或至少在过去21天内，一直饲养在无新城疫的国家、区域或生物安全隔离区；

3. 活家禽被装在新的或适当消毒的容器中运输。

4. 如果家禽接种了新城疫疫苗，并且免疫接种是按照《陆生动物疫病诊

断与疫苗标准手册》所规定的要求实施的，兽医证书上同时应注明所用疫苗的性质及接种日期。

10.9.5 条

进口除家禽之外的活禽的建议

不管出口国家的新城疫状况如何，进口国的兽医主管部门应要求出具国际兽医卫生证书，证明：

1. 这些活禽在装运之日无新城疫临床症状；

2. 这些活禽自孵出或至少在装运前 21 天内，一直饲养在经兽医服务机构认可的隔离区内，并且在隔离期间没有出现感染的临床症状；

3. 按 10.9.24 条的规定采集这些活禽具有统计学意义的样本，在装运前的 14 天内进行诊断试验，证明无新城疫病毒感染；

4. 这些活禽被装在新的或适当消毒的容器中运输。

5. 如果这些活禽接种了新城疫疫苗，并且免疫接种是按照《陆生动物疫病诊断与疫苗标准手册》所规定的要求实施的，兽医证书上同时应注明所用疫苗的性质及接种日期。

10.9.6 条

从无新城疫国家、区域或生物安全隔离区进口的建议

进口 1 日龄活禽

进口国的兽医主管部门应要求出具国际兽医卫生证书，证明：

1. 1 日龄活禽在无新城疫的国家、区域或生物安全隔离区孵化，并且孵化后一直在该区域内饲养；

2. 1 日龄活禽的父母代至少在收蛋前 21 天和收蛋日一直饲养在无新城疫的国家、区域或生物安全隔离区；

3. 1 日龄活禽被装在新的或适当消毒的容器中运输。

4. 如果这些 1 日龄活禽或其父母代禽群接种了新城疫疫苗，并且免疫接种是按照《陆生动物疫病诊断与疫苗标准手册》所规定的要求实施的，兽医证书上应同时注明所用疫苗的性质及接种日期。

10.9.7 条

进口除活家禽之外的 1 日龄活禽的建议

不管出口国家的新城疫状况如何，进口国的兽医主管部门应要求出具国际兽医卫生证书，证明：

1. 这些初生活禽在装运之日无新城疫临床症状；

2. 这些初生活禽在经兽医服务机构认可的隔离区内孵化和饲养；

3. 这些初生活禽的父母代在收蛋之日进行了诊断试验，证明了无新城疫病毒感染；

4. 这些初生活禽被装在新的或适当消毒的容器中运输。

5. 如果这些初生活禽或其父母接种了新城疫疫苗，并且免疫接种是按照《陆生动物疫病诊断与疫苗标准手册》所规定的要求实施的，兽医证书上应同时注明所用疫苗的性质及接种日期。

10.9.8 条

从无新城疫国家、区域或生物安全隔离区进口的建议

进口家禽种蛋

进口国的兽医主管部门应要求出具国际兽医卫生证书，证明：

1. 种蛋来源于无新城疫的国家、区域或生物安全隔离区；

2. 种蛋的来源父母至少在收蛋前 21 天和收蛋之日一直饲养在无新城疫的国家、区域或生物安全隔离区；

3. 这些种蛋被装在新的或适当消毒的包装材料中运输。

4. 如果种蛋的来源父母接种了新城疫疫苗，并且免疫接种是按照《陆生动物疫病诊断与疫苗标准手册》所规定的要求实施的，兽医证书上应同时注明所用疫苗的性质及接种日期。

10.9.9 条

进口除家禽种蛋之外的种蛋的建议

不管出口国家的新城疫状况如何，进口国的兽医主管部门应要求出具国际兽医卫生证书，证明：

1. 对提供这些种蛋的父母群在收蛋前 7 天和收蛋之日进行了诊断试验，证明无新城疫病毒感染；

2. 对这些种蛋进行了表面消毒（符合 6.4 章要求）；

3. 这些种蛋被装在新的或适当消毒的包装材料中运输。

4. 如果提供种蛋的父母群接种了新城疫疫苗，并且免疫接种是按照《陆生动物疫病诊断与疫苗标准手册》所规定的要求实施的，兽医证书上应同时注明所用疫苗的性质及接种日期。

10.9.10 条

从无新城疫国家、区域或生物安全隔离区进口的建议
进口供人类消费的蛋
进口国的兽医主管部门应要求出具国际兽医卫生证书，证明：

1. 蛋生产并包装于无新城疫的国家、区域或生物安全隔离区；
2. 蛋被装在新的或适当消毒的包装材料中运输。

10.9.11 条

进口家禽蛋制品的建议

不管出口国家的新城疫状况如何，进口国的兽医主管部门应要求出具国际兽医卫生证书，证明：

1. 蛋制品来源于符合 10.9.10 条卫生要求的蛋；或
2. 蛋制品的加工过程能够按照 10.9.20 条的要求杀灭了新城疫病毒；和
3. 采取了必要的预防措施避免蛋制品与任何新城疫病毒源接触。

10.9.12 条

从无新城疫国家、区域或生物安全隔离区进口的建议

进口家禽精液
进口国的兽医主管部门应要求出具国际兽医卫生证书，证明供精家禽：

1. 在采集精液日无新城疫临床症状；
2. 采集精液前至少 21 天和采集精液日一直饲养在无新城疫的国家、区域或生物安全隔离区。

10.9.13 条

进口家禽之外的禽精液的建议

不管出口国家的新城疫状况如何，进口国的兽医主管部门应要求出具国际兽医卫生证书，证明供精禽：

1. 采集精液前至少 21 天和采集精液日一直饲养在经兽医服务机构认可的隔离区内；
2. 在隔离期间和采集精液日无新城疫病毒感染的临床症状；
3. 采集精液前 14 天内进行诊断试验，证明无新城疫病毒感染。

10. 9. 14 条

从无新城疫国家、区域或生物安全隔离区进口的建议

进口鲜禽肉

进口国的兽医主管部门应要求出具国际兽医卫生证书，证明生产这批禽肉的活禽：

1. 自孵出或至少过去 21 天内一直饲养在无新城疫国家、区域或生物安全隔离区；

2. 在无新城疫的国家、区域或生物安全隔离区批准的屠宰场屠宰，按照 6.2 章的要求经过了宰前检疫和宰后检验，未发现新城疫感染。

10. 9. 15 条

进口家禽肉制品的建议

进口国兽医主管部门应要求出具国际兽医卫生证书，证明：

1. 生产肉制品的鲜肉满足 10.9.14 条规定的卫生要求；或者

2. 肉制品的加工过程能够按照 10.9.21 条的要求杀灭了新城疫病毒；和

3. 采取了必要的预防措施避免肉制品与任何新城疫病毒源接触。

10. 9. 16 条

进口除了羽粉和禽肉粉外的用于动物饲料或工农业用禽源产品的建议

不管出口国家的新城疫状况如何，进口国的兽医主管部门应要求出具国际兽医卫生证书，证明：

1. 这些产品加工于无新城疫国家、区域或生物安全隔离区，且用于生产这些产品的供应禽自孵出后至屠宰前或至少在宰前 21 天内一直饲养并且加工于无新城疫国家、区域或生物安全隔离区内；或者

2. 这些产品的加工过程中可以确保灭活新城疫病毒的感染性（研究中）；和

3. 采取了必要的预防措施避免这些产品与任何新城疫病毒源接触。

10. 9. 17 条

进口家禽羽毛和羽绒的建议

不管出口国新城疫状况如何，进口国的兽医主管部门应要求出具国际兽医卫生证书，证明：

1. 这些产品来源于 10.9.14 条所述的家禽，在无新城疫国家、区域或生

物安全隔离区进行加工；或者

2. 这些产品的加工过程可以确保杀灭新城疫病毒病毒（研究中）；和

3. 采取了必要的预防措施避免这些产品与任何新城疫病毒源接触。

10.9.18 条

进口除家禽外其他鸟类羽毛和羽绒的建议

不管出口国新城疫状况如何，进口国的兽医主管部门应要求出具国际兽医卫生证书，证明：

1. 这些产品的加工过程可以确保杀灭新城疫病毒病毒（研究中）；和

2. 采取了必要的预防措施以避免这些产品与任何新城疫病毒源接触。

10.9.19 条

进口家禽肉粉和羽毛粉的建议

不管出口国新城疫状况如何，进口国的兽医主管部门应要求出具国际兽医卫生证书，证明：

1. 这些产品加工于无新城疫国家、区域或生物安全隔离区，其来源禽自孵出到屠宰前或至少21天内一直饲养在无新城疫国家、区域或生物安全隔离区；或者

2. 这些产品的加工过程：

a）经过了最低118 ℃、至少40 min的湿热处理；或者

b）经过了最低3.79×10^5 Pa蒸汽压力、最低122 ℃、至少15 min的持续水解过程；或者

c）交替熬炼加工，确保整个产品在至少280 s内的内部温度至少达到74 ℃；和

3. 采取了必要的预防措施以避免与任何新城疫病毒源接触。

10.9.20 条

蛋和蛋制品中新城疫病毒的灭活程序

下表中为灭活蛋和蛋制品中新城疫病毒所需的时间和温度：

	核心温度（℃）	时间（s）
全蛋	55	2 521
全蛋	57	1 596

（续）

	核心温度（℃）	时间（s）
全蛋	59	674
液体蛋白	55	2 278
液体蛋白	57	986
液体蛋白	59	301
10%盐腌蛋黄	55	176
干蛋白	57	50.4 h

所列温度只是一个可以达到 $7\log_2 2$ 灭活的范围。如果有科学记录，只要能够达到灭活病毒的目的，时间和温度可适当变化。

10.9.21 条

禽肉中新城疫病毒的灭活程序

下表为灭活禽肉中新城疫病毒的工业标准温度和时间。

	核心温度（℃）	时间（s）
禽肉	65.0	39.8
	70.0	3.6
	74.0	0.5
	80.0	0.03

所列温度只是一个可以达到 $7\log_2 2$ 灭活的范围。如果有科学记录，只要能够达到灭活病毒的目的，时间和温度可适当变化。

10.9.22 条

监测：引言

10.9.22－10.9.26 条规定了 10.9.1 条所定义的新城疫监测原则，并提供了监测指南，是对 1.4 章的补充。本条款内容适用于准备申请新城疫状况认证的成员国，可以是整个国家、区域或生物安全隔离区。还为暴发新城疫后的成员国恢复无新城疫地位和维持其新城疫状态提供了指南。

众所周知，禽副黏病毒血清 I 型（APMV－1）感染广泛，发生于包括家养和野生禽在内的多种禽类，加之家禽中普遍使用新城疫疫苗，这使得新城疫的监测变得复杂。

新城疫的影响及流行病学在全世界不同地区有很大差异，因此不可能提供适用于所有情况的具体建议。因此，在可接受的置信水平内，证明无新城疫所采取的监测策略需要适合当地的具体情况。在不同地区，像家禽与野鸟的接触频率、不同生物安全水平、生产体系及不同易感禽种的混合饲养等因素变化多样，需要制定适应各自具体情况的监测策略。成员国有义务提供科学的数据来解释相关地区新城疫的流行情况，并说明如何管理所有的风险因素。因此，各成员国有相当的选择范围来提供充分的证据以证明其无新城疫病毒感染。

新城疫监测应以实施持续性监测计划的方式进行，通过监测计划的制订与实施，确立申请国家、区域或生物安全隔离区的无新城疫病毒感染地位。

10.9.23 条

监测：一般原则和方法

1. 根据第1.4章要求建立监测体系是兽医主管部门的职责。特别是应建立：

a）用于检测和调查疫病暴发或新城疫病毒感染的正式的、正在使用的监测体系；

b）按照《陆生动物疾病诊断与疫苗标准手册》中所描述的快速采集疑似新城疫病例样品并运送到新城疫诊断实验室进行诊断的程序。

c）用于记录、管理、分析诊断和监测数据的体系。

2. 新城疫监测方案应该：

a）包括一个贯穿于生产、销售和加工整个链条的报告可疑病例的早期预警体系。每天与家禽接触的农场主、工人以及诊断专家应该及时地向兽医主管部门报告任何疑似新城疫病例，并且应该得到政府信息系统和兽医主管部门的直接和间接支持（例如通过私人兽医或兽医助理）。所有的可疑新城疫病例都应立即开展调查，疑似病例的调查不能单靠流行病学和临床调查，还应该采集样品并送到实验室进行适当检测。这要求能够为检测人员提供采样试剂盒和其他仪器设备，同时监测人员应能得到具有新城疫诊断和控制技能的专家团队的支持；

b）对目标群体中的高风险禽群实施定期和经常性的临床检查、病毒学和血清学监测。（目标群体禽群是指与新城疫感染国家、区域或生物安全隔离区以及不同来源的鸟和家禽混养的地方或者新城疫病毒的其他来源地邻近的那些家禽。）

有效的监测体系可以鉴别需要进行追踪调查的疑似病例，通过追踪调查确定或排除是否为新城疫病毒感染。不同的流行病学情况发生疑似病例的几率不同，因此无法可靠地预测疑似病例的发生率。因此，申请无新城疫病毒感染时，需要提供关于疑似病例发生情况以及如何进行调查和处理的相关详细资料。这些材料应包括实验室检测结果以及在调查期间对相关动物采取的控制措施（隔离检疫、移动限制令等）。

10. 9. 24 条

监测方案

1. 引言

任何监测方案都需要来自本领域有能力、有经验的专业人才的投入，制订的方案应该有详尽的备案。为了证实没有新城疫病毒感染或传播，设计的监测方案必须严格执行，以避免出现不可靠的结果，或者成本过高及后勤保障复杂化。

如果成员国希望宣布其国家、区域或生物安全隔离区无新城疫病毒感染，那么用于疾病（感染）监测的禽群应该能代表该国家、区域或生物安全隔离区内的所有禽群。为了准确反映家禽新城疫状况，应该同时采用多种方法进行监测，包括主动监测和被动监测，主动监测的频次应该符合该国的疫病状况。根据当地的流行病学状况，采用《陆生动物疾病诊断与疫苗标准手册》中所描述的临床、病毒学和血清学方法对新城疫进行随机监测和（或）目标监测。如果使用其他替代试验，应该按照 OIE 标准进行验证以证明其适合于此目的。成员国应该证明所选择的监测方案是适当的，能够按照 1.4 章的要求和流行病学状况进行新城疫病毒感染的检测。

调查时，在预先确定的目标流行率下，用于检测感染的样本量应该具有统计学意义。样本量和预期流行率决定了调查结果的可信度。调查方案的设计和采样频次应该根据当地以往和当前的流行病学状况确定。成员国应该根据调查目的和流行病学状况合理选择符合 1.4 章要求的监测方案和置信水平。

目标监测（如，根据群体中感染几率可能增大而制定的）可能是一个适当的策略。

例如，对可能表现明显临床症状（如未免疫接种鸡）的特定群体采用临床监测的方法更为合理。同理，对新城疫发病后临床表现不明显（10.9.2 条）和没有进行常规免疫接种（如鸭）的特定群体，采用病毒学和血清学的方法进行监测。同时，对具有特定风险的禽类也应进行监测，如直接或间接地接触野禽、混龄禽群、地方贸易模式包括活禽市场、多品种的混养和当地较低的生物安全水平。在已经证实野禽在当地新城疫流行起重要作用的地方，野禽的监测具有重要意义，对野禽的监测也可以提醒兽医服务机构，家禽特别是自由放养的家禽有暴露的风险。

诊断方法的敏感性和特异性是设计调查方案的关键因素，设计时应考虑到出现假阳性和假阴性的可能。理想的情况是，所用诊断方法的特异性和敏感性应该经过了免疫接种（感染）历史及目标群体中不同品种的验证。如果已知检测系统的特性，就可以提前计算出假阴、阳性反应可能出现的概率。这时需要有一个有效的追踪调查阳性结果的程序，以便最终能以较高的置信水平确定是否存在新城疫感染，这包括补充实验和后续调查，需要从初始采样地点及有流行病学联系的禽群中收集诊断样品。

作为一个国家、区域或生物安全隔离区不存在新城疫病毒感染的可靠证据，主动监测和被动监测的结果很重要。

2. 临床监测

临床监测的目的是在禽群中发现新城疫的临床症状，不应该被理解为感染的早期指证。对于一些群体，生产性能指标（如采食、饮水减少，产蛋下降）的监控对于新城疫病毒感染的早期诊断十分重要，特别是进行了疫苗接种的群体，可能不表现临床症状或者只表现温和的临床症状。在得出相反证据之前，可疑动物的任何取样单元都应该被视作受感染。感染禽群的鉴定对于确定新城疫病毒来源至关重要。

可疑感染群体中临床新城疫的推定性诊断都要通过实验室的病毒学检测来确诊，以确定病毒的分子、抗原和其他生物学特性。

把新城疫病毒分离株快速送到 OIE 参考实验室进行保存是比较理想的，如果需要，可以进行进一步鉴定。

3. 病毒学监测

病毒学监测应该采用《陆生动物疾病诊断与疫苗标准手册》中描述的试验方法进行，用于：

　　a）监控风险禽群；

　　b）确诊临床可疑病例；

　　c）跟踪调查未免疫接种群体或哨兵禽类的血清学阳性结果；

　　d）查验"正常"的日死亡率（如果以增加的风险为依据，例如，在免疫接种的情况下或在与疫情有流行病学联系的养殖场内发生了感染）。

4. 血清学监测

在接种过疫苗的地方进行血清学监测的价值有限，因其不能区分新城疫病毒和其他 APMV - 1。试验程序和结果解释见《陆生动物疾病诊断与疫苗标准手册》，新城疫病毒抗体检测阳性结果可能有 5 种原因：

a）自然感染了 APMV - 1；

b）接种了新城疫疫苗；

c）疫苗毒暴露；

d）卵黄中经常存在来自免疫接种或感染的父母代禽群的母源抗体，其在子代中可持续存在 4 周之久；

e）非特异性试验结果。

在进行新城疫血清学监测时，也可以使用为其他调查目的而采集的血清。但是，不得违背本指南所述的调查设计原则，同时，有统计学意义的新城疫病毒调查的要求也不能降低。

对血清学反应阳性的未免疫接种禽群，应该进行彻底的流行病学调查。由于血清学阳性结果并不一定是感染的证据，应该使用病毒学方法来证实该禽群中新城疫病毒的存在。不应该将血清学方法用于鉴别免疫接种群体中的新城疫病毒感染，除非具备了可以有效地区分免疫接种动物和田间 APMV - 1 感染动物的方案和方法。

5. 哨兵禽的使用

哨兵禽作为检测病毒流行的监测工具有多种不同的用途。可用于监控免疫接种群或不易发生临床疾病的禽群中的病毒流行，哨兵禽在用于免疫接种群体监测时，不应进行免疫接种。如果使用哨兵禽，养禽部门的结构和组织、所用疫苗种类及当地的流行病学因素将决定放置哨兵禽的生产体系类型、放置的频次及哨兵禽的监控。

哨兵禽应当与目标群紧密接触，但同时又应当能够清楚地区分。应定期观察哨兵禽的临床症状，任何疾病迹象都应立即进行实验室检测。用于哨兵禽的品种应证实对新城疫病毒感染高度敏感，并且可以理想地表现明显的临床症状。在哨兵禽不表现明显的临床症状时，应采用病毒学和血清学试验进行定期检测（临床疾病的发展可能依赖于所用哨兵禽品种，或者目标群体使用了可能感染哨兵禽的活疫苗），试验方案和结果解释依赖于目标群体所用的疫苗种类。

只有在没有适当的实验室方案可用时才使用哨兵禽。

10. 9. 25 条

新城疫无疫状况的证明文件：额外的监测程序

宣布一个国家、区域或生物安全隔离区为新城疫无疫状态的要求在10.9.3条中已给出。当成员国宣布其国家、区域或生物安全隔离区（免疫或未免疫）不存在新城疫时，应该报告其监测计划的结果。监测时，根据本指南所述总体原则和方法对新城疫易感禽群进行有计划的定期监测和补充监测。

1. 成员国宣布为无新城疫国家、区域或生物安全隔离区

一个成员国宣布为无新城疫国家、区域或生物安全隔离区时，除了要满足《陆生动物卫生法典》所规定的一般条件外，还要提供进行了有效的监测计划的证据。此监测计划应该按照本章所述的总体原则和方法进行规划和实施，能够证明在此前12个月内禽群中没有新城疫病毒感染。

2. 对免疫接种国家、区域或生物安全隔离区的附加要求

实施新城疫免疫接种，作为疾病预防和控制计划的一部分，所用疫苗应该符合《陆生动物疾病诊断与疫苗标准手册》所规定的条件。

为了确保无新城疫病毒传播流行，需要对免疫禽群实施监测。采用哨兵禽可以提供无病毒流行的更多证据。依据所在国家、区域或生物安全隔离区的风险大小，这种监测至少每6个月或更短的间隔重复一次，或者定期提供表明免疫接种方案有效性的证据。

10. 9. 26 条

国家、区域或生物安全隔离区在发生疫情之后重新恢复无新城疫地位：额外的监测程序

一个成员国发生疫情后重新恢复国家、区域或生物安全隔离区无新城疫地位时，应该提供实施了主动监测计划的证据以证明无新城疫病毒感染，此监测计划取决于该疫情的流行病学环境特征。

一个成员国在发生新城疫疫情之后，宣布为（免疫或未免疫）无新城疫国家、区域或生物安全隔离区时，都应该报告其监测计划的监测结果，在此监测计划中，应按照本指南所述的总体原则和方法对新城疫易感禽群实施有计划的定期监测。

附件Ⅵ OIE 新城疫参考实验室及其专家

至今，OIE 在澳大利亚、中国、德国、意大利、韩国、英国和美国等 7 个国家设立了 7 个新城疫参考实验室，任命了 7 位 OIE 新城疫专家。

●**Dr. Paul W. Selleck**
CSIRO
Australian Animal Health Laboratory
Division of Animal Health
Institute of Animal Production & Processing
5 Portarlington Road
Private Bag 24
Geelong，Victoria 3220
AUSTRALIA
Tel：+61 - 3 52 27 50 00   Fax：+61 - 3 52 27 55 55
Email：paul. selleck@csiro. au

●**Dr. Zhiliang Wang**
National Diagnostic Center for Exotic Animal Diseases
China Animal Health and Epidemiology Center
Ministry of Agriculture
369 Nanjing Road
Qingdao 266032
CHINA(PEOPLE'S REP. OF)
Tel：+86 - 532 87839188   Fax：+86 - 532 87839922
Email：zlwang111@yahoo. com. cn

●**Dr. Christian Grund**
Friedrich - Loeffler - Institute
Federal Research Centre for Virus Diseases of Animals(BFAV)
Institute of Diagnostic Virology
Boddenblick 5a

D - 17493 Greifswald

InselRiems

GERMANY

Tel: +49 - 383 51 711 52　Fax: +49 - 383 51 712 26

Email: christian. grund@fli. bund. de

●**Dr. Ilaria Capua**

IstitutoZooprofilatticoSperimentaledelleVenezie

LaboratorioVirologia

Via Romea 14/A

35020 Legnaro, Padova

ITALY

Tel: +39 - 049 808 43 79　Fax: +39 - 049 808 43 60

Email: icapua@izsvenezie. it

Web: www. izsvenezie. it

●**Dr. Kang - Seuk Choi**

National Veterinary Research & Quarantine Service

Ministry of Food, Agriculture, Forestry and Fisheries(MIFAFF)

335 Joongang - ro

Manan - gu, Anyang

Gyeonggi 430 - 757

KOREA(REP. OF)

Tel: +82 - 31 467 1821　Fax: +82 - 31 467 1814

Email: kchoi0608@korea. kr

●**Prof. Ian Brown**

Animal Health and Veterinary Laboratories Agency

New Haw, Addlestone

Surrey KT15 3NB

Weybridge

UNITED KINGDOM

Tel: +44 - 1932 35 73 39　Fax: +44 - 1932 35 72 39

Email: ian. brown@ahvla. gsi. gov. uk

●**Ms. Janice Pedersen**

National Veterinary Services Laboratories

USDA，APHIS，Veterinary Services

P. O. Box 844

Ames，Iowa 50010

UNITED STATES OF AMERICA

Tel：+1 - 515 337 72 66　Fax：+1 - 515 337 73 97

Email：janice. c. pedersen@aphis. usda. gov

来源 http：//www. oie. int/en/our - scientific - expertise/reference - laboratories/list - of - laboratories/

图书在版编目（CIP）数据

新城疫／王志亮，刘华雷主编．—北京：中国农
业出版社，2012.11
ISBN 978 - 7 - 109 - 17382 - 8

Ⅰ.①新… Ⅱ.①王… ②刘… Ⅲ.①新城疫-研究
Ⅳ.①S858.31

中国版本图书馆 CIP 数据核字（2012）第 271315 号

中国农业出版社出版
（北京市朝阳区农展馆北路 2 号）
（邮政编码 100125）
责任编辑 黄向阳

中国农业出版社印刷厂印刷 新华书店北京发行所发行
2012 年 12 月第 1 版 2012 年 12 月北京第 1 次印刷

开本：720mm×960mm 1/16 印张：21.75
字数：372 千字
定价：50.00 元
（凡本版图书出现印刷、装订错误，请向出版社发行部调换）